J. Plínio O. Santos

Margarida P. Mello

Idani T. C. Murari

INTRODUÇÃO À ANÁLISE COMBINATÓRIA

4ª edição revista

EDITORA
CIÊNCIA MODERNA

Introdução à Análise Combinatória

Editor: Paulo André P. Marques
Supervisão Editorial: João Luís Fortes
Copidesque: Eliana Moreira Rinaldi
Capa: Fernando Souza
Diagramação: Margarida P. Mello

FICHA CATALOGRÁFICA

Santos, José Plínio O.,Mello, Margarida P. e Murari, Idani T.C.
Introdução à Análise Combinatória
Rio de Janeiro: Editora Ciência Moderna Ltda., 2007

Análise Combinatória.
I — Título

ISBN: 978-85-7393-634-6   CDD 511.6

Editora Ciência Moderna Ltda.
R. Alice Figueiredo, 46 – Riachuelo
Rio de Janeiro, RJ – Brasil   CEP: 20.950-150
Tel: (21) 2201-6662 / Fax: (21) 2201-6896
LCM@LCM.COM.BR
WWW.LCM.COM.BR   10/07

Prefácio

São dois os principais objetivos deste livro: (1) fornecer um texto para alunos de graduação e (2) servir de fonte de exercícios aos professores do segundo grau.

Procuramos apresentar todos os conceitos através de uma grande quantidade de exercícios resolvidos e propostos. A seguir, damos uma breve descrição do livro.

No primeiro capítulo, após algumas notações e definições, apresentamos o princípio da indução matemática. No segundo capítulo, os princípios aditivo e multiplicativo são introduzidos através de uma seqüência de problemas resolvidos. Neste capítulo tivemos como objetivo fornecer algo que pudesse ser usado por professores do segundo grau como fonte de exercícios para alunos em fase de preparação para o vestibular.

No terceiro capítulo discutimos como encontrar o número de soluções inteiras de equações lineares com coeficientes unitários, combinações com repetição, permutações com repetição e arranjos com repetição. Em seguida introduzimos permutações circulares e finalizamos o capítulo com a introdução dos coeficientes binomiais, triângulo de Pascal e algumas identidades envolvendo os coeficientes binomiais.

O princípio da inclusão e exclusão é introduzido no Capítulo 4, no qual, como aplicação, obtemos fórmulas explícitas para o cálculo da função ϕ de Euler e também para o número de permutações caóticas.

No Capítulo 5 introduzimos o conceito de função geradora. Esta é uma importante ferramenta na solução de problemas de contagem e esperamos, com os vários exemplos aqui discutidos, demonstrar a eficiência de tal instrumento. Como uma importante aplicação, o conceito de partição de um inteiro é introduzido. O fato de não termos, na literatura em português, uma apresentação detalhada sobre este assunto é que nos levou a discutir de forma extensiva um significativo número de exemplos.

No Capítulo 6, também, a apresentação do conceito de relação de recorrência é feita de forma diferente da usual. Isso porque procuramos dar especial atenção ao processo de obtenção de uma relação de recorrência a partir de um dado problema. Muitos problemas são discutidos e, em vários, mostramos em detalhes o método de construção das recorrências envolvidas. Apresentamos também técnicas de resolução para relações de recorrência, uma das quais constitui uma interessante aplicação de funções geradoras, estudadas no Capítulo 5.

O Capítulo 7 introduz o importantíssimo princípio da casa dos pombos. Este princípio, embora de enunciado tão simples, permite a solução de problemas extremamente difíceis em combinatória. Aqui, apenas uma pequena amostra de possíveis aplicações é apresentada.

O conceito de grafo é apresentado no Capítulo 8, na mesma linha dos capítulos anteriores, isto é, através de vários exemplos e aplicações. Há uma vasta bibliografia disponível em inglês sobre este tópico, ver, por exemplo os livros [10], [13] e [20] e as listas de referências neles contidas. Já o número de textos em português é bem menor — reunimos as referências [6], [9], [14], [25] e [37]. Nestes textos encontramos bom material de consulta, tanto sobre os aspectos mais teóricos (ver, por exemplo, [25]), quanto sobre os aspectos mais aplicados (como em [37]). É claro que não pretendemos abranger em um capítulo o material contido em um livro dedicado inteiramente ao assunto, mas sim

Sumário

apresentar conceitos básicos e aplicações atraentes de modo a incentivar o leitor a aprofundar seus conhecimentos nesta área, que constitui importante área de pesquisa em matemática e ciência da computação.

No Apêndice A fornecemos uma interpretação combinatorial para os coeficientes trinomiais e no Apêndice B, fazendo uso de funções geradoras para partições, deduzimos uma fórmula para o número de triângulos não-semelhantes de perímetro n e lados inteiros. O Apêndice C traz as respostas a todos os exercícios propostos no texto.

A forma como são introduzidos todos os conceitos neste livro demonstra nossa visão de que não se pode aprender matemática sem a resolução de um grande número de problemas e sem a tentativa de se obter demonstrações. Acreditamos que todo o material aqui apresentado possa ser visto no período de um semestre.

Gostaríamos de agradecer aos alunos do curso MS-128 e também a vários professores do segundo grau que utilizaram partes deste texto, pelas sugestões apontadas. Aos estudantes Cesar Sampaio e Zanoni Dias, nosso agradecimento pelos inúmeros erros indicados e sugestões dadas. Agradecemos também aos professores Roberto Andreani, Luiz Antonio Mesquiari, Edith Santos, Clovis Perin Filho, Eliane Q. F. Rezende e Paulo Mondek pela cuidadosa leitura e valiosas sugestões. Finalmente, agradecemos ao aluno Pedro Frejlich pela revisão de parte do texto por ocasião da terceira edição.

Capítulo 1

Conjuntos e o princípio da indução

1 Introdução

Como indicamos no prefácio, a apredizagem da matemática passa, necessariamente, pela resolução de problemas e pela construção de demonstrações. Neste capítulo, além de notações e definições básicas envolvendo conjuntos, introduzimos uma ferramenta básica de fundamental importância na obtenção de "provas" em matemática. Esta ferramenta é o que costumamos chamar de princípio da indução matemática, que será apresentada em duas formas diferentes que são, na realidade, equivalentes.

2 Conceitos e notação

São diversas as maneiras empregadas no dia-a-dia para designar uma coleção de objetos. Diretores de filmes, teatros ou novelas costumam escolher um "elenco" para realizar um projeto. Toda escola tem seu "corpo docente" e seu "corpo discente". A população é dividida em "classes sociais" pelos economistas. Uma coleção de livros é designada "biblioteca", e assim por diante. Todas as palavras entre aspas acima constituem exemplos do que os matemáticos chamam de conjuntos.

Um *conjunto* é, então, uma coleção de objetos de qualquer tipo — pessoas, plantas, animais, fenômenos. Os objetos que constituem um conjunto são chamados elementos do conjunto.

Representamos os conjuntos por letras maiúsculas A, B, C, ... e os seus elementos por letras minúsculas a, b, c, ... Assim, o conjunto A que possui os elementos a, b e c é representado por $A = \{a, b, c\}$. Esta constitui uma representação *explícita* do conjunto, isto é, o conjunto é descrito pela enumeração de seus elementos. Por outro lado, podemos também definir um conjunto através das propriedades de seus elementos. Então, por exemplo, o conjunto dos números pares maiores do que 4 e menores do que 15 admite a representação explícita $A = \{6, 8, 10, 12, 14\}$ e a *implícita* $A = \{x \mid 4 < x < 15$ e x é par$\}$ (lê-se: A é o conjunto dos x's tais que x é maior do que 4 e menor do que 15 e x é par).

O número de elementos do conjunto A, denotado por $|A|$ ou $n(A)$, é a *cardinalidade* de A, e pode ser finito ou não. Os dois conjuntos do parágrafo anterior são finitos, enquanto que o conjunto de todos os números inteiros, representado por $\mathbb{Z}$, não é finito. O conjunto *vazio*, representado por $\emptyset$ (alguns autores usam a notação $\{\ \}$), é aquele que não possui nenhum elemento. O conjunto que possui apenas um elemento (por exemplo, $A = \{a\}$) é chamado de *unitário*.

A notação $a \in A$ (lê-se: a pertence a A) é adotada para indicar que a é um elemento do conjunto A e $a \notin A$ (lê-se: a não pertence a A) para o caso contrário.

Dados dois conjuntos A e B, diremos que A é um *subconjunto* de B ou A *está contido em* B, quando todo elemento de A é também elemento de B.

Esta relação entre conjuntos é denotada por

$$A \subset B \quad \text{(lê-se: } A \text{ está contido em } B\text{)}$$

que é equivalente a

$$B \supset A \quad \text{(lê-se: } B \text{ contém } A\text{)}.$$

Se A não é subconjunto de B, escrevemos

$A \not\subset B$ (lê-se: A não está contido em B ou não é subconjunto de B), que é equivalente a

$$B \not\supset A \quad \text{(lê-se: } B \text{ não contém } A\text{).}$$

Exemplo 1.1 *Sejam $A = \{0,\ 2,\ 4\}$; $B = \{0,\ 1,\ 2,\ 3,\ 4\}$ e $C = \{1,\ 3,\ 5\}$. Então:*

(a) *Como todo elemento de A é elemento de B, então $A \subset B$.*

(b) *Como $5 \in C$ e $5 \notin B$, então $C \not\subset B$.* ∎

Assim como os conjuntos, os subconjuntos também admitem as representações explícita e implícita. Considerando-se $A = \{2, 3, 4, 5\}$, podemos dizer que $D = \{3, 5\}$ é o subconjunto de A constituído pelos elementos de A que são ímpares. Usando a representação implícita, escrevemos $D = \{x \mid x \in A$ e x é ímpar$\}$ ou $D = \{x \in A \mid x$ é ímpar$\}$ (lê-se: D é o conjunto dos x's pertencentes a A tais que x é ímpar). O fato de ser ímpar e pertencer a A são as propriedades que definem os elementos de D.

Exemplo 1.2 *Seja $A = \{1,\ 2,\ 3,\ 4,\ 5,\ 6,\ 7,\ 8,\ 9\}$. Então:*

(a) $B = \{x \in A \mid x$ é par$\} = \{2,\ 4,\ 6,\ 8\}$.

(b) $C = \{x \in A \mid x$ é múltiplo de $3\} = \{3,\ 6,\ 9\}$.

(c) $D = \{x \in A \mid x + 1 = 6\} = \{5\}$.

(d) $E = \{x \in A \mid x < 0\} = \emptyset$.

(e) $F = \{x \in A \mid x < 10\} = A$. ∎

Dois conjuntos A e B são *iguais* quando A e B têm os mesmos elementos. Equivale dizer que $A \subset B$ e $B \subset A$. Note ainda que, quando estamos listando os elementos de um conjunto A, a ordem em que escrevemos os elementos é totalmente irrelevante. A repetição, embora não constitua erro, é totalmente desnecessária.

Exemplo 1.3 *Diferentes representações de um mesmo conjunto:*

(a) *Os conjuntos $A = \{2,\ 2,\ 1,\ 3\}$ e $B = \{2,\ 1,\ 3\}$ são iguais.*

(b) *Os conjuntos $A = \{5,\ 6,\ 7\}$ e $B = \{6,\ 7,\ 5\}$ são iguais.* ∎

Consideremos $A = \{2,\ 3,\ 4,\ 5\}$; $D = \{3,\ 5\}$ e $C = \{2,\ 4\}$. Já vimos, anteriormente, que D pode ser caracterizado pela propriedade "ser elemento de A e ser ímpar", isto é, $D = \{x \in A \mid x$ é ímpar$\}$. Quando selecionamos os elementos de A de acordo com a propriedade de serem ímpares, estamos "deixando de lado" os elementos 2 e 4, pois os mesmos são os elementos de A que não são ímpares. Quando fazemos tal seleção, estamos fazendo uma "separação" dos elementos de A, tomando os ímpares e deixando os pares. Da maneira como D foi definido, $D \subset A$. Por outro lado, C contém todos os elementos de A que *não* verificam a propriedade que define D, ou seja $C = \{x \in A \mid x \notin D\}$. Dizemos então que C é o *complemento de D em relação a A,* denotado por $\overline{D}$.

No exemplo acima, o conjunto A contém os conjuntos D e C. Dizemos então que, neste exemplo, A é o conjunto universo. *Conjunto universo* é aquele que, em cada exemplo, contém todos os elementos que estão sendo considerados. Representamos o conjunto universo pela letra **U**.

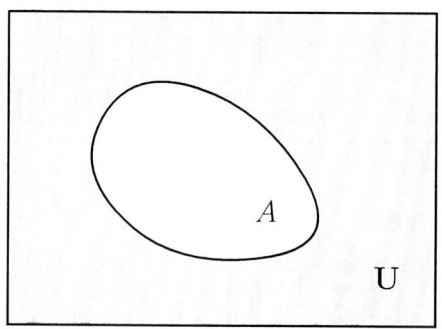

De uma maneira geral, considerando-se A um subconjunto de **U**, o complementar de A em relação a **U** é $\overline{A} = \{x \in \mathbf{U} \mid x \notin A\}$, que, no diagrama de Venn abaixo, corresponde à área sombreada (o conjunto universo é representado pelo retângulo).

Consideremos A e B subconjuntos de $\mathbf{U}$. Definimos o *conjunto diferença* $A - B$ como sendo o conjunto dos elementos de $\mathbf{U}$ que são elementos de A mas não são elementos de B, isto é,

$$A - B = \{x \in \mathbf{U} \mid x \in A \text{ e } x \notin B\}.$$

Exemplo 1.4

(a) *O conjunto $A - B$ é representado pela área sombreada em cada um dos diagramas de Venn abaixo:*

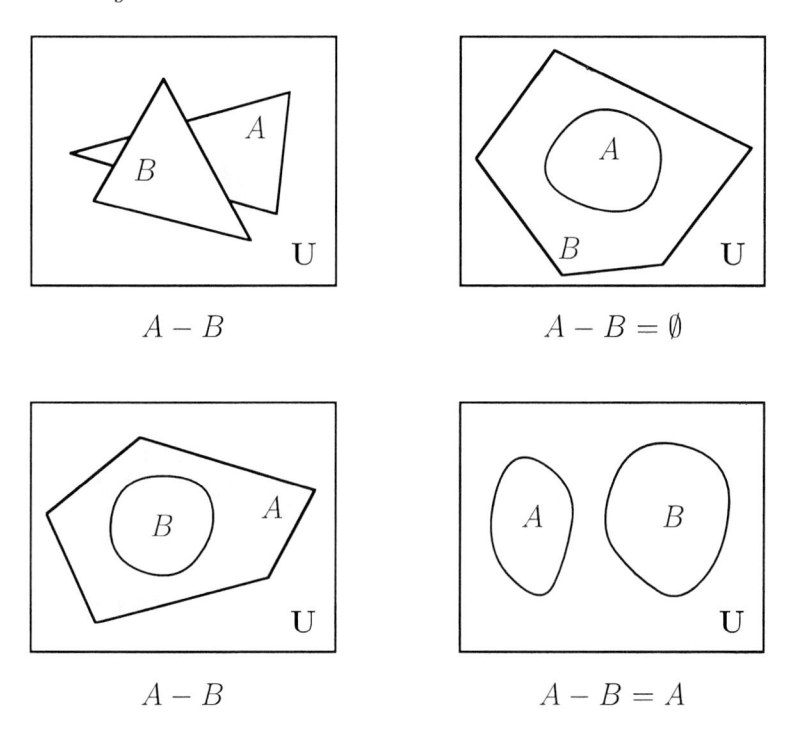

$A - B \qquad\qquad A - B = \emptyset$

$A - B \qquad\qquad A - B = A$

(b) *Sejam $A = \{4,\ 5,\ 1,\ 3\}$ e $B = \{4,\ 2,\ 1\}$. Então $A - B = \{3,\ 5\}$ e $B - A = \{2\}$.*

(c) *Sejam $A = \{3,\ 4,\ 5\}$ e $B = \{2,\ 1,\ 6\}$. Então $A - B = A$ e $B - A = B.$* ∎

Dados dois conjuntos A e B, a *união de A e B* (denotada por $A \cup B$) é o conjunto dos elementos que pertencem a A ou a B, isto é, que pertencem a pelo menos um dos conjuntos. Com a notação adotada, a definição pode ser escrita como

$$A \cup B = \{x \in \mathbf{U} \mid x \in A \text{ ou } x \in B\}.$$

De modo geral, dados n conjuntos A_1, A_2, ..., A_n, sua união é representada por

$$\bigcup_{i=1}^{n} A_i = \{x \in \mathbf{U} \mid x \in A_1 \text{ ou } x \in A_2 \text{ ou } \ldots \text{ ou } x \in A_n\}.$$

Exemplo 1.5

(a) *Se $A = \{1, 4, 3, 5\}$ e $B = \{4, 2, 1\}$, então $A \cup B = \{1, 2, 3, 4, 5\}$.*

(b) *Se $A = \{3, 4, 5\}$ e $B = \{2, 1, 6\}$, então $A \cup B = \{1, 2, 3, 4, 5, 6\}$.*

(c) *O conjunto $A \cup B$ é representado pela área sombreada em cada um dos diagramas de Venn abaixo:*

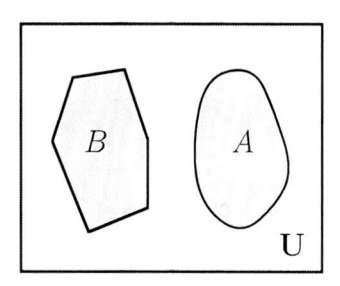 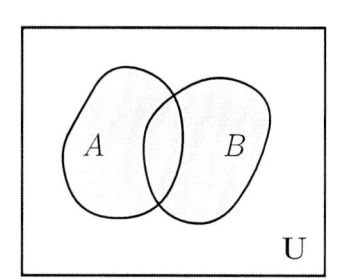

A *interseção $A \cap B$* de dois conjuntos A e B é o conjunto dos elementos que pertencem ao conjunto A **e** ao conjunto B. Ou seja,

$$A \cap B = \{x \in \mathbf{U} \mid x \in A \text{ e } x \in B\}.$$

A interseção dos conjuntos A_1, A_2, ..., A_n é representada por

$$\bigcap_{i=1}^{n} A_i = \{x \in \mathbf{U} \mid x \in A_1, \ x \in A_2, \ \ldots, \ x \in A_n\}.$$

Dizemos que A e B são *disjuntos* se $A \cap B = \emptyset$.

Exemplo 1.6

(a) *Se $A = \{1,\ 3,\ 4,\ 5\}$ e $B = \{4,\ 2,\ 1\}$, então $A \cap B = \{1,\ 4\}$.*

(b) *Se $A = \{3,\ 4,\ 5\}$ e $B = \{2,\ 1,\ 6\}$, então $A \cap B = \emptyset$ (A e B são disjuntos).*

(c) *O conjunto $A \cap B$ é representado pela área sombreada em cada um dos diagramas de Venn abaixo:*

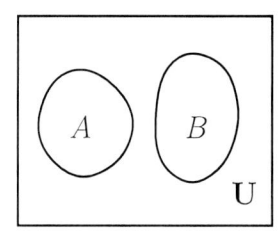 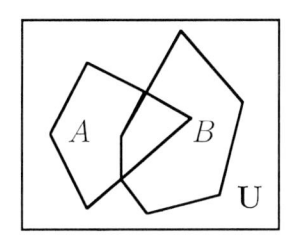 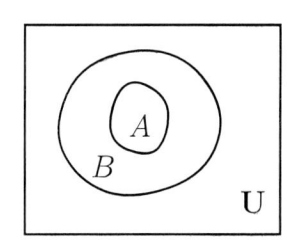

∎

Dados dois conjuntos A e B, o *produto cartesiano* $A \times B$ é o conjunto dos pares ordenados (a, b), onde a é elemento de A e b é elemento de B. Podemos representá-lo implicitamente por

$$A \times B = \{(a, b) \mid a \in A \text{ e } b \in B\}.$$

O produto cartesiano $A_1 \times A_2 \times \cdots \times A_n$ dos n conjuntos A_1, A_2, ..., A_n é definido como o conjunto das n-uplas $(a_1, a_2, \ldots, a_n)$, onde $a_i \in A_i$, para $i = 1, \ldots, n$.

Seja A um conjunto não-vazio. Uma *partição* de A é uma família de subconjuntos não-vazios A_1, A_2, ..., A_n, tais que

1. $\displaystyle\bigcup_{i=1}^{n} A_j = A.$

2. $A_i \cap A_j = \emptyset$, se $i \neq j$.

Ou seja, uma partição de um conjunto A é uma família de subconjuntos não-vazios, dois a dois disjuntos, cuja união é igual ao conjunto A.

As definições apresentadas implicam nas propriedades abaixo:

1. Para todo $A \subset \mathbf{U}$, $A \cup \emptyset = A$ e $A \cap \emptyset = \emptyset$.

2. $A \subset B \Longleftrightarrow A \cup B = B$.

3. $A \subset B \Longleftrightarrow A \cap B = A$.

4. $A \cup (B \cup C) = (A \cup B) \cup C$ e $A \cap (B \cap C) = (A \cap B) \cap C$ (associativa).

5. $A \cap B = B \cap A$ e $A \cup B = B \cup A$ (comutativa).

6. $A \cap (B \cup C) = (A \cap B) \cup (A \cap C)$ e $A \cup (B \cap C) = (A \cup B) \cap (A \cup C)$ (distributiva).

7. $A \cup \overline{A} = \mathbf{U}$; $A \cap \overline{A} = \emptyset$; $\overline{\emptyset} = \mathbf{U}$; $\overline{\mathbf{U}} = \emptyset$.

8. $\overline{(A \cup D)} = \overline{A} \cap \overline{D}$ e $\overline{(A \cap D)} = \overline{A} \cup \overline{D}$ (leis de De Morgan).

3   Notação somatório

Vamos introduzir uma notação que simplifica o modo de se escrever somas, tais como:

(I) $1 + 2 + 3 \cdots + n$;

(II) $1 \cdot 2 + 2 \cdot 3 + 3 \cdot 4 + \cdots + n(n + 1)$;

(III) $1^3 + 2^3 + 3^3 + \cdots + n^3$.

Usaremos o símbolo $\sum$, que é uma letra maiúscula do alfabeto grego denominada sigma e que corresponde ao nosso "S", que naturalmente nos faz lembrar a palavra soma. As somas anteriores serão simplificadas para:

(I) $\displaystyle\sum_{i=1}^{n} i$ (lê-se: soma de i para i variando de 1 até n);

(II) $\sum_{i=1}^{n} i(i+1)$ (lê-se: soma do produto de i por $(i+1)$ para i variando de 1 a n);

(III) $\sum_{i=1}^{n} i^3$ (lê-se: soma do cubo de i para i variando de 1 a n).

De uma maneira geral, dados inteiros r e s tais que $r \leq s$, a notação $\sum_{i=r}^{s} a_i$ representa a soma $a_r + a_{r+1} + \cdots + a_s$ onde r e s são chamados limites inferior e superior, respectivamente, e i é chamado índice do somatório. No próximo exemplo mostramos como manipular este símbolo.

Exemplo 1.7 *Calcule as expressões abaixo:*

(a) $\sum_{i=1}^{3} 3(i+1)$;   (b) $\sum_{i=3}^{4} 3 \cdot 2^i$;   (c) $\sum_{i=2}^{5} 3$;

(d) $\sum_{i=0}^{3} 21$;   (e) $\sum_{i=1}^{2} \sum_{j=2}^{3} 2^i 3^j$;   (f) $\sum_{i=1}^{2} (2^i + 3^i)$;

(g) $\sum_{i=1}^{2} 2^i + \sum_{i=3}^{4} 2^i$;   (h) $\sum_{i=0}^{4} a_{5-i}$.

(a) $\sum_{i=1}^{3} 3(i+1) = 3 \cdot 2 + 3 \cdot 3 + 3 \cdot 4 = 3 \cdot (2 + 3 + 4) = 3 \sum_{i=1}^{3} (i+1)$;

(b) $\sum_{i=3}^{4} 3 \cdot 2^i = 3 \cdot 2^3 + 3 \cdot 2^4 = 3(2^3 + 2^4) = 3 \sum_{i=3}^{4} 2^i$;

(c) $\sum_{i=2}^{5} 3 = 3 + 3 + 3 + 3 = 4 \cdot 3$;

(d) $\sum_{i=0}^{3} 21 = 21 + 21 + 21 + 21 = 4 \cdot 21$;

(e) $\sum_{i=1}^{2} \sum_{j=2}^{3} 2^i 3^j = \sum_{i=1}^{2} (2^i 3^2 + 2^i 3^3) = (2 + 2^2)3^2 + (2 + 2^2)3^3 =$
$= \left(\sum_{i=1}^{2} 2^i \right) \left(\sum_{j=2}^{3} 3^j \right)$;

(f) $\displaystyle\sum_{i=1}^{2}(2^i + 3^i) = 2 + 3 + 2^2 + 3^2 = \sum_{i=1}^{2} 2^i + \sum_{i=1}^{2} 3^i;$

(g) $\displaystyle\sum_{i=1}^{2} 2^i + \sum_{i=3}^{4} 2^i = 2 + 2^2 + 2^3 + 2^4 = \sum_{i=1}^{4} 2^i;$

(h) $\displaystyle\sum_{i=0}^{4} a_{5-i} = a_5 + a_4 + a_3 + a_2 + a_1 = \sum_{i=1}^{5} a_i.$ ∎

As simplificações obtidas no Exemplo 1.7 são casos particulares das propriedades abaixo:

1. $\displaystyle\sum_{i=1}^{n} k a_i = k \sum_{i=1}^{n} a_i$, onde k é uma constante arbitrária;

2. $\displaystyle\sum_{i=1}^{n} k = nk$, onde k é uma constante arbitrária;

3. $\displaystyle\sum_{i=1}^{n}\sum_{j=1}^{m} a_i b_j = \left(\sum_{i=1}^{n} a_i\right)\left(\sum_{j=1}^{m} b_j\right);$

4. $\displaystyle\sum_{i=1}^{n}(a_i + b_i) = \sum_{i=1}^{n} a_i + \sum_{i=1}^{n} b_i;$

5. $\displaystyle\sum_{i=1}^{p} a_i + \sum_{i=p+1}^{n} a_i = \sum_{i=1}^{n} a_i;$

6. $\displaystyle\sum_{i=0}^{n} a_{p-i} = \sum_{i=p-n}^{p} a_i.$

4   Notação produtório

Consideremos os produtos:

(i) $1 \cdot 2 \cdot 3 \cdots n;$

(ii) $x \cdot x^2 \cdot x^3 \cdots x^n;$

(iii) $1 \cdot 3 \cdot 5 \cdots (2n - 1)$.

Podemos simplificar estes produtos usando uma notação apropriada.

Usaremos o símbolo Π, que é a letra maiúscula "Pi" do alfabeto grego. Esta letra corresponde ao nosso "P" e, naturalmente, nos faz lembrar a palavra produto. Os produtos anteriores serão simplificados para:

(i) $\displaystyle\prod_{i=1}^{n} i$ (lê-se: produto de i, para i variando de 1 a n);

(ii) $\displaystyle\prod_{i=1}^{n} x^i$ (lê-se: produto da variável x elevada a i, para i variando de 1 a n);

(iii) $\displaystyle\prod_{i=1}^{n} (2i - 1)$ (lê-se: produto de $(2i - 1)$, para i variando de 1 a n).

De uma maneira geral, dados os inteiros r e s, $r \le s$, usamos $\prod_{i=r}^{s} a_i$ para representar o produto $a_r \cdot a_{r+1} \cdots a_s$, sendo i o índice do produtório e r e s os limites inferior e superior, respectivamente.

Exemplo 1.8 *Determine o produto dos cinco primeiros números naturais.*

$$\prod_{i=1}^{5} i = 1 \cdot 2 \cdot 3 \cdot 4 \cdot 5 = 5!.$$

Neste caso, diremos que o produto acima representa o *fatorial* de 5, simbolizado por 5!. De uma maneira geral, o produto dos n primeiros inteiros é dado por $\prod_{i=1}^{n} i = 1 \cdot 2 \cdot 3 \cdots n = n!$. ∎

Exemplo 1.9 *Determine o produto dos n maiores inteiros negativos.*

$$\prod_{i=1}^{n} (-i) = (-1) \cdot (-2) \cdots (-n) = (-1)^n \cdot 1 \cdot 2 \cdot 3 \cdots \cdot n = (-1)^n n!. \ \blacksquare$$

Exemplo 1.10 *Calcule os produtos:*

(a) $\displaystyle\prod_{i=1}^{3} i(i+1)$;   (b) $\displaystyle\prod_{i=1}^{3} 3i$;   (c) $\displaystyle\prod_{i=1}^{3} 3$;   (d) $\displaystyle\prod_{i=1}^{4} (i+1)^2$.

(a) $\displaystyle\prod_{i=1}^{3} i(i+1) = (1\cdot2)(2\cdot3)(3\cdot4) = (1\cdot2\cdot3)(2\cdot3\cdot4) = \left(\prod_{i=1}^{3} i\right)\left(\prod_{i=1}^{3}(i+1)\right)$;

(b) $\displaystyle\prod_{i=1}^{3} 3i = (3\cdot1)(3\cdot2)(3\cdot3) = 3^3 \prod_{i=1}^{3} i$;

(c) $\displaystyle\prod_{i=1}^{3} 3 = 3\cdot3\cdot3 = 3^3$;

(d) $\displaystyle\prod_{i=1}^{4} (i+1)^2 = 2^2\cdot3^2\cdot4^2\cdot5^2 = (2\cdot3\cdot4\cdot5)^2 = \left(\prod_{i=1}^{4}(i+1)\right)^2$. ∎

As simplificações do Exemplo 1.10 são casos particulares das propriedades:

1. $\displaystyle\prod_{i=1}^{n} a_i b_i = \left(\prod_{i=1}^{n} a_i\right)\left(\prod_{i=1}^{n} b_i\right)$;

2. $\displaystyle\prod_{i=1}^{n} k = k^n$, onde k é uma constante arbitrária;

3. $\displaystyle\prod_{i=1}^{n} ka_i = k^n \prod_{i=1}^{n} a_i$, onde k é uma constante arbitrária;

4. $\displaystyle\prod_{i=1}^{n} a_i^2 = \left(\prod_{i=1}^{n} a_i\right)^2$, que é um caso particular da regra geral
   $\displaystyle\prod_{i=1}^{n} a_i^k = \left(\prod_{i=1}^{n} a_i\right)^k$, que mostraremos ser verdadeira usando o
   princípio da indução matemática, assunto da próxima seção.

5 Princípio da indução matemática

O princípio da indução matemática é uma ferramenta valiosa para provarmos resultados envolvendo inteiros.

Consideremos a soma $\sum_{i=1}^{n}(2i-1) = 1+3+5+7+\cdots+(2n-1)$. Nosso propósito, nesta seção, é descobrir uma fórmula que nos dê o valor deste somatório, para qualquer inteiro n, sem que para isso somemos todos os inteiros ímpares menores do que ou iguais a $2n-1$.

Podemos usar nossa intuição para descobrirmos tal fórmula. Vamos analisar casos particulares procurando encontrar alguma lei de formação. Procuraremos estabelecer conjecturas sobre a fórmula correta. Vamos denotar por S_n a soma $\sum_{i=1}^{n}(2i-1)$ e construir uma tabela para S_n, para $n = 1, 2, 3, \ldots, 5$:

n	S_n
1	1
2	$1 + 3 = 4$
3	$1 + 3 + 5 = 9$
4	$1 + 3 + 5 + 7 = 16$
5	$1 + 3 + 5 + 7 + 9 = 25$

Desta tabela podemos observar que:

(i) $S_n = S_{n-1} + (2n-1)$ e

(ii) $S_n = n^2$,

são afirmações verdadeiras para $n = 1, 2, 3, \ldots, 5$. Entretanto, não podemos, em princípio, garantir que (ii) seja verdadeira para valores de n superiores a 5.

A igualdade $S_n = S_{n-1} + (2n-1)$ sabemos ser verdadeira para qualquer valor de n, pois a soma dos n primeiros inteiros ímpares é igual à soma dos $(n-1)$ primeiros inteiros ímpares adicionada ao $n^{\text{ésimo}}$ inteiro ímpar, $2n-1$. Esta igualdade nos sugere uma maneira de provarmos a conjectura de que (ii) seja verdadeira para qualquer valor positivo de n. Suponhamos que, para $n = k$, sendo k um inteiro positivo, a conjectura seja verdadeira, isto é, $S_k = k^2$. Usando o item (i) temos que

$$
\begin{aligned}
S_{k+1} &= S_k + 2(k+1) - 1 \\
&= k^2 + 2k + 1 \\
&= (k+1)^2,
\end{aligned}
$$

que é a mesma fórmula da nossa conjectura, se substituirmos n por $k+1$.

Analisemos o que foi feito até agora:

(a) Verificamos que a fórmula é verdadeira para alguns valores numéricos e em particular para $n = 1$.

(b) Provamos que se a equação $S_n = n^2$ é verdadeira para $n = k$ é também verdadeira para $n = k + 1$.

Como sabemos que a conjectura é verdadeira para $n = 1, \ldots, 5$, pelo exposto em (b), podemos concluir que ela é verdadeira para $n = 6$, isto é, $S_6 = 6^2 = 36 = (5^2 + (2 \cdot 6 - 1))$. Então, visto que ela se verifica para $n \leq 6$, pelo exposto em (b), podemos concluir que a equação é verdadeira para $n = 7$, isto é, $S_7 = 7^2 = 49 = (36 + (2 \cdot 7 - 1))$, e assim por diante. Existe um princípio, conhecido por *Princípio da Indução Matemática*, que nos garante que, nas condições que acabamos de descrever, pode-se concluir a validade da fórmula mencionada para todo inteiro positivo n, isto é

$$
\sum_{i=1}^{n}(2i - 1) = n^2.
$$

Enunciamos neste capítulo duas formas do princípio que são equivalentes.

Primeira forma do Princípio da Indução Matemática. *Seja* $P(n)$ *uma propriedade relativa aos inteiros. Se*

(i) $P(n)$ *é verdadeira para* $n = 1$ *e*

(ii) $P(k)$ *verdadeira implica que* $P(k + 1)$ *é verdadeira,*

então $P(n)$ *é verdadeira para todo inteiro* $n \geq 1$.

Para aplicarmos a primeira forma do princípio da indução matemática (PIM), devemos seguir os passos abaixo:

(I) Passo inicial (PI): verificar se $P(n)$ é verdadeira para $n = 1$.

(II) Assumir $P(k)$ verdadeira, hipótese da indução (HI), e provar que $P(k + 1)$ é verdadeira.

(III) Sendo verificados os itens (I) e (II), concluir que $P(n)$ é válida para qualquer valor de $n \geq 1$.

Note que a propriedade $P(n)$ não se resume necessariamente a uma fórmula, como ilustrado no exemplo abaixo.

Exemplo 1.11 *Mostre que a soma dos cubos de três inteiros positivos consecutivos é um múltiplo de 9.*

Neste caso, devemos provar que a expressão $n^3 + (n + 1)^3 + (n + 2)^3$ é um múltiplo de 9, para qualquer inteiro positivo n.

PI: Provemos para $n = 1$:

$$1^3 + (1 + 1)^3 + (1 + 2)^3 = 1 + 8 + 27 = 36 = 9 \cdot 4,$$

que é múltiplo de 9.

HI: Para $n = k$, $k^3 + (k + 1)^3 + (k + 2)^3 = 9L$, onde L é um inteiro. Devemos mostrar que $(k+1)^3 + [(k+1)+1]^3 + [(k+1)+2]^3 = 9M$ para um inteiro M.

$$(k + 1)^3 + [(k + 1) + 1]^3 + [(k + 1) + 2]^3 =$$

$$= \underbrace{(k + 1)^3 + (k + 2)^3 + k^3}_{= 9L, \text{ pela HI}} + 3 \cdot k^2 \cdot 3 + 3 \cdot k \cdot 9 + 27$$

$$= 9L + 9k^2 + 9 \cdot 3 \cdot k + 9 \cdot 3 = 9(L + k^2 + 3k + 3) = 9M$$

onde $M = L + k^2 + 3k + 3$.

Conseqüentemente, a soma dos cubos de três inteiros positivos consecutivos é um múltiplo de 9. ∎

Exemplo 1.12 *Prove, usando o princípio da indução matemática, que, sendo x um número real não-nulo e diferente de 1, então*

$$\sum_{i=0}^{n} x^i = 1 + x + x^2 + \cdots + x^n = \frac{x^{n+1} - 1}{x - 1}.$$

PI: Considerar $n = 1$:

$$\sum_{i=0}^{1} x^i = 1 + x$$

e

$$\frac{x^2 - 1}{x - 1} = \frac{(x + 1)(x - 1)}{x - 1} = x + 1.$$

Portanto, a afirmação é verdadeira para $n = 1$.

HI: A fórmula é válida para $n = k$, isto é,

$$\sum_{i=0}^{k} x^i = \frac{x^{k+1} - 1}{x - 1}.$$

Devemos mostrar que ela é válida para $n = k + 1$.

$$\sum_{i=0}^{k+1} x^i = 1 + x + x^2 + x^3 + \cdots + x^k + x^{k+1}$$

$$= \sum_{i=0}^{k} x^i + x^{k+1}$$

$$= \frac{x^{k+1} - 1}{x - 1} + x^{k+1}$$

$$= \frac{x^{k+1} - 1 + x^{k+1}(x - 1)}{x - 1}$$

$$= \frac{x^{k+2} - 1}{x - 1},$$

donde

$$\sum_{i=0}^{k+1} x^i = \frac{x^{(k+1)+1} - 1}{x - 1}.$$

Portanto, conclui-se pelo PIM que, para qualquer inteiro $n \geq 1$,

$$\sum_{i=0}^{n} x^i = 1 + 2 + \cdots + x^n = \frac{x^{n+1} - 1}{x - 1}. \ \blacksquare$$

Exemplo 1.13 *Prove, usando o princípio da indução matemática, que*

$$\sum_{i=1}^{n} i^3 = \left(\sum_{i=1}^{n} i \right)^2.$$

Como $\sum_{i=1}^{n} i = \frac{n(n+1)}{2}$ (veja o Exercício 17(a)), devemos provar que

$$\sum_{i=1}^{n} i^3 = \frac{n^2(n+1)^2}{4}.$$

PI: Se $n = 1$, $\sum_{i=1}^{1} i^3 = 1^3 = 1$ e $\frac{1^2(1+1)^2}{4} = 1$ e, portanto, a igualdade é verdadeira.

HI: Para $n = k$ a igualdade se verifica, isto é,

$$\sum_{i=1}^{k} i^3 = \frac{k^2(k+1)^2}{4}.$$

Devemos concluir que isto implica na validade da fórmula para $n = k + 1$. Separando o último termo do somatório e depois usando a HI, temos

$$
\begin{aligned}
\sum_{i=1}^{k+1} i^3 &= \sum_{i=1}^{k} i^3 + (k+1)^3 \\
&= \frac{k^2(k+1)^2}{4} + (k+1)^3 \\
&= \frac{k^2(k+1)^2 + 4(k+1)^3}{4} \\
&= \frac{(k+1)^2[k^2 + 4(k+1)]}{4},
\end{aligned}
$$

donde

$$
\sum_{i=1}^{k+1} i^3 = \frac{(k+1)^2(k+2)^2}{4},
$$

que é a fórmula para $n = k + 1$.

Pelo PIM, concluímos que

$$
\sum_{i=1}^{n} i^3 = \left[\frac{n(n+1)}{2}\right]^2 = \left[\sum_{i=1}^{n} i\right]^2 . \blacksquare
$$

Exemplo 1.14 *Prove, usando o princípio da indução matemática, que, para qualquer n natural,*

$$
\prod_{i=1}^{n} a_i^m = \left(\prod_{i=1}^{n} a_i\right)^m .
$$

PI: Se $n = 1$, $\prod_{i=1}^{1} a_i^m = a_1^m = \left(\prod_{i=1}^{1} a_i\right)^m$, donde a igualdade é verdadeira.

HI: Para $n = k$ a igualdade se verifica, isto é,

$$
\prod_{i=1}^{k} a_i^m = \left(\prod_{i=1}^{k} a_i\right)^m .
$$

Devemos concluir que isto implica na validade da fórmula para $n = k + 1$.

$$\prod_{i=1}^{k+1} a_i^m = \left(\prod_{i=1}^{k} a_i^m\right)\left(\prod_{i=k+1}^{k+1} a_i^m\right)$$

$$= \left(\prod_{i=1}^{k} a_i\right)^m a_{k+1}^m$$

$$= \left[\left(\prod_{i=1}^{k} a_i\right) a_{k+1}\right]^m$$

$$= \left(\prod_{i=1}^{k+1} a_i\right)^m,$$

que é a fórmula para $n = k + 1$.

Pelo PIM, concluímos que

$$\prod_{i=1}^{n} a_i^m = \left(\prod_{i=1}^{n} a_i\right)^m . \blacksquare$$

Exemplo 1.15 *Considerando a seqüência de Fibonacci,[1] que é definida recursivamente por $F_1 = 1$, $F_2 = 1$ e $F_n = F_{n-1} + F_{n-2}$, para $n \geq 3$, faça uma conjectura quanto à soma $\sum_{i=1}^{n} F_i$ e confirme-a usando o princípio da indução matemática.*

$$F_1 = 1$$
$$F_1 + F_2 = 1 + 1 = 2$$
$$F_1 + F_2 + F_3 = 1 + 1 + 2 = 4$$
$$F_1 + F_2 + F_3 + F_4 = 1 + 1 + 2 + 3 = 7$$

---

[1]Veja Exemplo 6.1 para maiores detalhes sobre a origem histórica desta importante seqüência.

Observando a tabela anterior e os resultados das somas, temos:

$$F_3 = 2 \quad \text{e} \quad F_1 \;=\; 1 = F_3 - 1$$
$$F_4 = 3 \quad \text{e} \quad F_1 + F_2 \;=\; 2 = F_4 - 1$$
$$F_5 = 5 \quad \text{e} \quad F_1 + F_2 + F_3 \;=\; 4 = F_5 - 1$$
$$F_6 = 8 \quad \text{e} \quad F_1 + F_2 + F_3 + F_4 \;=\; 7 = F_6 - 1$$

Portanto, podemos fazer a conjectura:

$$\sum_{i=1}^{n} F_i = F_{n+2} - 1.$$

Precisamos provar sua veracidade, ou não, para todo valor de $n \geq 1$.

PI: Seja $n = 1$.

$$\sum_{i=1}^{1} F_i = F_1 = 1 \quad \text{e} \quad F_{1+2} - 1 = F_3 - 1 = 1.$$

Portanto, a conjectura é válida para $n = 1$.

HI: A fórmula é válida para $n = k$, isto é,

$$\sum_{i=1}^{k} F_i = F_{k+2} - 1.$$

Devemos provar que a mesma é válida para $n = k + 1$. Sabemos que

$$\sum_{i=1}^{k+1} F_i = \sum_{i=1}^{k} F_i + F_{k+1}.$$

Usando a HI, temos

$$
\begin{aligned}
\sum_{i=1}^{k+1} F_i &= F_{k+2} - 1 + F_{k+1}. \\
&= F_{k+2} + F_{k+1} - 1.
\end{aligned}
$$

Como, por definição, $F_{k+3} = F_{k+2} + F_{k+1}$, temos

$$
\begin{aligned}
\sum_{i=1}^{k+1} F_i &= F_{k+3} - 1 \\
&= F_{(k+1)+2} - 1,
\end{aligned}
$$

que é a nossa conjectura para $n = k + 1$.

Logo, pelo PIM, podemos afirmar que

$$
\sum_{i=1}^{n} F_i = F_{n+2} - 1,
$$

para todo inteiro $n \geq 1$. ∎

Nos exemplos vistos até agora, as propriedades provadas utilizando-se o PIM referiam-se a seqüências cujos $n^{\underline{\text{ésimos}}}$ termos poderiam ser calculados a partir de n e do predecessor imediato na seqüência. Nestes casos, torna-se natural a aplicação da primeira forma do princípio da indução matemática. Há, entretanto, outras situações, nas quais é mais conveniente a utilização da segunda forma do princípio da indução matemática, descrita a seguir. Isto ocorre, por exemplo, quando a seqüência, acerca da qual deseja-se demonstrar alguma propriedade, é definida recursivamente de modo que o $n^{\underline{\text{ésimo}}}$ termo depende de dois ou mais termos anteriores.

Segunda forma do Princípio da Indução Matemática. *Seja $P(n)$ uma propriedade relativa aos inteiros. Se*

(i) *$P(n)$ é verdadeira para $n = 1$ e;*

(ii) *$P(n)$ verdadeira para $1 < n \leq k$ implica que $P(k + 1)$ é verdadeira,*

então $P(n)$ é verdadeira para todo inteiro $n \geq 1$.

Pode-se provar que as duas formas do princípio da indução matemática são equivalentes. Cabe notar que, dependendo da seqüência, nem sempre é suficiente a demonstração da propriedade apenas para o primeiro termo, como mostra o próximo exemplo. Neste caso, a propriedade refere-se aos números da seqüência de Fibonacci, cujos **dois** primeiros termos são definidos arbitrariamente, e cada termo da seqüência depende dos dois termos imediatamente predecessores. Portanto, o passo indutivo não poderia ser utilizado quando $n = 1$, tornando necessária a verificação em separado da validade de $P(2)$.

Exemplo 1.16 *Provar, pelo princípio da indução matemática, que para todo inteiro positivo n,*

$$F_n < \left(\frac{7}{4}\right)^n.$$

Seja $P(n)$ a desigualdade acima.

PI: Verificar a desigualdade para $n = 1$ e $n = 2$:

$$F_1 = 1 < \frac{7}{4} \quad e \quad F_2 = 1 < \left(\frac{7}{4}\right)^2.$$

Donde $P(1)$ e $P(2)$ são verdadeiras.

HI: Consideremos válida a sentença para $1 < n \leq k$, isto é,

$$F_n < \left(\frac{7}{4}\right)^n, \quad \text{para } 1 < n \leq k.$$

Precisamos provar que isto implica que

$$F_{k+1} < \left(\frac{7}{4}\right)^{k+1}.$$

Como F_{k+1} depende de F_k e de F_{k-1} torna-se natural o emprego da segunda forma do PIM, conforme ilustrado no desenvolvimento abaixo, onde utilizamos a veracidade de $P(k)$ e $P(k-1)$ (hipótese de indução):

$$F_{k+1} = F_k + F_{k-1} < \left(\frac{7}{4}\right)^k + \left(\frac{7}{4}\right)^{k-1} = \left(\frac{7}{4}\right)^{k-1} \left(\frac{11}{4}\right)$$

e, como $\frac{11}{4} < 3 < \frac{49}{16} = \left(\frac{7}{4}\right)^2$, então

$$F_{k+1} < \left(\frac{7}{4}\right)^{k-1} \left(\frac{7}{4}\right)^2 = \left(\frac{7}{4}\right)^{k+1},$$

que é a inequação que precisávamos obter.

Note que a demonstração da validade de $P(2)$ é essencial. Todo o resto da dedução poderia ser aplicado à seqüência G_n definida por $G_1 = 1$, $G_2 = 10$ e $G_{n+1} = G_n + G_{n-1}$ para $n \geq 2$, para a qual obviamente não temos a validade da propriedade para todo n. ∎

Exemplo 1.17 *Provar, pelo princípio da indução matemática, que todo inteiro maior do que 1 é primo ou produto de primos.*[2]

Vamos considerar $P(n)$ a sentença: n é primo ou produto de primos. Este exemplo ilustra um outro detalhe a ser observado sobre o princípio da indução. Embora normalmente se deseje provar que $P(n)$ é verdadeira para n inteiro positivo, esta é uma situação em que n deve ser inteiro e maior do que ou igual a 2. Ocorre que o princípio pode ser reformulado para as situações em que o "primeiro valor" considerado para n é diferente de 1.

PI: Verificar a sentença para $n = 2$. $P(2)$ é verdadeira, pois 2 é primo.

HI: Considerar a sentença válida para $2 < n \leq k$, isto é, n é primo ou produto de primos.

Precisamos provar que isto implica que $P(k + 1)$ é verdadeira, isto é, que $k + 1$ é primo ou produto de primos. Ora, temos duas possibilidades mutuamente exclusivas para $k + 1$:

---

[2]*Primo* é um inteiro maior do que 1 que só é divisível por 1 e por ele mesmo.

(1) $k + 1$ é primo. Então $P(k + 1)$ é verificada.

(2) $k+1$ não é primo. Então $k+1 = a \cdot b$, onde $1 < a < k+1$ e $1 < b < k+1$. Fazendo a suposição de que $P(2)$, $P(3)$, $\ldots$, $P(k)$ são verdadeiras, então $P(a)$ e $P(b)$ são verdadeiras. Neste caso, a e b são primos ou produtos de primos e, portanto, $k + 1 = a \cdot b$ é produto de primos. ∎

Exemplo 1.18 *Definimos recursivamente, para todo inteiro n, a função $u(n)$ por*

$$
\begin{aligned}
u(1) &= 1, \\
u(2) &= 5, \\
u(n) &= u(n - 1) + 2u(n - 2), \quad para \ n > 2.
\end{aligned}
$$

Prove, usando a segunda forma do princípio da indução matemática, que $u(n) = 2^n + (-1)^n$.

PI: Temos que $2^1 + (-1)^1 = 1 = u(1)$ e $2^2 + (-1)^2 = 5 = u(2)$, portanto $P(1)$ e $P(2)$ são verdadeiras.

HI: Supor que para todo inteiro n, tal que $2 < n \leq k$, a equação $u(n) = 2^n + (-1)^n$ é válida.

Devemos provar que a equação vale para $n = k + 1$. Utilizando a lei de formação desta seqüência e a hipótese de indução, temos

$$
\begin{aligned}
u(k + 1) &= u(k) + 2u(k - 1) \\
&= 2^k + (-1)^k + 2[2^{k-1} + (-1)^{k-1}] \\
&= 2 \cdot 2^k + (-1)^k + 2(-1)^{k-1} \\
&= 2^{k+1} + (-1)^{k-1}(-1)^2 \\
&= 2^{k+1} + (-1)^{k+1},
\end{aligned}
$$

o que comprova que, sendo $P(1)$, $P(2)$, $\ldots$, $P(k)$ válidas, então $P(k+1)$ também o é. Então, pela segunda forma do princípio da indução matemática, a função $u(n)$ é dada por $u(n) = 2^n + (-1)^n$ para qualquer valor inteiro $n \geq 1$. ∎

Exemplo 1.19 *Provar, pelo princípio da indução matemática, que, para todo inteiro positivo n,*

$$F_n = \frac{1}{\sqrt{5}} \left(\frac{1 + \sqrt{5}}{2} \right)^n - \frac{1}{\sqrt{5}} \left(\frac{1 - \sqrt{5}}{2} \right)^n, \tag{1.1}$$

onde $F_1, F_2, \ldots$ é a seqüência de Fibonacci.

Lembramos que a seqüência de Fibonacci é definida por

$$F_1 = 1; \ F_2 = 1 \quad e \quad F_{n+1} = F_n + F_{n-1}, \ \text{para } n \geq 2.$$

PI: Verificar a igualdade (1.1) para $n = 1$ e para $n = 2$.

$$\frac{1}{\sqrt{5}} \left(\frac{1 + \sqrt{5}}{2} \right) - \frac{1}{\sqrt{5}} \left(\frac{1 - \sqrt{5}}{2} \right) =$$

$$\frac{1 + \sqrt{5} - 1 + \sqrt{5}}{2\sqrt{5}} = 1 = F_1.$$

$$\frac{1}{\sqrt{5}} \left(\frac{1 + \sqrt{5}}{2} \right)^2 - \frac{1}{\sqrt{5}} \left(\frac{1 - \sqrt{5}}{2} \right)^2 =$$

$$\frac{1 + 2\sqrt{5} + 5 - 1 + 2\sqrt{5} - 5}{4\sqrt{5}} = 1 = F_2.$$

Portanto, verifica-se a fórmula para o cálculo de F_n, quando $n = 1$ e $n = 2$.

HI: Supor que para todo inteiro $1 < n \leq k$ a expressão

$$F_n = \frac{1}{\sqrt{5}} \left(\frac{1 + \sqrt{5}}{2} \right)^n - \frac{1}{\sqrt{5}} \left(\frac{1 - \sqrt{5}}{2} \right)^n \tag{1.2}$$

seja válida.

Devemos mostrar que a igualdade (1.1) se verifica para $n = k+1$. Pela HI, temos:

$$F_n = \frac{1}{\sqrt{5}}\left(\frac{1+\sqrt{5}}{2}\right)^n - \frac{1}{\sqrt{5}}\left(\frac{1-\sqrt{5}}{2}\right)^n$$

$$F_{n-1} = \frac{1}{\sqrt{5}}\left(\frac{1+\sqrt{5}}{2}\right)^{n-1} - \frac{1}{\sqrt{5}}\left(\frac{1-\sqrt{5}}{2}\right)^{n-1}.$$

Substituindo na expressão para F_{n+1} dada na definição da seqüência de Fibonacci, temos

$$\begin{aligned}
F_{n+1} &= \frac{1}{\sqrt{5}}\left(\frac{1+\sqrt{5}}{2}\right)^n - \frac{1}{\sqrt{5}}\left(\frac{1-\sqrt{5}}{2}\right)^n \\
&\quad + \frac{1}{\sqrt{5}}\left(\frac{1+\sqrt{5}}{2}\right)^{n-1} - \frac{1}{\sqrt{5}}\left(\frac{1-\sqrt{5}}{2}\right)^{n-1} \\
&= \frac{1}{\sqrt{5}}\left(\frac{1+\sqrt{5}}{2}\right)^{n-1}\left[\frac{1+\sqrt{5}}{2}+1\right] \\
&\quad - \frac{1}{\sqrt{5}}\left(\frac{1-\sqrt{5}}{2}\right)^{n-1}\left[\frac{1-\sqrt{5}}{2}+1\right] \\
&= \frac{1}{\sqrt{5}}\left(\frac{1+\sqrt{5}}{2}\right)^{n-1}\left[\frac{3+\sqrt{5}}{2}\right] \\
&\quad - \frac{1}{\sqrt{5}}\left(\frac{1-\sqrt{5}}{2}\right)^{n-1}\left[\frac{3-\sqrt{5}}{2}\right]
\end{aligned}$$

como

$$\left(\frac{3+\sqrt{5}}{2}\right) = \left(\frac{1+\sqrt{5}}{2}\right)^2 \quad \text{e} \quad \left(\frac{3-\sqrt{5}}{2}\right) = \left(\frac{1-\sqrt{5}}{2}\right)^2,$$

então

$$F_{n+1} = \frac{1}{\sqrt{5}}\left(\frac{1+\sqrt{5}}{2}\right)^{n+1} - \frac{1}{\sqrt{5}}\left(\frac{1-\sqrt{5}}{2}\right)^{n+1}.$$

Portanto, a igualdade (1.1) se verifica para todo inteiro positivo n. ∎

Este mesmo resultado será obtido de maneiras diferentes nos Capítulos 5 e 6.

Exercícios

1. Preencha o espaço vazio com a relação apropriada para cada caso:

   (a) $\{a\}$___$\{1, 2, a, b\}$;

   (b) $\{a, 1, 2\}$___$\{1, 2\}$;

   (c) a___$\{1, 2, a, b\}$;

   (d) $\emptyset$___$\{1, 2, 3, 4\}$;

   (e) $\{\emptyset\}$___$\{\emptyset, a, b\}$ (conjuntos podem ser elementos de outro conjunto);

   (f) $\{1, 2, 3\}$___$\{x \in N \mid 1 \leq x \leq 3\}$;

   (g) $\{3\}$___$\{x \in \mathbb{R} \mid x^2 - 9 = 0\}$;

   (h) -3___$\{x \in \mathbb{R} \mid x^2 - 9 = 0\}$;

   (i) $\{-3, 3\}$___$\{x \in \mathbb{R} \mid x^2 - 9 = 0\}$;

   (j) $\{x \mid x$ é letra da palavra técnica$\}$ ___$\{x \mid x$ é letra da palavra étnica$\}$.

2. Qual a relação entre os dois conjuntos $A = \{x \mid x > 2\}$ e $B = \{x \mid x \geq 2\}$?

3. Escreva os conjuntos abaixo, explicitando todos os seu elementos:

   (a) $A = \{x \in \mathbb{R} \mid x^2 - 4 = 0\}$;   (b) $B = \{x \in \mathbb{R} \mid 2x - 3 = 7\}$;

   (c) $C = \{x \in \mathbb{N} \mid 1 \leq x \leq 3\}$;   (d) $D = \{x \in \mathbb{R} \mid x^2 + 1 = 0\}$.

4. Escreva todos os subconjuntos dos conjuntos A, B, C e D definidos em 3.

5. Quantos subconjuntos tem um conjunto com:

   (a) nenhum elemento?

   (b) 1 elemento?

(c) 2 elementos?

(d) 3 elementos?

(e) n elementos, sendo n um inteiro positivo? (Considere os resultados (a)–(d).)

Observação: Este resultado será demonstrado no próximo capítulo.

6. Considere o conjunto $U = \{1, 2, 4, 5, 7, 8, 10, 11, 13, 15\}$. Encontre o complementar em U de cada um dos conjuntos:

(a) $\{2, 4, 8, 10\}$; (b) $\{x \in U \mid x$ é ímpar$\}$;

(c) $\{x \in U \mid x$ é múltiplo de 5$\}$; (d) $\{1, 5, 7, 11\}$.

7. Sejam $A = \{1, 3, 5, 7, 9\}$; $B = \{1, 2, 3, 4, 5, 6\}$; $C = \{5, 6, 7, 8, 9, 10\}$. Determine:

(a) $A \cup B$; (b) $A \cup C$; (c) $B \cup C$;

(d) $A - B$; (e) $B - A$; (f) $A - C$;

(g) $C - A$; (h) $B - C$; (i) $C - B$.

8. Sejam $U = \{0, 1, 2, 3, 4, 5, 6, 7, 8, 9\}$; $A = \{3, 5, 7, 9\}$; $B = \{0, 2, 4, 6, 8, 9\}$ e $D = \{9\}$. Determine:

(a) $A \cup (B \cap D)$; (b) $(A \cup B) \cap (A \cup D)$; (c) $B - (A - D)$;

(d) $(B \cap D) \cup \overline{D}$; (e) $(\overline{A \cup B})$; (f) $\overline{A \cap B}$;

(g) $\overline{A} \cup \overline{B}$; (h) $\overline{A} \cap \overline{B}$.

9. Dados os conjuntos $U = \{1, 2, 3, 4, 5, 6, 7, 8\}$; $A = \{4, 2, 8\}$ e $B = \{1, 2, 3\}$. Determine:

(a) $B - A$; (b) $A \times (B - A)$; (c) $B \times (B - A)$;

(d) $A - B$; (e) $A \times (A - B)$; (f) $B \times (A - B)$;

(g) $B \times \overline{A}$; (h) $\overline{B} \times \overline{A}$; (i) $\overline{A} \times \overline{B}$.

10. Usando diagramas de Venn, ilustre as propriedades citadas na página 8.

11. Considere $A = \{1, 2, 3, 4, 5, 6, 7, 8, 9, 10\}$.

    (a) Obtenha uma partição de A em 3 subconjuntos.

    (b) Esta partição é única? Por quê?

12. Considere dois pontos distintos, P_1 e P_2, em um plano. Formamos dois conjuntos: o conjunto A_1, contendo todas as retas passando por P_1, e A_2 todas as retas passando por P_2. Determinar $A_1 \cap A_2$.

13. Considere **U** como o conjunto de todas as pessoas e

    $S = \{x \in \mathbf{U} \mid x \text{ reside no Brasil}\}$,

    $M = \{x \in \mathbf{U} \mid x \text{ é mulher}\}$,

    $J = \{x \in \mathbf{U} \mid x \text{ tem menos de 25 anos}\}$,

    $A = \{x \in \mathbf{U} \mid x \text{ tem mais de 1,70 m de altura}\}$.

    Descreva os conjuntos:

    (a) $S \cap M \cap J$; (b) $S \cap A \cap J$; (c) $M \cap J \cap A$;

    (d) $S \cap M \cap J \cap A$; (e) $S \cap (J - A)$; (f) $S \cap (M \cup J)$;

    (g) $(S \cap M) \cup (S \cap J)$; (h) $S \cup (M \cap J)$.

14. Expandir as seguintes somas:

    (a) $\displaystyle\sum_{i=1}^{6} 2i$; (b) $\displaystyle\sum_{i=0}^{6} x^i$; (c) $\displaystyle\sum_{i=3}^{7} 5$;

    (d) $\displaystyle\sum_{j=2}^{6} \frac{j(j-1)(j-2)}{6}$; (e) $\displaystyle\sum_{i=5}^{10} (3i+2)$; (f) $\displaystyle\sum_{i=3}^{3} \frac{3i^2}{i+1}$.

15. Escreva as expressões abaixo, usando a notação somatório:

    (a) $1 + 3 + 5 + 7 + 9$;

(b) $-1 + 4 - 9 + 16 - 25 + 36$;

(c) $7 + 14 + 21 + 28 + 35 + 42$;

(d) $\dfrac{1}{1 \cdot 3} + \dfrac{1}{2 \cdot 4} + \dfrac{1}{3 \cdot 5} + \dfrac{1}{4 \cdot 6} + \dfrac{1}{5 \cdot 7}$.

16. Avalie $\displaystyle\sum_{i=1}^{n}(a_i - a_{i-1})$ considerando $a_0 = 0$.

17. Use o resultado do Exercício 16 para provar que:

    (a) $\displaystyle\sum_{i=1}^{n} i = \dfrac{n(n+1)}{2}$;   (b) $\displaystyle\sum_{i=1}^{n} i(i+1) = \dfrac{n(n+1)(n+2)}{3}$.

18. Determine o valor de $\displaystyle\sum_{i=1}^{n} i^2$ usando os resultados obtidos em 17.

19. Calcule a soma dos quadrados dos n primeiros números ímpares positivos.

    (Observação: $1^2 + 3^2 + 5^2 + \ldots + (2n-1)^2 = \displaystyle\sum_{i=1}^{n}(2i-1)^2 = \sum_{i=1}^{n}(4i^2 - 4i + 1)$.)

20. Calcule $\displaystyle\sum_{i=1}^{n} i(i+1)(i+2)$.

    $\left(\text{Sugestão: faça } \displaystyle\sum_{i=1}^{n} i(i+1)(i+2) = \sum_{i=1}^{n} i^2(i+1) + 2\sum_{i=1}^{n} i(i+1),\text{ e use o}\right.$
    resultado do Exemplo 1.13.)

21. Expandir os seguintes produtos:

    (a) $\displaystyle\prod_{j=2}^{n}(3j + 7)$;   (b) $\displaystyle\prod_{i=1}^{4}(i^3 - 7i + 3)$;

    (c) $\displaystyle\prod_{j=1}^{n}\left(1 + \dfrac{1}{j^2}\right)$;   (d) $\displaystyle\prod_{j=1}^{3} 6j^2$.

22. Expandir e simplificar:

(a) $\dfrac{\prod\limits_{j=0}^{n}(j+1)}{\sum\limits_{i=1}^{n} i}$;

(b) $\dfrac{\prod\limits_{j=1}^{n} j}{\prod\limits_{i=p+1}^{n-1} i \cdot \prod\limits_{k=1}^{p} k}$.

23. Escreva as expressões abaixo usando a notação produtório:

(a) $1 \cdot 3 \cdot 5 \cdot 7 \cdot 9$;

(b) $p \cdot (p+1) \cdot (p+2) \cdots (p+n)$;

(c) $\dfrac{1}{2} \cdot \dfrac{2}{3} \cdot \dfrac{3}{4} \cdot \dfrac{4}{5} \cdot \dfrac{5}{6} \cdot \dfrac{6}{7}$;

(d) $x^2 \cdot x^4 \cdot x^6 \cdot x^8 \cdot x^{10}$.

24. Verifique se as afirmações são verdadeiras:

(a) $\prod\limits_{j=1}^{5} j^3 = (5!)^3$;

(b) $\dfrac{\prod\limits_{j=1}^{n} j}{\prod\limits_{k=1}^{p} k} = \prod\limits_{i=1}^{n-p}(p+i)$, para $n > p$;

(c) $\prod\limits_{j=2}^{7} 3j = 3^6 \cdot 7!$;

(d) $\prod\limits_{n=1}^{4}\left(\sum\limits_{k=1}^{n} k\right) = 180$.

25. Determine o valor de:

(a) $\prod\limits_{i=1}^{n} x^i$;

(b) $\prod\limits_{i=1}^{n} x^{i(i+1)}$;

(c) $\prod\limits_{i=1}^{n}\left[1 - \dfrac{1}{(i+1)^2}\right]$;

(d) $\prod\limits_{i=1}^{n} \dfrac{i}{i+1}$;

(e) $\prod\limits_{i=1}^{n} \dfrac{x_i}{x_{i-1}}$, dado que $x_0 = 1$;

(f) $\prod\limits_{i=1}^{n} x^{i^3}$. (Sugestão: Escreva o produto pedido e transforme o expoente numa soma, cujo resultado você encontra no Exemplo 1.13.)

26. Dê a forma simplificada e calcule o valor de:

(a) $\displaystyle\prod_{i=1}^{3}\left(\sum_{j=1}^{3}j(j+1)\right)$;

(b) $\displaystyle\sum_{m=j-1}^{j}\left(\frac{\displaystyle\prod_{i=1}^{n}i}{\displaystyle\prod_{k=1}^{m}k\cdot\prod_{\ell=m}^{n-1}(n-\ell)}\right)$;

(c) $\displaystyle\frac{\displaystyle\prod_{k=1}^{n+1}k}{\displaystyle\prod_{m=1}^{j}m\cdot\prod_{i=j-1}^{n-1}(n-i)}$;

(d) Nas formas simplificadas (b) e (c), assuma os valores $n=5$ e $j=3$ e compare os resultados.

27. Determine o valor de $\displaystyle\prod_{n=1}^{5}\left(\sum_{k=1}^{n}k\right)$.

28. Use o princípio de indução matemática para provar as identidades:

(a) $\displaystyle\sum_{k=1}^{n}k^{2}=\frac{n(n+1)(2n+1)}{6}$;

(b) $\displaystyle\sum_{i=1}^{n}i(i+1)=\frac{n(n+1)(n+2)}{3}$;

(c) $\displaystyle\sum_{j=1}^{n}\frac{1}{j(j+1)}=\frac{n}{n+1}$;

(d) $\displaystyle\sum_{j=1}^{n}(2j-1)=n^{2}$;

(e) $\displaystyle\sum_{j=1}^{n}(2j-1)^{2}=\frac{n(2n-1)(2n+1)}{3}$;

(f) $\displaystyle\prod_{k=1}^{n}\left(1+\frac{1}{k}\right)=n+1$;

(g) $\displaystyle\sum_{i=1}^{n}(-1)^{i-1}i^{2}=\frac{(-1)^{n-1}n(n+1)}{2}$;

(h) $\displaystyle\sum_{i=1}^{n} i(i-1) = \frac{(n-1)n(n+1)}{3}$.

29. Use o princípio da indução matemática para provar as desigualdades:

(a) $\displaystyle\sum_{k=1}^{n} \frac{1}{k^2} \leq 2 - \frac{1}{n}$, para todo inteiro positivo n;

(b) $2^n < \displaystyle\prod_{j=1}^{n} j$, para $n \geq 4$;

(c) $n^2 < \displaystyle\prod_{j=1}^{n} j$, para $n \geq 4$;

(d) $\dfrac{1}{n+1} + \dfrac{1}{n+2} + \dfrac{1}{n+3} + \cdots + \dfrac{1}{2n} > \dfrac{13}{24}$, para $n > 1$.

30. Prove pelo princípio da indução matemática que o termo geral da progressão:

(a) aritmética é: $a_n = a_1 + (n-1)r$;

(b) geométrica é: $a_n = a_1 q^{n-1}$.

31. Prove pelo princípio da indução matemática que a fórmula para a soma dos termos de uma progressão:

(a) aritmética é: $S_n = \dfrac{(a_1 + a_n)n}{2}$;

(b) geométrica é: $S_n = \dfrac{a_n q - a_1}{q - 1}$.

32. Considere o produto

$$P_n = \prod_{i=2}^{n} \left(1 - \frac{1}{i^2}\right).$$

(a) Calcule P_2, P_3, P_4, P_5 e P_6.

(b) Observe os denominadores de P_3 e P_5 e, em separado, de P_2, P_4 e P_6.

(c) Observe os numeradores e denominadores em relação ao índice n e P_n.

(d) Faça a sua conjectura para P_n.

(e) Prove-a pelo princípio da indução matemática.

33. Faça uma conjectura para as fórmulas e depois prove-as pelo princípio da indução matemática:

(a) $\prod_{j=1}^{n} 2^j$;

(b) $\sum_{i=1}^{n} \frac{1}{4i^2 - 1}$.

34. Para construir uma janela ornamental, um operário precisa de pedaços triangulares de vidro. Ele pretende aproveitar um vidro retangular defeituoso, com 10 bolhas de ar, sendo que não há 3 bolhas alinhadas entre si, nem duas delas com algum vértice do retângulo, ou uma delas com dois vértices do retângulo.

Para evitar bolhas de ar no seu projeto final, ele decidiu cortar os pedaços triangulares com os vértices coincidindo ou com uma bolha de ar, ou com um dos cantos do vidro original.

Quantos pedaços triangulares ele cortou?

(Sugestão: Faça uma conjectura para determinar, através de uma fórmula, o número de triângulos formados quando se tem uma quantidade qualquer n de bolhas. A partir daí, prove a conjectura usando o princípio da indução matemática para que a mesma possa ser usada como fórmula válida. Só então é que você poderá fazer uso da mesma e determinar o número de triângulos, sabendo que o número de bolhas é 10.)

35. Considere F_n o número de Fibonacci. Prove, usando o princípio da indução matemática, que, para todo inteiro positivo n:

(a) $\sum_{j=1}^{n} F_j^2 = F_n F_{n+1}$;

(b) $\sum_{j=1}^{n} F_{2j-1} = F_{2n}$;

(c) $\sum_{j=1}^{n} F_{2j} = F_{2n+1} - 1$;

(d) $F_{n+1} F_{n-1} - F_n^2 = (-1)^n$;

(e) $F_{n+1}F_n - F_{n-1}F_{n-2} = F_{2n-1}$; (f) $\displaystyle\sum_{j=1}^{2n-1} F_j F_{j+1} = F_{2n}^2$;

(g) $\displaystyle\sum_{j=1}^{2n} F_j F_{j+1} = F_{2n+1}^2 - 1$.

36. Prove, usando o princípio da indução matemática, que a permutação caótica D_n (definida no Capítulo 4) com $D_1 = 0$, satisfaz $D_n = nD_{n-1} + (-1)^n$, para $n \geq 2$.

Capítulo 2

Princípios aditivo e multiplicativo

1 Introdução

Neste capítulo, resolveremos uma série de problemas fazendo uso, inicialmente, dos princípios aditivo e multiplicativo. Os exemplos se tornarão gradualmente mais complexos e construções clássicas da análise combinatória (permutações, arranjos e combinações de objetos diferentes) serão introduzidas de maneira intuitiva e natural. Nosso objetivo é mostrar que as fórmulas para permutações, arranjos e combinações, que obteremos com a aplicação dos princípios aditivo e multiplicativo, são ferramentas importantes para simplificar a solução de vários problemas.

Os exemplos a seguir ilustram esses princípios, que definiremos formalmente no final da presente seção.

Exemplo 2.1 *Suponha que tenham entrado em cartaz 3 filmes e 2 peças de teatro e que Carlos tenha dinheiro para assistir a apenas 1 evento. Quantos são os programas que Carlos pode fazer no sábado?*

Se ele tem dinheiro para assistir apenas a 1 evento, então ou ele assiste ao Filme 1 ou ao Filme 2 ou ao Filme 3 ou à Peça 1 ou à Peça 2. Portanto, ao todo, são 5 programas diferentes. ∎

Exemplo 2.2 *Se no Exemplo 2.1 Carlos tiver dinheiro para assistir a um filme e a uma peça de teatro, quantos são os programas que ele pode fazer no sábado?*

Vamos enumerar os casos possíveis:

Filme 1   e   Peça 1
Filme 1   e   Peça 2
Filme 2   e   Peça 1
Filme 2   e   Peça 2
Filme 3   e   Peça 1
Filme 3   e   Peça 2

Portanto, Carlos poderá escolher dentre 6 programas diferentes, se optar por assistir a um filme e a uma peça. ∎

Exemplo 2.3 *Numa confeitaria, há 5 sabores de picolés e 3 sabores de salgados. Suponha que Maria só tenha permissão para tomar um picolé ou comer um salgado. Quantos são os possíveis pedidos que Maria pode fazer?*

Ou Maria escolhe um sabor de picolé dentre os 5 ou 1 tipo de salgado dentre os 3. Portanto, Maria pode fazer 8 pedidos diferentes. ∎

Exemplo 2.4 *Suponha que Lúcia vá à confeitaria com Maria e possa tomar um picolé e comer um salgado. Quantos pedidos diferentes Lúcia pode fazer?*

Enumeremos os casos possíveis, sendo S = salgado e P = picolé:

S1 e P1   S2 e P1   S3 e P1
S1 e P2   S2 e P2   S3 e P2
S1 e P3   S2 e P3   S3 e P3
S1 e P4   S2 e P4   S3 e P4
S1 e P5   S2 e P5   S3 e P5

Portanto, há 15 pedidos possíveis para Lúcia. ∎

Os Exemplos 2.1 e 2.3 obedecem a um mesmo princípio básico que chamamos de *princípio aditivo*: Se A e B são dois conjuntos disjuntos ($A \cap B = \emptyset$) com, respectivamente, p e q elementos, então $A \cup B$ possui $p + q$ elementos.

No Exemplo 2.1 podemos identificar os conjuntos

$$A = \{x \mid x \text{ é um filme}\} = \{F1,\ F2,\ F3\}, \text{ e}$$
$$B = \{y \mid y \text{ é um peça de teatro}\} = \{P1,\ P2\},$$

donde $A \cup B = \{x \mid x \text{ é um filme ou uma peça de teatro}\}$.

No Exemplo 2.3 podemos identificar os conjuntos:

$$A = \{x \mid x \text{ é um picolé}\} = \{P1,\ P2,\ P3,\ P4,\ P5\}$$
$$B = \{y \mid y \text{ é um salgado}\} = \{S1,\ S2,\ S3\}$$

donde $A \cup B = \{x \mid x \text{ é um picolé ou um salgado}\}$.

Os Exemplos 2.2 e 2.4 obedecem a um outro princípio básico de contagem que chamamos de *princípio multiplicativo*: Se um evento A pode ocorrer de m maneiras diferentes e, se, para cada uma dessas m maneiras possíveis de A ocorrer, um outro evento B pode ocorrer de n maneiras diferentes, então o número de maneiras de ocorrer o evento A seguido do evento B é $m \cdot n$. Em linguagem de conjuntos, se A é um conjunto com m elementos e B é um conjunto com n elementos, então o conjunto $A \times B$ (lê-se A cartesiano B) dos pares ordenados (a, b), tais que a pertence a A e b pertence a B, tem cardinalidade $m \cdot n$.

No Exemplo 2.2, podemos tomar como evento A a escolha do Filme (que são 3) e como evento B a escolha da peça de teatro (que são 2). Portanto, Carlos pode escolher um filme e uma peça de teatro de $3 \cdot 2 = 6$ maneiras.

No Exemplo 2.4 podemos tomar como evento A a escolha do picolé (que são 5) e como evento B a escolha do salgado (que são 3). Portanto, Lúcia pode fazer $5 \cdot 3 = 15$ pedidos diferentes.

Tanto o princípio aditivo quanto o princípio multiplicativo podem ser estendidos para um número finito qualquer de conjuntos.

Extensão do princípio aditivo Se A_1, A_2, ..., A_n são conjuntos, disjuntos 2 a 2, e se A_i possui a_i elementos, então a união $\bigcup_{i=1}^{n} A_i$ possui $\sum_{i=1}^{n} a_i$ elementos.

Extensão do princípio multiplicativo Se um evento A_i pode ocorrer de m_i maneiras diferentes, para $i = 1, 2, 3, ..., n$, então esses n eventos podem ocorrer, em sucessão, de $m_1 \cdot m_2 \cdots m_n$ maneiras diferentes. Em linguagem de conjuntos, se o conjunto A_i tem cardinalidade m_i, para $i = 1, 2, 3, ..., n$, então o produto cartesiano $A_1 \times A_2 \times \cdots \times A_n = \{(a_1, a_2, ..., a_n) \mid a_i \in A_i,\ \text{para } i = 1, 2, ..., n\}$ tem cardinalidade $m_1 \cdot m_2 \cdots m_n$.

2 Aplicações dos princípios aditivo e multiplicativo

Exemplo 2.5 *Um marceneiro tem 20 modelos de cadeiras e 5 modelos de mesa. De quantas maneiras podemos formar um conjunto de 1 mesa com 4 cadeiras iguais?*

Ele tem 5 possibilidades para a escolha do tipo da mesa e 20 possibilidades para a escolha do tipo da cadeira. Portanto, o conjunto com uma mesa e 4 cadeiras iguais pode ser obtido de $5 \cdot 20 = 100$ maneiras diferentes. ∎

Exemplo 2.6 *Um amigo mostrou-me 5 livros diferentes de matemática e 7 livros diferentes de física e permitiu-me escolher um de cada. De quantas maneiras esta escolha pode ser feita?*

$5 \cdot 7 = 35$. ∎

Exemplo 2.7 *De quantas maneiras podemos dar 2 prêmios a uma classe com 10 rapazes, de modo que os prêmios não sejam dados a um mesmo rapaz?*

O primeiro prêmio pode ser dado a qualquer um dos 10 rapazes. O segundo prêmio poderá ser dado a qualquer um dos 9 rapazes restantes. Portanto, há $10 \cdot 9 = 90$ maneiras de, numa classe com 10 rapazes, distribuir-se dois prêmios sem que uma mesma pessoa receba os dois. ∎

Exemplo 2.8 *De quantas maneiras podemos dar 2 prêmios a uma classe com 10 rapazes, se é permitido que ambos sejam dados a um mesmo rapaz?*

O primeiro prêmio pode ser dado de 10 maneiras e o segundo prêmio pode ser dado também de 10 maneiras. Portanto, os dois prêmios podem ser dados de $10 \cdot 10 = 100$ maneiras. ∎

Exemplo 2.9 *Um amigo mostrou-me 5 livros diferentes de matemática, 7 livros diferentes de física e 10 livros diferentes de química e pediu-me para escolher 2 livros com a condição de que eles não fossem da mesma matéria. De quantas maneiras eu posso escolhê-los?*

Posso fazer as seguintes escolhas:

(a) matemática e física: $5 \cdot 7 = 35$ maneiras;

(b) matemática e química: $5 \cdot 10 = 50$ maneiras;

(c) física e química: $7 \cdot 10 = 70$ maneiras.

Como as minhas escolhas só podem ocorrer dentre uma das possbilidades (a), (b) ou (c), então $35 + 50 + 70 = 155$ é o número de maneiras de fazer estas escolhas. ∎

Exemplo 2.10 *De quantas maneiras 2 pessoas podem estacionar seus carros numa garagem com 6 vagas?*

A primeira pode estacionar seu carro de 6 maneiras, restando, portanto, 5 vagas para a segunda pessoa estacionar o seu.

Logo, as 2 pessoas poderão estacionar seus carros de $6 \cdot 5 = 30$ maneiras. ∎

Exemplo 2.11 *Quantos são os anagramas de 2 letras diferentes que podemos formar com um alfabeto de 23 letras?*

A primeira letra pode ser escolhida de 23 maneiras e, como as letras devem ser diferentes, restam 22 possibilidades para escolher a segunda letra. Portanto, há $23 \cdot 22 = 506$ anagramas de duas letras diferentes. ∎

Exemplo 2.12 *De quantas maneiras podemos escolher 1 consoante e 1 vogal de um alfabeto formado por 18 consoantes e 5 vogais?*

Para a escolha da consoante temos 18 possibilidades e, para cada uma delas, temos 5 possibilidades para a escolha da vogal. Portanto, há $18 \cdot 5 = 90$ escolhas possíveis. ∎

Exemplo 2.13 *Quantos são os anagramas de 2 letras formados por uma vogal e uma consoante escolhidas dentre 18 consoantes e 5 vogais?*

Vimos no problema anterior que existem 90 escolhas possíveis de 1 vogal e 1 consoante. Para formarmos anagramas, basta que consideremos, para cada uma dessas escolhas, as 2 possibilidades, isto é, consoante-vogal ou vogal-consoante. Portanto, há $2 \cdot 90 = 180$ anagramas formados por 1 vogal e 1 consoante. ∎

Exemplo 2.14 *Há 12 moças e 10 rapazes, onde 5 deles (3 moças e 2 rapazes) são filhos da mesma mãe e os restantes não possuem parentesco. Quantos são os casamentos possíveis?*

Considerando as moças (3) que possuem irmãos (2), há: $3 \cdot 8 = 24$ casamentos possíveis.

Considerando as moças (9) que não possuem irmãos, há: $9 \cdot 10 = 90$ casamentos possíveis. Portanto, há $24 + 90 = 114$ casamentos possíveis. ∎

Exemplo 2.15 *Quantos são os números que podemos formar com todos os dígitos 1, 1, 1, 1, 1, 1, 1, 2 e 3?*

Se primeiramente colocarmos todos os dígitos 1's, deixando um espaço entre eles, teremos:

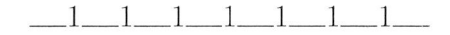

Podemos perceber que há 8 espaços nos quais podem ser colocados os dígitos 2 e 3. Supondo que o dígito 2 seja colocado primeiro, como há 8 possibilidades para isso, vamos considerar uma dentre estas 8.

Percebemos agora que há 9 espaços onde o dígito 3 pode ser colocado. Portanto, $8 \cdot 9 = 72$ são os números formados com os 9 dígitos, sendo sete 1's, um 2 e um 3. ∎

Exemplo 2.16 *Quantos números de 3 algarismos distintos podemos formar com os dígitos 5, 6 e 7?*

Vamos representar a posição das unidades por P_1, a posição das dezenas por P_2 e a posição das centenas por P_3. Teremos tantos números de 3 algarismos quantas forem as maneiras de preenchermos as 3 posições. A posição P_1 pode ser preenchida de 3 maneiras diferentes (com 5 ou com 6 ou com o 7). Preenchida P_1, a posição P_2 pode ser preenchida de 2 maneiras (com os dois algarismos que sobraram).

Restará para P_3 somente 1 maneira de preenchimento. Portanto, pelo princípio multiplicativo, teremos $3 \cdot 2 \cdot 1 = 6$ números de 3 algarismos, formados com os dígitos 5, 6 e 7. ∎

Vimos, quando do estudo da notação produtório, que $\prod_{i=1}^{n} i = n!$. Então, podemos dizer que o resultado do Exemplo 2.16 é igual a 3!. Podemos dizer ainda que houve uma permutação dos 3 dígitos. Vamos formalizar tal conceito na próxima seção.

3   Permutações simples

Uma *permutação* de n objetos distintos é qualquer agrupamento ordenado desses objetos, de modo que, se denominarmos P_n o números das permutações simples dos n objetos, então

$$P_n = n(n-1)(n-2)\cdots 1 = n!.$$

Definimos $P_0 = 0! = 1$.

Exemplo 2.17 *Considerando os dígitos 1, 2, 3, 4 e 5, quantos números de 2 algarismos distintos podem ser formados?*

Os números de 2 algarismos têm o algarismo das unidades e o algarismo das dezenas. Podemos dizer então que existem 2 posições para serem preenchidas, digamos P_1 e P_2. A posição P_1 pode ser preenchida de 5 maneiras diferentes, restando, portanto, 4 dígitos que podem ocupar a posição P_2. Então, há $5 \cdot 4 = 20$ maneiras diferentes das posições P_1 e P_2 serem ocupadas, isto é, há 20 números de 2 algarismos distintos que podem ser formados com os 5 dígitos disponíveis. ∎

Exemplo 2.18 *Dado o conjunto $A = \{1, 2, 3, 4, 5\}$, quantos subconjuntos de 2 elementos A possui?*

Vamos listar estes subconjuntos:

$$A_1 = \{1,\, 2\} \qquad A_2 = \{1,\, 3\} \qquad A_3 = \{1,\, 4\} \qquad A_4 = \{1,\, 5\}$$
$$A_5 = \{2,\, 3\} \qquad A_6 = \{2,\, 4\} \qquad A_7 = \{2,\, 5\} \qquad A_8 = \{3,\, 4\}$$
$$A_9 = \{3,\, 5\} \qquad A_{10} = \{4,\, 5\}$$

São ao todo 10 subconjuntos de 2 elementos que podem ser formados com os 5 elementos de A. No exemplo anterior, havíamos obtido 20 números de 2 algarismos diferentes e, aqui, obtivemos 10 subconjuntos de 2 elementos. A explicação para a diferença de resultados — exatamente a metade — está no fato de, por exemplo, os números 12 e 21 serem diferentes, enquanto que os subconjuntos $\{1,\, 2\}$ e $\{2,\, 1\}$ são iguais. ∎

Exemplo 2.19 *Considerando os algarismos 1, 2, 3, 4 e 5, quantos números de 3 algarismos distintos podem ser formados?*

Para números de 3 algarismos, podemos considerar que temos 3 posições para serem preenchidas; a posição das centenas (P_1), a posição das dezenas (P_2) e a posição das unidades (P_3). A posição P_1 pode ser preenchida de 5 maneiras; a posição P_2 pode ser preenchida de 4 maneiras e a posição P_3 pode ser preenchida de 3 maneiras.

Portanto, há $5 \cdot 4 \cdot 3 = 60$ números de 3 algarismos diferentes formados com os dígitos 1, 2, 3, 4, 5. ∎

Exemplo 2.20 *Quantos subconjuntos de 3 elementos possui o conjunto*
junto
$A = \{1,\, 2,\, 3,\, 4,\, 5\}$*?*

Vamos listar estes subconjuntos:

$$A_1 = \{1,\, 2,\, 3\} \quad A_2 = \{1,\, 2,\, 4\} \quad A_3 = \{1,\, 2,\, 5\} \quad A_4 = \{1,\, 3,\, 4\}$$
$$A_5 = \{1,\, 3,\, 5\} \quad A_6 = \{1,\, 4,\, 5\} \quad A_7 = \{2,\, 3,\, 4\} \quad A_8 = \{2,\, 3,\, 5\}$$
$$A_9 = \{2,\, 4,\, 5\} \quad A_{10} = \{3,\, 4,\, 5\}$$

São ao todo 10 subconjuntos de A com 3 elementos. Podemos notar que, dado um conjunto de 5 elementos, o número de subconjuntos com 3 elementos é $1/6$ do total dos números de 3 algarismos formados com os 5 algarismos disponíveis. Isto se deve ao fato de, por exemplo, os subconjuntos $\{1, 2, 3\}$, $\{1, 3, 2\}$, $\{2, 1, 3\}$, $\{2, 3, 1\}$, $\{3, 1, 2\}$, $\{3, 2, 1\}$ serem todos iguais, enquanto que os números 123, 132, 213, 231, 312 e 321 são todos diferentes.

Quando, pelo princípio multiplicativo, obtivemos $5 \cdot 4 \cdot 3 = 60$ no Exemplo 2.19, estávamos considerando a ordem da colocação dos dígitos. Como na formação de subconjuntos a ordem dos elementos não importa, devemos dividir o resultado anterior por $6 = 3 \cdot 2 \cdot 1 = 3!$, isto é, devemos dividir pela permutação de 3, que é o número de elementos em cada subconjunto.

Voltando ao Exemplo 2.18, podemos agora perceber que o resultado obtido como a metade dos casos do Exemplo 2.17 corresponde, na realidade, à divisão por $2!$.

De modo geral, podemos dizer que o princípio multiplicativo leva em conta a ordem dos elementos do grupo formado. Se essa ordem não importar, devemos excluir as repetições dividindo o resultado, obtido com o princípio multiplicativo, pelo número de permutações dos componentes do grupo. ∎

Exemplo 2.21 *De quantas maneiras diferentes as letras a, a, a, a, b, b, b, c, c, d, podem ser distribuídas entre 2 pessoas?*

A primeira pessoa pode receber nenhuma, uma, duas, três ou quatro a's. Portanto, há 5 maneiras diferentes de se distribuir os a's. De maneira semelhante, há 4 maneiras de se distribuir os b's; 3 maneiras de se distribuir os c's e 2 maneiras de se distribuir o d. Portanto, há $5 \cdot 4 \cdot 3 \cdot 2 = 120$ maneiras de distribuirmos estas letras entre duas pessoas. ∎

Exemplo 2.22 *Quantos são os divisores do número 126.000?*

Fatorando o número $N = 126.000$, obtemos:

$$N = 2^4 \cdot 3^2 \cdot 5^3 \cdot 7.$$

Consideremos alguns exemplos de divisores de N:

$$2^3 \cdot 5^3; \ 2^2 \cdot 3 \cdot 7; \ 2 \cdot 3^2 \cdot 5 \cdot 7; \ 3 \cdot 5^2 \cdot 7; \ 3; \ 2^4 \text{ etc.}$$

Podemos notar que nos divisores de N:

1. O expoente do fator 2 pode variar de 0 a 4:

$$(2^0; \ 2^1; \ 2^2; \ 2^3; \ 2^4).$$

2. O expoente do fator 3 pode variar de 0 a 2:

$$(3^0; \ 3^1; \ 3^2).$$

3. O expoente do fator 5 pode variar de 0 a 3:

$$(5^0; \ 5^1; \ 5^2; \ 5^3).$$

4. O expoente do fator 7 pode variar de 0 a 1:

$$(7^0; \ 7^1).$$

Então, se representarmos os divisores de N como números da forma $D = 2^x \cdot 3^y \cdot 5^z \cdot 7^w$, das observações anteriores podemos dizer que:

1. x toma valores em $\{0, 1, 2, 3, 4\}$, resultando em 5 o número de possibilidades para o x.

2. y toma valores em $\{0, 1, 2\}$, resultando em 3 o número de possibilidades para o y.

3. z toma valores em $\{0,\ 1,\ 2,\ 3\}$, resultando em 4 o número de possibilidades para z.

4. w toma valores em $\{0,\ 1\}$, resultando em 2 o número de possibilidades para w.

Então, pelo princípio multiplicativo, temos $5 \cdot 3 \cdot 4 \cdot 2 = 120$ divisores de $N = 126.000$. ∎

Exemplo 2.23 *Dado $N = p_1^{\alpha_1} \cdot p_2^{\alpha_2} \cdots p_n^{\alpha_n}$ onde os p_i's são primos e distintos, calcular o número de divisores de N.*

Tomando-se as considerações do exemplo anterior, temos:

1. O expoente de p_1, toma valores em $\{0,\ 1,\ 2,\ \ldots,\ \alpha_1\}$, resultando em $(\alpha_1 + 1)$ possibilidades de escolha para ele.

2. O expoente de p_2 toma valores em $\{0,\ 1,\ 2,\ \ldots,\ \alpha_2\}$, resultando em $(\alpha_2 + 1)$ possibilidades de escolha para ele.

   $\vdots$

n. O expoente de p_n toma valores em $\{0,\ 1,\ 2,\ \ldots,\ \alpha_n\}$, resultando em $(\alpha_n + 1)$ possibilidades de escolha para ele.

Pelo princípio multiplicativo, podemos concluir que $(\alpha_1+1)\,(\alpha_2 + 1)$ $\cdots (\alpha_n + 1)$ representa o número de divisores de N. ∎

Exemplo 2.24 *Quantos subconjuntos possui o conjunto $A = \{a, b, c\}$?*

Vamos escrever todos os subconjuntos de A:

$$\emptyset;\ \{a\};\ \{b\};\ \{c\};\ \{a,\ b\};\ \{a,\ c\};\ \{b,\ c\};\ \{a,\ b,\ c\}.$$

Há, portanto, 8 subconjuntos. Analisando o que acontece com os elementos, em relação aos subconjuntos, podemos dizer que cada um deles aparece ou não. Então, para o elemento a temos 2 possibilidades quanto à sua presença no subconjunto (aparecer ou não aparecer). O mesmo acontece com os elementos b e c. Portanto, segundo o princípio multiplicativo, temos $2 \cdot 2 \cdot 2 = 8$ subconjuntos de $A = \{a, b, c\}$. ∎

Exemplo 2.25 *Quantos subconjuntos possui um conjunto A com n elementos?*

Pelo que foi explicado no exemplo anterior, cada elemento de A pode ou não estar presente num determinado subconjunto e, pelo fato de A ter n elementos, então A possui $2 \cdot 2 \cdots 2 = 2^n$ subconjuntos. ∎

Exemplo 2.26 *Quantas são as maneiras de 6 carros serem estacionados em 6 vagas?*

O primeiro carro tem 6 alternativas; o segundo tem 5; o terceiro tem 4; o quarto tem 3; o quinto tem 2 e finalmente o sexto tem 1.

Pelo princípio multiplicativo, há $6 \cdot 5 \cdot 4 \cdot 3 \cdot 2 \cdot 1 = 720$ maneiras desses 6 carros serem estacionados. ∎

Exemplo 2.27 *De quantas maneiras 12 moças e 12 rapazes podem formar pares para uma dança?*

A primeira moça tem 12 possibilidades para escolher seu par. A segunda moça tem 11 possibilidades; a terceira moça tem 10 possibilidades, e assim sucessivamente, de modo que a décima segunda moça terá 1 possibilidade de escolha. Portanto, pelo princípio multiplicativo, podemos concluir que há $12 \cdot 11 \cdot 10 \cdot 9 \cdot 8 \cdots 1 = 12!$ maneiras desses pares serem formados. ∎

Exemplo 2.28 *Numa sorveteria, há 20 sabores diferentes de sorvete. Considerando que não se possa misturar sabores, de quantas maneiras 7 amigos podem fazer seus pedidos?*

Cada pessoa tem 20 escolhas para o seu pedido. Como são 7 pessoas, então: $20 \cdot 20 \cdots 20 = 20^7$ é o número de maneiras desses 7 amigos fazerem os pedidos. ∎

Exemplo 2.29 *De quantas maneiras podemos distribuir 6 objetos diferentes entre 2 pessoas, de modo que cada uma receba pelo menos 1 objeto?*

Podemos considerar que cada objeto pode ser distribuído de 2 maneiras diferentes e como são 6 objetos, então: $2 \cdot 2 \cdots 2 = 2^6 = 64$ é o número de maneiras desses objetos serem distribuídos de modo aleatório, incluindo a possibilidade de todos os objetos irem para a mesma pessoa, o que nos fornece 2 casos a serem excluídos.

Portanto, existem $64 - 2 = 62$ maneiras de 6 objetos diferentes serem distribuídos entre 2 pessoas, de modo que cada uma receba pelo menos 1 objeto. ∎

Exemplo 2.30 *De quantas maneiras podemos separar 6 objetos diferentes em 2 conjuntos não-vazios?*

À primeira vista, podemos pensar que o problema é idêntico ao anterior. Para verificarmos a diferença, tomemos o seguinte exemplo: Sejam $a_1, a_2, a_3, a_4, a_5, a_6$, os 6 objetos e consideremos a divisão deles entre 2 pessoas e separemos, por exemplo, nos 2 casos:

Caso 1: Os objetos a_1 e a_2 vão para a primeira pessoa, enquanto que a_3, a_4, a_5, a_6 vão para a segunda pessoa.

Caso 2: Os objetos a_3, a_4, a_5, a_6 vão para a primeira pessoa, enquanto que a_1 e a_2 vão para a segunda pessoa.

Estes são 2 casos diferentes que foram contados nas 62 maneiras do exemplo anterior. Entretanto, quando consideramos a separação de 6 objetos em 2 conjuntos não-vazios, os casos anteriores são iguais, pois podemos dizer que a_1 e a_2 formam um conjunto, enquanto que a_3, a_4, a_5 e a_6 formam outro conjunto.

Chegamos à conclusão que, para cada 2 maneiras de distribuirmos 6 objetos entre 2 pessoas, de modo que cada uma receba pelo menos 1 objeto, existe uma única maneira de separarmos 6 objetos em 2 conjuntos não-vazios. Portanto, basta tomarmos a metade dos casos obtidos no exemplo anterior e, desta forma, teremos 31 maneiras de separarmos 6 objetos diferentes em 2 conjuntos não-vazios. ∎

Exemplo 2.31 *De quantas maneiras podemos distribuir n objetos diferentes em duas caixas diferentes, de modo que nenhuma caixa fique vazia?*

De modo análogo ao resolvido no Exemplo 2.29, podemos concluir que cada objeto tem duas possibilidades para distribuição. Como são n objetos, então $2 \cdot 2 \cdot 2 \cdots 2 = 2^n$ é o número de maneiras desses objetos serem distribuídos de maneira aleatória, incluindo a possibilidade de uma delas ficar vazia. Como são 2 caixas, devemos excluir os 2 casos onde uma delas fica vazia. Portanto, há $2^n - 2 = 2(2^{n-1} - 1)$ maneiras de se distribuir n objetos diferentes em 2 caixas diferentes, de modo que nenhuma delas fique vazia. ∎

Exemplo 2.32 *De quantas maneiras podemos distribuir n objetos diferentes em 2 caixas iguais, de modo que nenhuma fique vazia?*

De modo análogo ao resolvido no Exemplo 2.30, podemos perceber que para cada 2 maneiras de distribuirmos os n objetos diferentes em caixas diferentes, sem que nenhuma fique vazia, há 1 maneira de distribuirmos os n objetos diferentes em 2 caixas iguais de modo que nenhuma fique vazia.

Portanto, basta tomarmos a metade dos casos obtidos no exemplo anterior, donde

$$\frac{2^n - 2}{2} = \frac{2(2^{n-1} - 1)}{2} = 2^{n-1} - 1$$

é o número de maneiras de distribuirmos n objetos diferentes em 2 caixas iguais, de modo que nenhuma caixa fique vazia. ∎

Exemplo 2.33 *De quantas maneiras podemos distribuir 6 laranjas (iguais) entre 2 pessoas?*

Como as laranjas são iguais, só nos interessa saber o número de laranjas dadas para cada pessoa. Para facilitar, vamos considerar a seguinte tabela:

pessoa	número de laranjas recebidas						
1	0	1	2	3	4	5	6
2	6	5	4	3	2	1	0

Portanto, há 7 maneiras dessa distribuição ser feita. ∎

Exemplo 2.34 *De quantas maneiras podemos distribuir n objetos iguais em 2 caixas diferentes?*

Podemos montar a seguinte tabela:

caixa	número de objetos colocados				
c_1	0	1	2	$\ldots$	n
c_2	n	$n-1$	$n-2$	$\ldots$	0

Portanto, podemos concluir que há $(n + 1)$ maneiras de distribuirmos n objetos iguais em 2 caixas diferentes. ∎

Exemplo 2.35 *De quantas maneiras podemos distribuir 6 laranjas (iguais) entre 2 pessoas, de modo que cada uma receba pelo menos 1 laranja?*

Olhando para o Exemplo 2.33, vemos que dos 7 casos devemos excluir aqueles em que uma das pessoas não recebe nenhuma laranja. Como são 2 casos possíveis, temos que $7 - 2 = 5$ é o número de maneiras possíveis de distribuirmos 6 laranjas para 2 pessoas, de modo que cada uma receba pelo menos 1 laranja. ∎

Exemplo 2.36 *De quantas maneiras podemos distribuir n objetos iguais em 2 caixas diferentes de modo que nenhuma fique vazia?*

Do Exemplo 2.34 basta subtrairmos os 2 casos onde uma das caixas fica vazia. Então, $(n + 1) - 2 = n - 1$ é o número de maneiras de se distribuir n objetos iguais em 2 caixas diferentes sem que nenhuma caixa fique vazia. ∎

Exemplo 2.37 *De quantas maneiras podemos distribuir 6 laranjas (iguais) em 2 caixas iguais?*

Vamos escrever a tabela do Exemplo 2.33, onde distribuímos 6 laranjas entre 2 pessoas:

pessoa	número de laranjas recebidas						
1	0	1	2	3	4	5	6
2	6	5	4	3	2	1	0

Se consideramos que não há distinção entre as pessoas, pois no nosso problema as caixas são iguais, dos 7 casos escritos acima, 3 deles são repetições, pois [0, 6] e [6, 0] são iguais, bem como [1, 5] e [5, 1] e também [2, 4] e [4, 2].

Portanto, dos 7 casos possíveis devemos subtrair 3 que se repetem, isto é, temos $7 - 3 = 4$ maneiras de distribuirmos 6 laranjas em 2 caixas iguais. ∎

Exemplo 2.38 *De quantas maneiras podemos colocar 5 laranjas (iguais) em 2 caixas iguais?*

Para facilitar, vamos escrever uma tabela na qual consideramos a distribuição das 5 laranjas por 2 caixas diferentes:

caixa	número de laranjas distribuídas					
c_1	0	1	2	3	4	5
c_2	5	4	3	2	1	0

Considerando-se que não há distinção entre as caixas, devemos considerar somente a metade dos casos, isto é, $6/2 = 3$ maneiras de distribuirmos 5 laranjas em 2 caixas iguais. ∎

Exemplo 2.39 *Seja n um número par de objetos idênticos. De quantas maneiras podemos colocá-los em 2 caixas iguais?*

Vimos que $(n+1)$ é o número de maneiras de colocarmos n objetos iguais em 2 caixas diferentes. Se n é par, então $(n+1)$ é ímpar. Nesta situação, teremos $n/2$ repetições do tipo $[0, n]$ e $[n, 0]$; $[5, n-5]$ e $[n-5, 5]$, e assim por diante. Podemos constatar isto no Exemplo 2.37. Então dos $(n+1)$ casos possíveis podemos excluir $n/2$ que se repetem, onde:

$$(n+1) - \frac{n}{2} = \frac{n}{2} + 1.$$

Podemos interpretar este resultado como sendo os $n/2$ casos que se repetem acrescido do único caso no qual isto não aconteceu, que é a colocação de metade dos objetos em cada caixa. Então, se n é par, o número de maneiras de distribuirmos os n objetos em 2 caixas iguais é $\frac{n}{2} + 1$. ∎

Exemplo 2.40 *Seja n um número ímpar de objetos idênticos. De quantas maneiras podemos colocá-los em 2 caixas iguais?*

Vimos que $(n+1)$ é o número de maneiras de colocarmos n objetos iguais em 2 caixas diferentes. Se n é ímpar, então $(n+1)$ é par. Portanto, teremos exatamente $\dfrac{n+1}{2}$ casos possíveis. ∎

Nos últimos exemplos, consideramos uma distribuição qualquer de objetos idênticos em caixas idênticas. Precisamos analisar o que acontece se na distribuição não permitirmos nenhuma caixa vazia.

Exemplo 2.41 *De quantas maneiras podemos colocar 6 laranjas (iguais) em 2 caixas iguais, de modo que nenhuma caixa fique vazia?*

Façamos a tabela respectiva:

caixa	número de laranjas na caixa				
c_1	5	4	3	2	1
c_2	1	2	3	4	5

Como não há distinção das caixas, devemos considerar somente as distribuições: 5 e 1; 4 e 2; 3 e 3. Portanto, há somente 3 distribuições possíveis. ∎

Exemplo 2.42 *De quantas maneiras podemos colocar 5 laranjas (iguais) em 2 caixas iguais, de modo que nenhuma fique vazia?*

Vamos montar a tabela da distribuição:

caixa	número de laranjas na caixa			
c_1	4	3	2	1
c_2	1	2	3	4

Como não há distinção entre as caixas, vamos considerar somente a metade dos casos, isto é, [4,1] e [3,2]. Portanto, há 2 maneiras de colocarmos 5 laranjas em 2 caixas iguais, com nenhuma vazia. ∎

Para estudarmos o caso geral, consideraremos as duas possibilidades — n par e n ímpar — separadamente.

Exemplo 2.43 *Seja n um número par de objetos idênticos. De quantas maneiras podemos colocá-los em 2 caixas idênticas, de modo que nenhuma caixa fique vazia?*

Se n é par, então $(n-1)$ é ímpar.

caixa	colocação de objetos nas caixas							
c_1	$n-1$	$n-2$	$n-3$	...	$\frac{n}{2}$	$\frac{n}{2}-1$	...	1
c_2	1	2	3	...	$\frac{n}{2}$	$\frac{n}{2}+1$	...	$n-1$

Portanto, as distribuições distintas são $[n-1,1]$, $[n-2,2]$, ..., $[n/2, n/2]$, que em número são $n/2$. Então, o número de maneiras de distribuirmos um número par n de objetos idênticos em 2 caixas iguais e de maneira que nenhuma fique vazia é $n/2$. ∎

Exemplo 2.44 *Seja n um número ímpar de objetos idênticos. De quantas maneiras podemos colocá-los em 2 caixas idênticas de modo que nenhuma fique vazia?*

Se n é um número ímpar, então $(n-1)$ é par. Façamos a tabela da distribuição:

caixa	colocação de objetos nas caixas							
c_1	$n-1$	$n-2$	$n-3$	...	$\frac{n+1}{2}$	$\frac{n+1}{2}-1$	...	1
c_2	1	2	3	...	$\frac{n-1}{2}$	$\frac{n-1}{2}+1$	...	$n-1$

Como não há distinção entre as caixas, devemos tomar somente a metade dos casos acima, que representam exatamente $\frac{n-1}{2}$. Então, o número de maneiras de colocarmos um número ímpar n de objetos idênticos em 2 caixas idênticas é $\frac{n-1}{2}$. ∎

Os princípios aditivo e multiplicativo são instrumentos básicos para a análise combinatória. Entretanto, sua aplicação na resolução de alguns problemas pode tornar-se trabalhosa. Vamos então definir vários modos de formarmos agrupamentos e deduzir, para cada caso, fórmulas que permitam a contagem dos mesmos.

4 Arranjos simples

Arranjos simples de n elementos tomados p a p, onde $n \geq 1$ e p é um número natural tal que $p \leq n$, são todos os grupos de p elementos distintos, que diferem entre si pela ordem e pela natureza dos p elementos que compõem cada grupo. Notação A_n^p.

Vamos tentar encontrar uma expressão matemática que caracterize A_n^p, usando o princípio multiplicativo.

Temos n elementos dos quais queremos tomar p. Este é um problema equivalente a termos n objetos com os quais queremos preencher p lugares.

$$\overline{L_1} \quad \overline{L_2} \quad \overline{L_3} \quad \cdots \quad \overline{L_p}$$

O primeiro lugar pode ser preenchido de n maneiras diferentes. Tendo preenchido L_1, restam $(n-1)$ objetos e, portanto, o segundo lugar pode ser preenchido de $(n-1)$ maneiras diferentes. Após o preenchimento de L_2, há $(n-2)$ maneiras de se preencher L_3 e, assim sucessivamente, vamos preenchendo as posições de forma que L_p terá $(n-(p-1))$ maneiras diferentes de ser preenchido. Pelo princípio multiplicativo, podemos dizer que as p posições podem ser preenchidas sucessivamente de $n(n-1)(n-2)\cdots(n-(p-1))$ maneiras diferentes. Portanto, $A_n^p = n(n-1)(n-2)\cdots(n-(p-1))$. Sabemos que uma igualdade não se altera se a multiplicarmos e dividirmos por um mesmo valor, então:

$$A_n^p = \frac{[n(n-1)(n-2)\cdots(n-(p-1))][(n-p)(n-p-1)\cdots 2\cdot 1]}{(n-p)(n-p-1)\cdots 2\cdot 1},$$

podendo ser simplificada para

$$A_n^p = \frac{n!}{(n-p)!}.$$

Exemplo 2.45 *Quantos anagramas de 2 letras diferentes podemos formar com um alfabeto de 23 letras? (veja Exemplo 2.11)*

$$A_{23}^2 = \frac{23!}{21!} = 23 \cdot 22 = 506. \blacksquare$$

Exemplo 2.46 *Considerando os dígitos 1, 2, 3, 4, 5, quantos números de 2 algarismos diferentes podem ser formados? (veja Exemplo 2.17)*

$$A_5^2 = \frac{5!}{3!} = 5 \cdot 4 = 20. \blacksquare$$

Exemplo 2.47 *Considere os algarismos 1, 2, 3, 4 e 5. Quantos números distintos, superiores a 100 e inferiores a 1.000, podemos formar se:*

(a) *o número é par?*

(b) *o número é ímpar?*

(c) *o número é par ou ímpar?*

Os números a serem considerados têm 3 dígitos, o que equivale pensarmos que há 3 posições a serem preenchidas.

$$\overline{P_1} \quad \overline{P_2} \quad \overline{P_3}$$

Como tanto em (a) quanto em (b) temos restrições quanto à forma do número, é conveniente preenchermos a posição P_3 em primeiro lugar e depois as outras duas. *Lembramos que se existe uma restrição causando dificuldades, então devemos satisfazê-la em primeiro lugar.*

(a) Se o número é par, a posição P_3 pode ser preenchida ou com o algarismo 2 ou com o algarismo 4. Há, portanto, 2 maneiras diferentes desse preenchimento ser feito. Tomemos, por exemplo, o 4:

$$\overline{P_1} \quad \overline{P_2} \quad \overset{4}{\overline{P_3}}.$$

Para o preenchimento das posições P_1 e P_2, temos à disposição os algarismos 1, 2, 3, 5. Esse preenchimento pode se dar de

$$A_4^2 = \frac{4!}{2!} = 4 \cdot 3 = 12 \text{ maneiras.}$$

Conseqüentemente, existem $2A_4^2 = 2 \cdot 4 \cdot 3 = 24$ maneiras diferentes de preencher as 3 posições, isto é, há $2A_4^2$ números pares superiores a 100 e inferiores a 1.000, formados com os algarismos 1, 2, 3, 4 e 5.

(b) Se o número é ímpar, a posição P_3 pode ser preenchida ou com o algarismo 1, ou com o algarismo 3, ou com o algarismo 5. Há, portanto, 3 maneiras diferentes desse preenchimento ser feito. Tomemos, por exemplo, o 1:

$$\overline{} \quad \overline{} \quad \overset{1}{\overline{}}.$$
$$ P_1 \qquad P_2 \qquad P_3$$

Para o preenchimento das posições P_1 e P_2, temos à disposição os algarismos $2, 3, 4, 5$. Esse preenchimento pode se dar de

$$A_4^2 = \frac{4!}{2!} = 4 \cdot 3 = 12 \text{ maneiras.}$$

Conseqüentemente, $3A_4^2 = 3 \cdot 4 \cdot 3 = 36$ é o número de maneiras diferentes de preencher as 3 posições, isto é, há $3A_4^2$ números ímpares superiores a 100 e inferiores a 1.000, formados com os algarismos 1, 2, 3, 4 e 5.

(c) Se os números podem ser pares ou ímpares, podemos resolver o problema de duas maneiras diferentes:

(c-1) Já que temos a quantidade de números pares e a quantidade de números ímpares, calculados em (a) e em (b), podemos somar os dois resultados:

$$2A_4^2 + 3A_4^2 = 5A_4^2 = 5 \cdot 4 \cdot 3 = 60.$$

(c-2) Podemos encarar o problema como o de preencher as 3 posições com os algarismos 1, 2, 3, 4, 5. Podemos preencher qualquer posição pois não há restrições. A posição P_1 tem 5 maneiras diferentes de ser preenchida. Após seu prenchimento, a posição P_2 tem 4 maneiras diferentes de ser preenchida e, após o seu preenchimento, a posição P_3 tem 3 maneiras diferentes para ser preenchida.

Portanto, pelo princípio multiplicativo, há $5 \cdot 4 \cdot 3$ maneiras diferentes de se preencher sucessivamente as 3 posições, isto é, há $5 \cdot 4 \cdot 3$ números superiores a 100 e inferiores a 1.000 formados com os algarismos 1, 2, 3, 4 e 5. ∎

Exemplo 2.48 *Quantos inteiros entre 1.000 e 9.999 têm dígitos distintos e*

(a) *são números pares?*

(b) *consistem inteiramente de dígitos ímpares?*

Os números procurados são de 4 dígitos, ou, de forma equivalente, podemos pensar em 4 posições a serem preenchidas.

$$\overline{P_1} \quad \overline{P_2} \quad \overline{P_3} \quad \overline{P_4}$$

(a) para que um número seja par, a última posição deve ser preenchida com um dos dígitos: 0, 2, 4, 6, 8. Se o número terminar em 0, a posição P_1 pode ser preenchida de 9 maneiras (dígitos possíveis: 1, 2, 3, 4, 5, 6, 7, 8, 9). Por outro lado, se o número terminar em 2 (de modo análogo para 4, 6 ou 8), a posição P_1 pode ser preenchida de 8 maneiras (dígitos possíveis: 1, 3, 4, 5, 6, 7, 8, 9). Devemos dividir a solução em duas etapas, considerando os casos em separado. *Lembramos que, se em certa posição um objeto causa dificuldade para a escolha da ocorrência de objetos em outras posições, então devemos dividir o problema em duas etapas, conforme o objeto ocupe ou não a posição considerada.*

(a-1) Números pares terminados em zero:

$$\overline{} \quad \overline{} \quad \overline{} \quad \overset{0}{\overline{}}$$
$$P_1 \qquad P_2 \qquad P_3 \qquad P_4$$

Dígitos disponíveis: 1, 2, 3, 4, 5, 6, 7, 8, 9.
Preenchimento das 3 posições: $A_9^3 = 9 \cdot 8 \cdot 7 = 504$.

(a-2) Números pares terminados ou em 2, ou em 4, ou em 6, ou em 8.

Preenchimento de P_4: 4 maneiras.

Preenchimento de P_1: 8 maneiras (todos os dígitos, com exceção do 0 e do dígito colocado em P_4).

Preenchimento de P_2 e de P_3: A_8^2 maneiras (todos os dígitos, incluindo o 0, com exceção dos colocados em P_4 e em P_1).

Pelo princípio multiplicativo, há $4 \cdot 8 \cdot A_8^2 = 4 \cdot 8 \cdot 8 \cdot 7 = 1.792$ números pares que não são terminados em zero.

Como resposta para o item (a) temos:
$A_9^3 + 4 \cdot 8 \cdot A_8^2 = 9 \cdot 8 \cdot 7 + 4 \cdot 8 \cdot 8 \cdot 7 = 2.296$ números pares entre 1.000 e 9.999.

(b) Se os números são constituídos de dígitos ímpares, então são formados pelos dígitos 1, 3, 5, 7, 9.
Portanto, há $A_5^4 = 5! = 120$ números entre 1.000 e 9.999 formados de dígitos ímpares. ∎

Exemplo 2.49 *Quantos números de 4 ou 5 algarismos distintos, e maiores do que 2.000, podem ser formados com os algarismos 0, 1, 3, 5 e 7?*

Números de 4 algarismos: Há 4 posições para serem preenchidas. Como o número deve ser maior do que 2.000, a primeira posição pode ser preenchida ou com o 3 ou com o 5 ou com o 7, isto é, de 3 maneiras diferentes. As outras 3 posições podem ser preenchidas com qualquer um dos 4 dígitos restantes, isto é, de A_4^3 maneiras.

Portanto, há $3A_4^3 = 3\frac{4!}{1!} = 72$ números de 4 algarismos distintos e mariores que 2.000 formados com os algarismos 0, 1, 3, 5 e 7.

Números de 5 algarismos: Há 5 posições para serem preenchidas. A posição da dezena de milhar pode ser preenchida ou com o 1 ou com o 3 ou com o 5 ou com o 7, isto é, de 4 maneiras diferentes. As outras 4 posições podem ser preenchidas com qualquer um dos 4 dígitos restantes, isto é, de $4! = 24$ maneiras.

Portanto, há $4 \cdot 4! = 96$ números de 5 algarismos distintos e maiores do que 2.000 formados com os dígitos 0, 1, 3, 5 e 7. Conseqüentemente, há $72 + 4 \cdot 4! = 168$ números, segundo as condições do problema. ∎

5   Combinações simples

Combinações simples de n elementos tomados p a p, onde $n \geq 1$ e p é um número natural tal que $p \leq n$, são todas as escolhas não ordenadas de p desses n elementos. Notação: $C_n^p = \binom{n}{p}$ (lê-se: combinação de n p a p). Se $p > n$, p e n inteiros, define-se $C_n^p = 0$.

Vimos que o número de arranjos simples de n elementos tomados p a p é igual ao número de maneiras de preencher p lugares com n elementos disponíveis. Obtivemos

$$A_n^p = \frac{n!}{(n-p)!}$$

como sendo o número de agrupamentos que diferem entre si pela natureza e pela ordem de colocação dos elementos no agrupamento, isto é, importa quem participa e o lugar que ocupa.

Entretanto, quando consideramos combinações simples de n elementos tomados p a p, temos agrupamentos de p elementos, tomados dentre os n elementos disponíveis, que diferem entre si apenas pela natureza dos elementos, isto é, importa somente quem participa do grupo.

Para ilustrar, vamos voltar ao Exemplo 2.20, no qual, sendo dado o conjunto $A = \{1, 2, 3, 4, 5\}$, pede-se o número de subconjuntos de 3 elementos que podem ser formados. Listando os subconjuntos, concluímos que o número de subconjuntos é exatamente 1/6 da quantidade de números de 3 algarismos diferentes formados com os algarismos 1, 2, 3, 4 e 5. (Exemplo 2.19.) Ainda, como $6 = 3 \cdot 2 \cdot 1 = 3!$, concluímos que, pelo fato de a ordem dos elementos no subconjunto não importar, o número de subconjuntos é dado pelo número de arranjos simples de 5 elementos tomados 3 a 3 dividido por 3!, que é a permutação dos elementos que compõem cada arranjo.

Podemos dizer que o número de subconjuntos, no caso, equivale ao número de escolhas que se pode fazer de 3 algarismos dentre os 5 algarismos disponíveis, donde

$$C_5^3 = \frac{A_5^3}{3!} = \frac{5!}{3!(5-3)!} = 10.$$

De uma maneira geral

$$C_n^p = \frac{A_n^p}{p!} = \frac{n!}{p!(n-p)!}.$$

Desta última igualdade, podemos tomar

$$A_n^p = p!C_n^p,$$

isto é, o arranjo de n elementos tomados p a p pode ser calculado a partir de uma escolha de determinados objetos, considerando-se para cada escolha a permutação desses objetos.

Esta última consideração pode nos ajudar a resolver problemas do tipo:

Exemplo 2.50 *Quantos são os anagramas formados por 2 vogais e 3 consoantes escolhidas dentre 18 consoantes e 5 vogais?*

A escolha das vogais pode se dar de C_5^2 maneiras diferentes. A escolha das consoantes pode se dar de C_{18}^3 maneiras diferentes. Portanto, o número de anagramas com 2 vogais e 3 consoantes será dado por:

$$C_5^2 C_{18}^3 5! = \frac{5!}{2!3!} \frac{18!}{3!15!} 5! = 979.200. \ \blacksquare$$

Exemplo 2.51 *Quantos anagramas da palavra UNIFORMES começam por consoante e terminam em vogal?*

A palavra UNIFORMES possui 4 vogais e 5 consoantes. Devemos escolher 1 consoante para começar a palavra e 1 vogal para terminá-la. Isto pode ser feito, respectivamente, de C_5^1 e C_4^1 maneiras. As outras 7 letras podem ocupar qualquer uma das 7 posições e isto se dá de 7! maneiras. Portanto, $C_5^1 C_4^1 \cdot 7! = 5 \cdot 4 \cdot 7! = 100.800$ é o número de anagramas da palavra UNIFORMES que começam por consoante e terminam por vogal. $\blacksquare$

Exemplo 2.52 *Quantos triângulos diferentes podem ser traçados utilizando-se 14 pontos de um plano, não havendo 3 pontos alinhados?*

Como não há 3 pontos alinhados, basta escolhermos 3 pontos dentre os 14 para traçarmos um triângulo. Desta forma, podemos traçar $C_{14}^3 = \frac{14!}{3!11!} = 364$ triângulos diferentes. $\blacksquare$

6 Combinações complementares

Consideremos n objetos distintos. O número de maneiras de escolhermos p objetos é idêntico ao número de maneiras de escolhermos $(n-p)$ objetos, pois, se dos n objetos tirarmos p, sobram $(n-p)$ e, conseqüentemente, se de n objetos tirarmos $(n-p)$, sobram p. Logo, $C_n^p = C_n^{n-p}$, onde C_n^{n-p} é chamada *combinação complementar* de C_n^p.

Exemplo 2.53 *De quantas maneiras podemos arrumar em fila 5 sinais $(-)$ e 7 sinais $(/)$?*

Podemos considerar o problema como equivalente ao de se ter 12 lugares para serem preenchidos com 5 sinais $(-)$ e 7 sinais $(/)$. Neste caso, tanto faz escolhermos 5 lugares dentre os 12 para colocarmos os sinais $(-)$ e nos que sobrarem colocarmos os 7 sinais $(/)$ ou escolhermos 7 lugares dentre os 12 para colocarmos os sinais $(/)$ e nos que sobrarem colocarmos os sinais $(-)$, visto que $C_{12}^5 = C_{12}^7 = \frac{12!}{5!7!} = 792$. Portanto, há 792 maneiras de arrumarmos em fila 5 sinais $(-)$ e 7 sinais $(/)$. ∎

Exemplo 2.54 *Quantas diagonais possui um polígono regular de n lados?*

Vamos denominar os vértices por $P_1, P_2, \ldots, P_n$. Tomemos o vértice P_1 no polígono da Figura 2.1, por exemplo, e vamos por ele traçar diagonais.

Da maneira como os vértices estão dispostos na figura acima, não podemos ligar P_1 a P_2 e nem P_1 a P_8 $(= P_n)$ pois teríamos lados e não diagonais. Entretanto, P_1 pode ser ligado a qualquer um dos $5 = (n-3)$ vértices restantes. O número de maneiras de traçarmos estas diagonais é escolher 1 dentre os $(n-3)$ vértices restantes, isto é, C_{n-3}^1. Como há n vértices e para cada um deles há C_{n-3}^1 diagonais possíveis, então nC_{n-3}^1 deveria ser o número de diagonais do polígono. Entretanto, estamos contando, por exemplo, a diagonal entre os vértices P_1 e P_3

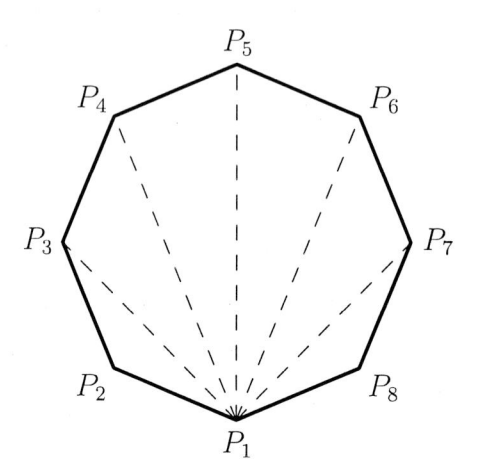

Figura 2.1

duas vezes, sendo uma delas quando o vértice considerado é o P_1 e outra quando o vértice considerado é o P_3. Devemos então dividir este resultado por 2.

Portanto, um polígono regular de n lados possui

$$\frac{nC^1_{n-3}}{2} = \frac{n}{2}\frac{(n-3)!}{1!(n-4)!} = \frac{n(n-3)}{2} \quad \text{diagonais.} \quad \blacksquare$$

Exemplo 2.55 *De quantas maneiras pode-se escolher 3 números distintos do conjunto $A = \{1, 2, 3, \ldots, 50\}$ de modo que sua soma seja um múltiplo de 3?*

Sejam os conjuntos:

$A_1 = \{x \in A \mid x = 3k, \ k = 1, 2, \ldots\} = \{3, 6, 9, \ldots, 48\}$,

$A_2 = \{x \in A \mid x = 3k + 1, \ k = 0, 1, 2, \ldots\} = \{1, 4, 7, 10, \ldots, 49\}$,

$A_3 = \{x \in A \mid x = 3k + 2, \ k = 0, 1, 2, \ldots\} = \{2, 5, 8, 11, \ldots, 50\}$.

Vamos denominar $n(A_i)$ a cardinalidade de A_i. Então

$$\begin{aligned}
n(A_1) &= 16, \\
n(A_2) &= 17, \\
n(A_3) &= 17.
\end{aligned}$$

Se somarmos 3 números quaisquer de A_1 teremos como soma um múltiplo de 3. Isso pode ser feito de $C_{16}^3 = \frac{16!}{3!13!} = 560$ maneiras. Se somarmos 3 números quaisquer de A_2 teremos como soma um múltiplo de 3. Isso pode ser feito de $C_{17}^3 = \frac{17!}{3!14!} = 680$ maneiras. Se somarmos 3 números quaisquer de A_3 teremos como soma um múltiplo de 3. Isso pode ser feito de $C_{17}^3 = \frac{17!}{3!14!} = 680$ maneiras. Se somarmos 1 elemento de A_1 com 1 elemento de A_2 e com 1 elemento de A_3 obteremos como soma um múltiplo de 3. Isso pode ser feito de $C_{16}^1 C_{17}^1 C_{17}^1 = 16 \cdot 17 \cdot 17 = 4.624$ maneiras.

Portanto, podemos escolher 3 números distintos de A, de modo a obter um múltiplo de 3, de $C_{16}^3 + C_{17}^3 + C_{17}^3 + C_{16}^1 C_{17}^1 C_{17}^1 = 6.544$ maneiras. ∎

Exemplo 2.56 *De quantas maneiras pode-se escolher 3 números naturais distintos de 1 a 30, de modo que a soma dos números escolhidos seja par?*

Sejam

$$
\begin{aligned}
A &= \{1,\, 2,\, 3,\, \ldots,\, 30\}, \\
A_1 &= \{x \in A \mid x \text{ é par}\} = \{2,\, 4,\, 6,\, \ldots,\, 30\}, \\
A_2 &= \{x \in A \mid x \text{ é ímpar}\} = \{1,\, 3,\, 5,\, \ldots,\, 29\}.
\end{aligned}
$$

Portanto, $n(A_1) = 15$ e $n(A_2) = 15$. Para obtermos soma par de 3 números escolhidos dentre os elementos de A, podemos escolher:

(a) 3 números de A_1, o que pode ser feito de C_{15}^3 maneiras, ou

(b) 2 números de A_2 e 1 número de A_1, o que pode ser feito de $C_{15}^2 . C_{15}^1$ maneiras.

Portanto, há $C_{15}^3 + C_{15}^2 C_{15}^1 = 2.030$ maneiras de se escolher 3 números distintos de 1 a 30 de modo que a soma deles seja par. ∎

Exemplo 2.57 *Dado* $A = \{1, 2, 3, 4, 5\}$, *de quantos modos é possível formar subconjuntos de 2 elementos nos quais não haja números consecutivos?*

Vamos enumerar esses subconjuntos: $\{1, 3\}$; $\{1, 4\}$; $\{1, 5\}$; $\{2, 4\}$; $\{2, 5\}$; $\{3, 5\}$. Há, portanto, 6 subconjuntos nas condições impostas pelo problema.

No caso, não foi trabalhoso determinar e enumerar tais subconjuntos. Entretanto, para um conjunto com 10 elementos, por exemplo, a solução não seria tão fácil de ser determinada. Devemos encontrar uma maneira de contarmos o número de subconjuntos sem que haja necessidade de enumerá-los.

O sinal $(+)$ será utilizado para marcar os elementos que farão parte do subconjunto, enquanto que o sinal $(-)$ marcará aqueles que não farão parte.

Assim, $\{1, 3\}$ pode ser representado por $+ - + - -$,

$\{2, 5\}$ pode ser representado por $- + - - +$,

e $\{1, 2\}$ pode ser representado por $+ + - - -$.

O último subconjunto não é válido, pois 1 e 2 são consecutivos.

Então, para formar um subconjunto com 2 elementos não-consecutivos, devemos colocar 3 sinais $(-)$ e 2 sinais $(+)$ em fila, sem que haja 2 sinais $(+)$ consecutivos. Isto é conseguido se colocarmos os 3 sinais $(-)$ e deixarmos espaços entre eles, onde eventualmente colocaremos os dois sinais $(+)$:

$$\underline{\quad} \quad - \quad \underline{\quad} \quad - \quad \underline{\quad} \quad - \quad \underline{\quad}.$$

Há 4 posições vazias e, para colocarmos os 2 sinais $(+)$, basta escolhermos 2 dentre estas 4 posições. Conseqüentemente, há $C_4^2 = 6$ maneiras disso ser feito e, portanto, há 6 subconjuntos de 2 elementos não consecutivos de A. ∎

Exemplo 2.58 *Dado $A = \{1,\ 2,\ 3,\ \ldots,\ n\}$, de quantos modos é possível formar subconjuntos de p elementos nos quais não haja números consecutivos?*

De maneira análoga ao que foi feito no Exemplo 2.57, para formarmos subconjuntos de p elementos não-consecutivos, devemos tomar p sinais $(+)$ e $(n-p)$ sinais $(-)$. Colocando-se os $(n-p)$ sinais $(-)$, haverá $(n-p+1)$ espaços onde se poderá colocar os p sinais $(+)$. Devemos então fazer uma escolha de p espaços dentre os $(n-p+1)$ espaços disponíveis. Isso pode ser feito de C_{n-p+1}^{p} maneiras. Conseqüentemente, obteremos C_{n-p+1}^{p} subconjuntos de p elementos não-consecutivos.

Este exemplo é o chamado Primeiro Lema de Kaplansky, que diz: *O número de subconjuntos de p elementos de $\{1,\ 2,\ 3,\ \ldots,\ n\}$ nos quais não há números consecutivos é $f(n,p) = C_{n-p+1}^{p}$.* ∎

Exemplo 2.59 *De quantas maneiras podemos arrumar em fila 5 sinais $(-)$ e 7 sinais $(/)$, de modo que não haja dois sinais $(-)$ juntos?*

Podemos comparar este problema ao de preenchermos 12 posições com 5 sinais $(-)$ e 7 sinais $(/)$. Podemos então escolher, dentre as 12 posições, 5 que não sejam adjacentes e nelas colocar os sinais $(-)$. Isso pode ser feito de $f(12,5) = C_{12-5+1}^{5} = C_{8}^{5}$ maneiras. Nas posições que sobrarem, devemos colocar os 7 sinais $(/)$.

Portanto, podemos arrumar em fila 5 sinais $(-)$ e 7 sinais $(/)$, sem que haja 2 sinais $(-)$ adjacentes, de $C_{8}^{5} = 56$ maneiras diferentes. ∎

Exemplo 2.60 *Uma fila tem 20 cadeiras, nas quais devem sentar-se 8 meninas e 12 meninos. De quantos modos isso pode ser feito se 2 meninas não devem ficar em cadeiras contíguas?*

Devemos inicialmente escolher 8 cadeiras sem que hajam cadeiras consecutivas. Isso pode ser feito de $f(20,8) = C_{20-8+1}^{8} = C_{13}^{8} = 1.287$.

Escolhidas as cadeiras, devemos colocar cada menina em uma cadeira, o que pode ser feito de $P_8 = 8!$ maneiras. Finalmente, devemos colocar os meninos nas 12 cadeiras restantes, o que poderá ser feito de 12! maneiras.

Portanto, o número de maneiras de 8 meninas e 12 meninos se sentarem em 20 cadeiras em fila, de modo que 2 meninas não sentem em cadeiras contíguas, é $8!12!C_{13}^8$. ∎

Exemplo 2.61 *Um baralho tem 52 cartas. De quantos modos diferentes podemos distribuí-las entre 4 jogadores de modo que cada um receba 13 cartas?*

Escolha das 13 cartas pelo primeiro jogador: $C_{52}^{13} = \dfrac{52!}{13!39!}$.

Escolha das 13 cartas pelo segundo jogador: $C_{39}^{13} = \dfrac{39!}{13!26!}$.

Escolha das 13 cartas pelo terceiro jogador: $C_{26}^{13} = \dfrac{26!}{13!13!}$.

Escolha das 13 cartas pelo quarto jogador: $C_{13}^{13} = \dfrac{13!}{13!0!}$.

Pelo princípio multiplicativo, temos $C_{52}^{13} \cdot C_{39}^{13} \cdot C_{26}^{13} \cdot C_{13}^{13} = 52!/(13!)^4$, que é o número de maneiras de distribuirmos 52 cartas entre 4 jogadores, de modo que cada um fique com 13 cartas.

Note que isto é equivalente a colocarmos em fila estas 52 cartas, o que pode ser feito de 52! maneiras diferentes, e tomarmos as 13 primeiras cartas para um determinado jogador A, as 13 seguintes para um jogador B, as outras 13 para C e as últimas 13 para o jogador D. Pelo fato da ordem das cartas dadas a cada um destes jogadores ser irrelevante, devemos dividir por quatro fatores iguais a 13! para que, desta forma, a ordenação considerada em 52! seja desprezada em cada um dos quatro blocos de 13 cartas cada um. ∎

Exemplo 2.62 *Temos 52 mudas diferentes plantadas em pequenos vasos. De quantos modos diferentes poderemos colocá-los em 4 caixas iguais, de modo que cada caixa contenha exatamente 13 vasos?*

Poderíamos pensar que este problema, em termos de resolução, é idêntico ao Exemplo 2.61. Entretanto, as caixas são iguais entre si, enquanto que os jogadores são diferentes. Basta então dividirmos o resultado do exemplo anterior pela permutação do número de caixas.

Desta forma, o número de maneiras de dividirmos os 52 vasos em 4 caixas iguais é $\frac{52!}{(13!)^4 4!}$. ∎

Exemplo 2.63 *De quantos modos podemos repartir 8 brinquedos diferentes entre três garotos, sendo que os dois mais velhos recebam 3 brinquedos cada e o mais novo receba 2 brinquedos?*

Distribuição dos brinquedos para o primeiro garoto: $C_8^3 = \dfrac{8!}{3!5!}$.

Distribuição dos brinquedos para o segundo garoto: $C_5^3 = \dfrac{5!}{3!2!}$.

Distribuição dos brinquedos para o terceiro garoto: $C_2^2 = \dfrac{2!}{2!0!}$.

Pelo princípio multiplicativo teremos $C_8^3 \cdot C_5^3 \cdot C_2^2 = 8!/((3!)^2 2!)$.

Este último quociente também pode ser visto como o número de maneiras de ordenarmos os 8 brinquedos (8!) desprezando a ordenação dos 3 primeiros brinquedos dados ao primeiro garoto, dos 3 seguintes dados ao segundo e dos 2 últimos dados ao terceiro garoto.

Para exemplificar, vamos denominar cada brinquedo por uma das letras: A, B, C, D, E, F, G, H. Consideremos $CABEDFGH$, uma dentre as 8! permutações. Nesta permutação, vamos fazer a separação: $[CAB]\,[EDF]\,[GH]$. Como a ordem das letras (brinquedos) não importa, devemos dividir pela permutação do número de letras que compõem cada grupo, isto é, devemos dividir por 3!3!2!.

Como são 8! permutações e devemos dividir cada uma delas por $(3!)^2 \cdot 2!$, teremos $8!/((3!)^2 2!)$ maneiras diferentes de repartir estes 8 brinquedos diferentes entre os 3 garotos, de modo que os dois mais velhos recebam 3 brinquedos cada e o mais novo 2. ∎

Exemplo 2.64 *De quantos modos diferentes podemos distribuir 8 bolas distintas em três caixas iguais, de modo que duas delas tenham exatamente 3 bolas cada?*

À primeira vista, pode parecer que a solução é idêntica à obtida no Exemplo 2.63. Entretanto, no exemplo anterior, as 3 crianças são diferentes enquanto que neste exemplo as caixas são iguais. Retomando a separação citada no exemplo anterior, $[CAB]\,[EDF]\,[GH]$, já vimos que temos que dividir cada uma das 8! permutações por $(3!)^2 \cdot 2!$. Como as caixas são iguais, então $[CAB]\,[EDF]\,[GH]$ e $[EDF]\,[CAB]\,[GH]$ representam a mesma separação. Para resolver o problema, basta dividirmos também por 2!, que corresponde à permutação dos 2 blocos que representam as 2 caixas que contêm o mesmo número de bolas.

Podemos concluir, então, que o número de maneiras de distribuirmos 8 bolas diferentes em três caixas iguais, de modo que duas caixas tenham exatamente 3 bolas cada e uma caixa tenha 2 bolas, é $\frac{8!}{(3!)^2\,(2!)^2}$. ∎

Exemplo 2.65 *De quantos modos podemos separar 20 objetos distintos em seis grupos, sendo dois grupos com 3 objetos, três grupos com 4 objetos e um grupo com 2 objetos?*

Escolha dos 3 objetos para o primeiro grupo: $C_{20}^3 = \dfrac{20!}{17!3!}$.

Escolha dos 3 objetos para o segundo grupo: $C_{17}^3 = \dfrac{17!}{14!3!}$.

Escolha dos 4 objetos para o terceiro grupo: $C_{14}^4 = \dfrac{14!}{10!4!}$.

Escolha dos 4 objetos para o quarto grupo: $C_{10}^4 = \dfrac{10!}{6!4!}$.

Escolha dos 4 objetos para o quinto grupo: $C_6^4 = \dfrac{6!}{2!4!}$.

Escolha dos 2 objetos para o sexto grupo: $C_2^2 = \dfrac{2!}{0!2!}$.

Pelo princípio multiplicativo, teremos $C_{20}^3 \cdot C_{17}^3 \cdot C_{14}^4 \cdot C_{10}^4 \cdot C_6^4 \cdot C_2^2 = 20!/((3!)^2(4!)^3 2!)$ escolhas dos objetos que farão parte dos grupos.

Como não há distinção entre os dois grupos que contêm 3 objetos cada e também não há distinção entre os três grupos que contém 4 objetos cada, devemos dividir o número de escolhas dado anteriormente por 2! e por 3!.

Concluímos que há $20!/((3!)^2(4!)^3 2!3!2!) = 20!/((3!)^3(4!)^3(2!)^2)$ maneiras de se separar 20 objetos distintos, sendo dois grupos com 3 objetos, três grupos com 4 objetos e um grupo com 2 objetos. ∎

Exercícios

1. Há 3 linhas de ônibus entre as cidades A e B e 2 linhas de ônibus entre B e C. De quantas maneiras uma pessoa pode viajar:

   (a) indo de A até C, passando por B?

   (b) indo e voltando entre A e C sempre passando por B?

2. Considere 3 vogais (incluindo o A) e 7 consoantes (incluindo o B):

   (a) Quantos anagramas de 5 letras diferentes podem ser formados com 3 consoantes e 2 vogais?

   Considerando os anagramas do item (a), responda:

   (b) Quantos contêm a letra B?

   (c) Quantos começam com o B?

   (d) Quantos começam com o A?

   (e) Quantos começam com o A e contêm o B?

3. Simplifique:

   (a) $\dfrac{(n+1)!}{n!}$;

   (b) $\dfrac{n!}{(n+2)!}$;

   (c) $\dfrac{(n+1)!}{(n-1)!}$;

   (d) $\dfrac{(n-r)!}{(n-r-2)!}$.

4. Supondo que as placas dos veículos contêm 3 letras (dentre as 26 disponíveis), seguidas de 4 dígitos numéricos, quantas são as placas nas quais:

   (a) o zero não aparece na primeira posição?

   (b) não há repetição de letras e nem de dígitos?

   (c) não há restrições quanto ao número de repetições?

5. 5 rapazes e 5 moças devem posar para uma fotografia, ocupando 5 degraus de uma escadaria, de forma que em cada degrau fique um rapaz e uma moça. De quantas maneiras podemos arrumar este grupo?

6. Há 15 estações num ramal de estrada de ferro. Quantos tipos de bilhetes de passagem são necessários para permitir a viagem entre 2 estações quaisquer?

7. Determine o valor de x para que a identidade $C_{15}^{x-1} = C_{15}^{2x+1}$ seja verdadeira.

8. Prove as identidades:

   (a) $pC_n^p = nC_{n-1}^{p-1}$;   (b) $\dfrac{1}{p+1}C_n^p = \dfrac{1}{n+1}C_{n+1}^{p+1}$.

9. Sabendo-se que numa reunião todos os presentes apertaram as mãos entre si e que ao todo foram feitos 66 cumprimentos, calcule o número de pessoas presentes à reunião.

10. Dados 15 objetos, quantas são as combinações que podem ser feitas com 4 desses objetos, se as combinações:

    (a) contêm um determinado objeto?

    (b) não contêm o objeto considerado?

11. Considere os números de 3 algarismos distintos formados com os dígitos 2, 3, 5, 8, 9.

    (a) Quantos são estes números?

    (b) Quantos são menores do que 800?

    (c) Quantos são múltiplos de 5?

    (d) Quantos são pares?

    (e) Quantos são ímpares?

12. Resolva o problema anterior, supondo ser permitida a repetição de dígitos.

13. Em um congresso há 15 professores de física e 15 de matemática. Quantas comissões de 8 professores podem ser formadas:

    (a) sem restrições?

    (b) havendo pelo menos um professor de matemática?

    (c) havendo pelo menos 4 professores de matemática e pelo menos 2 professores de física?

14. Considere a palavra NÚMERO:

    (a) Quantos são os seus anagramas?

    (b) Quantos são os anagramas que começam e terminam por consoante?

    (c) Quantos são os anagramas que começam e terminam por vogal?

    (d) Quantos são os anagramas que começam por consoante e terminam por vogal?

15. Encontre o número de inteiros positivos que podem ser formados com os dígitos $1, 2, 3$ e 4, sendo que não há repetição de dígitos num mesmo número.

16. De quantas maneiras 3 americanos, 4 franceses e 3 belgas podem sentar em fila, de modo que os de mesma nacionalidade sentem juntos?

17. Consideremos um tabuleiro quadrado numerado composto de 64 casas:

    (a) De quantos modos podemos colocar 8 torres iguais, de modo que haja uma única torre em cada linha e em cada coluna?

(b) De quantos modos podemos colocar 8 torres diferentes, de modo que haja uma única torre em cada linha e em cada coluna?

18. São dados os pontos A, B, C e D sobre uma reta m e A, F, G, H e I sobre uma reta n, distinta de m. Quantos triângulos podem ser formados unindo-se estes pontos?

19. Numa classe existem 8 alunas das quais uma se chama Maria e 7 alunos, sendo José o nome de um deles. Formam-se comissões constituídas de 5 alunas e 4 alunos. Quantas são as comissões das quais:

(a) Maria participa?

(b) Maria participa sem José?

(c) José participa?

(d) José participa sem Maria?

(e) Maria e José participam simultaneamente?

20. De quantos modos diferentes podem ser dispostos em fila $m + h$ pessoas (todas de alturas diferentes), sendo m mulheres e h homens:

(a) sem restrições?

(b) de modo que pessoas do mesmo sexo fiquem juntas?

(c) de modo que pessoas do mesmo sexo fiquem juntas, respeitando-se a ordem crescente de altura?

21. Determine o valor de n se:

(a) $A_n^2 = 72$;

(b) $A_n^4 = 42A_n^2$;

(c) $4A_n^2 = A_{2n}^3$;

(d) $P_n = 12C_n^2$;

(e) $\dfrac{C_6^n}{C_5^{n-1}} = 1$.

22. Uma banca examinadora é composta por 3 homens e 2 mulheres. De quantas maneiras eles podem sentar-se em fila, se:

    (a) os homens sentam juntos e as mulheres também?

    (b) somente as mulheres sentam juntas?

    (c) somente os homens sentam juntos?

23. Para a seleção brasileira de futebol foram convocados 22 jogadores, os quais jogam em todas as posições (na linha e no gol), exceto 2 deles, que só jogam no gol. De quantos modos se pode selecionar os 11 titulares?

24. Numa classe há 7 homens e 5 mulheres. Quantas comissões de 5 pessoas podem ser formadas:

    (a) sem restrições?

    (b) se da comissão fazem parte 3 homens e 2 mulheres?

    (c) se da comissão fazem parte pelo menos 1 homem e pelo menos 1 mulher?

25. Há 20 pontos $A, B, \ldots$ num dado plano, sem que haja quaisquer 3 colineares.

    (a) Quantas retas podemos formar com estes pontos?

    (b) Quantas retas passam pelo ponto A?

    (c) Quantos triângulos são determinados por estes pontos?

    (d) Quantos triângulos contêm o ponto A como vértice?

26. Determine o número de divisores inteiros e positivos de:

    (a) 720;   (b) 17.640;   (c) 1.540.

27. Qual é a soma dos divisores inteiros e positivos de:

    (a) 720;   (b) 17.640;   (c) 1.540.

28. De quantos modos podemos dividir 18 pessoas em:

    (a) 3 grupos de 6 pessoas cada?

    (b) 2 grupos de 9 pessoas cada?

    (c) um grupo de 11 pessoas e um grupo de 7 pessoas?

    (d) 9 grupos de 2 pessoas cada?

    (e) 2 grupos de 4 pessoas e 2 grupos de 5 pessoas cada?

29. Numa promoção beneficente, 22 pessoas estão disponíveis para exercer diversas atividades. Se há necessidade de 6 pessoas na cozinha, 4 pessoas no balcão de atendimento, 4 pessoas para os caixas, 6 pessoas para vender cartelas de bingo e 2 pessoas responsáveis pela animação, de quantas maneiras é possível fazer a escalação?

30. Suponha que no problema anterior cada pessoa execute uma tarefa diferente no seu próprio grupo, com exceção das pessoas que vendem as cartelas de bingo. De quantas maneiras diferentes a escalação pode ser feita?

31. Há 10 cadeiras em fila. De quantos modos 5 casais podem se sentar nas cadeiras se nenhum marido senta separado de sua mulher?

32. Há 15 cadeiras em fila. De quantos modos 5 casais podem se sentar nas cadeiras se nenhum marido senta separado de sua mulher?

33. De um baralho comum retiram-se sucessivamente e, sem reposição, 3 cartas. Quantas são as extrações nas quais a primeira carta é de ouros, a segunda é um rei e a terceira é um valete?

34. Há 5 livros diferentes de matemática, 6 livros diferentes de química e 10 livros diferentes de física. De quantas maneiras podemos arrumar estes livros numa estante, de modo que:

    (a) os livros de cada assunto fiquem juntos?

    (b) os livros de matemática fiquem todos juntos?

    (c) os livros de física fiquem todos separados?

35. Considere o esquema de ruas que nos levam do ponto A ao ponto B. De quantas maneiras podemos ir de A até B, se é permitido caminhar para a direita, para cima e para baixo?

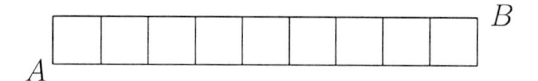

36. A figura abaixo mostra um mapa com 5 países:

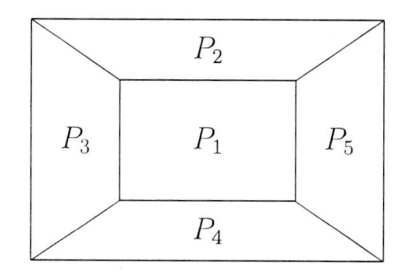

    (a) De quantos modos esse mapa pode ser colorido (cada país com uma cor, países com uma linha fronteira comum não podem ter a mesma cor) se dispomos de m cores diferentes?

    (b) Qual o menor valor de m que permite colorir o mapa?

37. Considere um conjunto P de 30 pontos do espaço e P_1 o conjunto dos 12 pontos coplanares de P. Sabe-se que sempre que 4 pontos de P são coplanares, então eles são pontos de P_1. Quantos são os planos que contêm pelo menos 3 pontos de P?

38. Quantos paralelogramos são determinados por um conjunto de 6 retas paralelas interceptando um outro conjunto de 9 retas paralelas?

39. Quantos triângulos distintos podemos formar dispondo de 20 pontos num plano, sendo 8 deles colineares?

40. De quantas maneiras podemos gravar os números de 1 a 6 sobre as faces de um cubo, se:

   (a) cada face do cubo é pintada de uma cor diferente?

   (b) as faces do cubo são indistingüíveis?

41. De quantos modos se pode pintar um cubo usando 6 cores diferentes, sendo cada face de uma cor?

42. Sobre uma circunferência temos um conjunto de 6 pontos distintos. Quantos polígonos podemos construir tendo por vértices pontos deste conjunto?

43. Com os algarismos de 1 a 9, quantos números, constituídos de 3 algarismos pares e 4 algarismos ímpares, podem ser formados, se:

   (a) é permitida a repetição dos algarismos pares?

   (b) não é permitida a repetição de algarismos?

44. Quantas são as diagonais de um octógono?

45. Qual é o polígono regular que tem o mesmo número de lados e de diagonais?

46. Encontrar o número de triângulos que podem ser formados pelos vértices de um octógono:

   (a) sem restrições.

(b) se os lados do octógono não são lados de algum triângulo.

47. Encontrar o número de triângulos que podem ser formados pelos vértices de um polígono regular de n lados (e n vértices):

    (a) sem restrições.

    (b) se os lados do polígono não são lados de algum triângulo.

48. Dentre os números 1, 2, ..., 100, de quantas maneiras diferentes podemos selecionar 2 inteiros, se:

    (a) a diferença entre eles é exatamente 7?

    (b) a diferença entre eles é menor do que ou igual a 7?

49. O nome de uma variável numa determinada linguagem de programação pode ser constituída por uma letra ou então por uma letra seguida de um dígito decimal. Quantas são as diferentes maneiras de se denominar uma variável nesta linguagem? Considere o alfabeto constituído de 23 letras.

50. Mostre que o produto de k inteiros consecutivos é divisível por $k!$. (Sugestão: considere o número de maneiras de selecionar k objetos dentre $n + k$.)

51. De quantas maneiras 22 livros diferentes podem ser distribuídos entre 5 estudantes (Paulo, Roberto, José, Mário e Rafael), de modo que 2 deles recebam 5 livros cada e os outros 3 recebam 4 livros cada?

52. Um homem possui 10 amigos. De quantas maneiras ele pode jantar com 2 ou mais deles?

53. Dentre as permutações dos 10 dígitos 0, 1, ..., 9, quantas são aquelas em que o primeiro dígito é maior do que 1 e o último dígito é menor do que 7?

54. Numa classe há 50 estudantes, onde 30 são garotos.

   (a) Quantas são as comissões formadas por 6 estudantes?

   (b) Dentre as comissões do item (a), quantas são constituídas do mesmo número de garotos e de garotas?

   (c) Dentre as comissões do item (a), quantas são as constituídas de 4 garotos e 2 garotas ou 2 garotos e 4 garotas?

55. Dado um baralho completo com 52 cartas, de quantas formas podemos escolher 6 cartas de modo que entre elas haja pelo menos 1 carta de cada naipe?

56. De quantas maneiras se pode formar anagramas, a partir de 9 consoantes e 5 vogais, constituídos de 4 consoantes e 3 vogais, todas distintas? Em quantos destes anagramas não há 2 consoantes juntas?

57. De quantos modos se pode permutar as letras da palavra CARAVANA de forma que não existam 2 As vizinhos?

58. No sistema decimal, quantos números de 6 dígitos distintos possuem 3 dígitos pares e 3 dígitos ímpares?

59. De quantas maneiras 5 A's e 7 B's podem ser alinhados se 2 A's não podem ficar adjacentes?

60. De um grupo de 10 pessoas, das quais 4 são mulheres, quantas comissões de 5 pessoas podem ser formadas de modo que pelo menos 1 mulher faça parte?

61. De todas as permutações das 23 letras do nosso alfabeto, quantas não possuem o a e o b juntas? Em quantas permutações as letras a, b e c não aparecem juntas? Você pode generalizar isto?

62. Há 4 estradas diferentes entre as cidades A e B; 3 estradas diferentes entre as cidades B e C e 2 estradas diferentes entre as cidades A e C.

    (a) De quantas maneiras diferentes podemos ir de A até C, passando por B?

    (b) De quantas maneiras podemos ir de A até C, passando ou não por B?

    (c) De quantas maneiras podemos ir de A até C e voltar?

    (d) De quantas maneiras podemos ir de A até C e voltar, passando pelo menos uma vez por B?

    (e) De quantas maneiras podemos ir de A até C e voltar, sem passar duas vezes pela mesma estrada?

63. De quantas maneiras podemos retirar sucessivamente 2 cartas de um baralho completo (52 cartas), tal que:

    (a) A primeira carta é um ás e a segunda carta não é uma rainha?

    (b) A primeira carta é de espadas e a segunda carta não é uma rainha?

64. Quantas coleções não-vazias podem ser formadas com 3 letras A's e 5 letras B's?

65. Considere os dígitos 2, 3, 4, 5, 7 e 9. Supondo que a repetição de dígitos não seja permitida, quantos números de três dígitos podem ser formados e:

    (a) destes números, quantos são pares?

    (b) destes números, quantos são ímpares?

    (c) destes números, quantos são múltiplos de 5?

(d) destes números, quantos são menores do que 400?

66. Dentre todos os números de 7 dígitos, quantos possuem exatamente 3 dígitos 9 e os 4 dígitos restantes todos diferentes?

67. Num jogo de dominó, 4 pessoas dividem entre si 28 peças. De quantas maneiras isto pode ser feito?

68. Encontrar o número de maneiras de 4 livros de matemática, 3 livros de história, 3 livros de química e 2 livros de física serem colocados em uma estante de forma que os livros de mesmo assunto fiquem juntos.

69. De um grupo de 7 mulheres, Maria é uma delas, e de 4 homens, João é um deles, quantas comissões podem ser formadas com:

(a) 3 mulheres e 2 homens?

(b) 4 pessoas, sendo pelo menos 2 mulheres?

(c) 4 pessoas, sendo 2 de cada sexo e de modo que Maria e João façam parte?

(d) qualquer número de pessoas, desde que haja um mesmo número de homens e mulheres?

70. Considere as letras da palavra PERMUTA. Quantos anagramas de 4 letras podem ser formados, onde:

(a) não há restrições quanto ao número de consoantes ou vogais?

(b) o anagrama começa e termina por vogal?

(c) a letra R aparece?

(d) a letra T aparece e o anagrama termina por vogal?

71. Quantos anagramas de 5 letras distintas podem ser formados com as letras A, B, C, D e E se o B não pode preceder o A?

72. No problema 71, em quantos anagramas temos A e B juntos?

73. Quantos números, não necessariamente distintos, podem ser formados pela multiplicação de alguns ou todos os números 2, 2, 3, 3, 3, 5, 5, 6, 8, 9, 9?

74. Um bote tem 10 lugares, 5 na frente (F) e 5 atrás (A). Dos 10 passageiros 4 preferem F, 3 preferem A e 3 não têm preferência. De quantas maneiras os lugares podem ser ocupados, respeitando-se as preferências?

75. Um bote tem 8 lugares, $4F$ e $4A$. De quantas maneiras podemos escolher uma tripulação para o bote se dos 31 candidatos, 10 preferem F, 12 preferem A e 9 não têm preferência?

76. De quantas maneiras podemos permutar as letras da palavra PÔSTER de tal forma que haja 2 consoantes entre as 2 vogais?

77. Com as 5 letras a, b, c, d, e, quantos anagramas distintos de 3 letras podemos formar se:

    (a) as 3 letras são distintas?

    (b) pelo menos 2 letras são idênticas?

78. De quantas maneiras uma comissão de 4 pessoas pode ser formada, de um grupo de 6 homens e 6 mulheres, se a mesma é composta de um número maior de homens do que de mulheres?

79. Dentre as permutações simples dos n objetos a_1, a_2, ..., a_n,

    (a) quantas têm a_1 em primeiro lugar?

    (b) quantas não têm a_1 em primeiro lugar e nem a_2 em segundo lugar?

    (c) quantas têm a_1 em primeiro lugar e a_2 em segundo lugar?

80. São dados os pontos A, B, C, D, E e F sobre uma reta r e os pontos A, M, N, O e P sobre uma reta s, distinta de r. Quantos triângulos podem ser formados unindo-se estes pontos?

81. Considere os conjuntos $E = \{x_1, x_2, \ldots, x_p\}$ e $F = \{y_1, y_2, \ldots, y_m\}$

    (a) Quantas aplicações podem ser definidas de E em F?

    (b) Sendo $p \leq m$, quantas aplicações injetoras podem ser definidas de E em F?

82. Considere os algarismos do número 786.415. Forme todos os números de 6 algarismos distintos e coloque-os em ordem crescente. Qual a posição ocupada pelo número dado?

83. Realizadas todas as permutações simples com os algarismos 0, 3, 4, 6 e 7 e colocados os números assim obtidos em ordem decrescente, qual a posição do número 46.307?

84. Quantos números distintos, superiores a 100 e inferiores a 1.000, podem ser formados com os algarismos 1, 2, 3, 4, 5 e 6 de modo que:

    (a) cada algarismo seja usado apenas uma vez em cada número?

    (b) os números sejam pares e formados de algarismos distintos?

    (c) os números possuam o 4 como algarismo do meio?

85. Calcular a soma de todos os números de 5 algarismos distintos formados com os algarismos 1, 3, 5, 7 e 9.

86. Considere os algarismos do número 3.694. Quantos números ímpares de k algarismos (k assume valores de 1 a 4) podem ser formados?

87. O que muda no exercício 51 se os alunos que devem receber 5 livros são Paulo e Roberto enquanto que José, Mário e Rafael devem receber 4 livros cada?

88. Quantos são os anagramas da palavra MISSISSIPPI nos quais não há 2 letras I consecutivas?

89. Quantos são os anagramas da palavra TAQUARA que não possuem 2 letras A juntas?

90. De quantas maneiras 7 homens e 12 mulheres podem sentar-se ao redor de uma mesa redonda de forma que 2 homens não sentem juntos?

91. De quantas maneiras podemos escolher 2 inteiros de 1 a 20 de forma que a soma seja ímpar?

92. De quantas maneiras podemos escolher 3 números naturais de 1 a 30 de forma que a soma seja ímpar?

93. Quantos são os jogos de um campeonato disputado por 16 equipes se todos se defrontam 2 vezes?

94. Dado que $2A_n^2 + 50 = A_{2n}^2$, determine o valor de n.

95. Determine o valor de n que torna a igualdade abaixo verdadeira:

$$C_{n+1}^4 = C_n^3.$$

Capítulo 3

Aplicações

1 Introdução

No capítulo anterior, com o auxílio do princípio multiplicativo, introduzimos os conceitos de permutações, arranjos e combinações simples. Neste, vamos estender estas definições para o caso em que repetições de elementos são permitidas. Discutimos, também, o importante conceito de permutações circulares, além de algumas relações satisfeitas pelos coeficientes binomiais.

Iniciamos com a contagem do número de soluções em inteiros positivos de uma equação linear com coeficientes unitários.

2 Equações lineares com coeficientes unitários

Nosso objetivo, neste capítulo, é contar o número de soluções inteiras de uma equação da forma

$$x_1 + x_2 + x_3 + \ldots + x_n = m,$$

onde x_i, para $i = 1, 2, \ldots, n$, e m são inteiros.

Se considerarmos a equação

$$x_1 + x_2 = 5, \tag{3.1}$$

exigindo apenas que x_1 e x_2 sejam inteiros, não vamos ter um número finito de soluções. Isto pode ser facilmente verificado através da tabela abaixo, onde a soma de quaisquer dois números em cada coluna é sempre igual a 5.

x_1	...	-3	-2	-1	0	1	2	3	4	5	6	7	8	...
x_2	...	8	7	6	5	4	3	2	1	0	-1	-2	-3	...

Tabela 3.1

Devemos, pois, restringir os possíveis valores que estas variáveis podem assumir a fim de tornar finito o número de soluções de (3.1). Se estivermos interessados em soluções inteiras e positivas, o número de soluções será igual a 4, como pode ser visto na tabela acima.

Consideremos, agora, a equação

$$x_1 + x_2 + x_3 + x_4 = 11. \tag{3.2}$$

Soluções inteiras e positivas para esta equação são quádruplas ordenadas (x_1, x_2, x_3, x_4) de inteiros positivos tendo soma 11. As quádruplas abaixo são algumas das soluções:

$$(2, 2, 4, 3), \quad (1, 8, 1, 1), \quad (3, 4, 2, 2).$$

A fim de contarmos todas as soluções da equação (3.2), escrevemos 11 como a soma de onze 1's, isto é,

$$1 + 1 + 1 + 1 + 1 + 1 + 1 + 1 + 1 + 1 + 1 = 11.$$

Desejamos separar 11 em quatro parcelas, sendo cada uma delas um inteiro positivo. Para isto, basta introduzirmos três barras entre os 1's da expressão acima. Por exemplo:

$$1 + 1 \mid + 1 + 1 \mid + 1 + 1 + 1 + 1 \mid + 1 + 1 + 1 = 11.$$

Cada maneira de escolhermos três lugares dentre os dez sinais de "+" que separam estes 1's, irá nos fornecer uma solução para a equação (3.2).

A escolha acima corresponde à solução $x_1 = 2$, $x_2 = 2$, $x_3 = 4$ e $x_4 = 3$. As soluções $(1, 8, 1, 1)$ e $(3, 4, 2, 2)$ correspondem, respectivamente, às seguintes colocações das 3 barras:

$$1 \mid + 1 + 1 + 1 + 1 + 1 + 1 + 1 + 1 \mid + 1 \mid + 1 = 11,$$
$$1 + 1 + 1 \mid + 1 + 1 + 1 + 1 \mid + 1 + 1 \mid + 1 + 1 = 11.$$

Feitas estas observações, podemos concluir que o número total de soluções inteiras e positivas de (3.2) é igual ao número de maneiras de escolhermos três dentre os dez sinais "+" para neles colocarmos nossas barras separadoras. Como este número é igual a $C_{10}^3 = 120$, este é o número total de soluções procuradas.

No teorema seguinte, consideramos o caso geral em que contamos o número de soluções, em inteiros positivos, de uma equação linear com coeficientes unitários.

Teorema 3.1 *O número de soluções em inteiros positivos da equação*

$$x_1 + x_2 + \cdots + x_r = m, \qquad para\ m > 0, \tag{3.3}$$

é dado por C_{m-1}^{r-1}.

Demonstração. Como estamos interessados em expressar o inteiro positivo m como soma de r inteiros positivos, basta, como fizemos no exemplo anterior, colocarmos $r - 1$ barras divisoras entre os m 1's:

$$1 + 1 + \mid 1 + 1 + \cdots + 1 \mid + \cdots + \mid + 1 + \cdots + 1 = m.$$

O valor de x_1 será o número de 1's que antecedem a primeira barra, o valor de x_2, o número de 1's entre a primeira e a segunda barra, e assim por diante, até obtermos o valor de x_r como sendo o número de 1's à direita da barra de número $(r - 1)$. Como a cada possível distribuição das barras corresponde uma única solução para a equação (3.3), basta contarmos de quantas formas isto pode ser feito. Devemos selecionar

$r - 1$ dos $m - 1$ possíveis locais (os sinais de "+" que separam os 1's) para a colocação das barras divisoras, o que pode ser feito de C_{m-1}^{r-1} maneiras diferentes. ∎

Exemplo 3.1 *Encontrar o número de soluções em inteiros positivos das seguintes equações:*

(a) $x_1 + x_2 = 5$;

(b) $x_1 + x_2 + x_3 + x_4 + x_5 = 9$.

Na primeira temos $m = 5$ e $r = 2$ e, portanto,

$$C_{m-1}^{r-1} = C_{5-1}^{2-1} = C_4^1 = 4.$$

Como em (b) $m = 9$ e $r = 5$, temos

$$C_8^4 = \frac{8!}{4!4!} = 70. \blacksquare$$

Se considerarmos soluções inteiras não-negativas, isto é, se permitir-mos que as variáveis x_i possam assumir também o valor zero, teremos mais soluções. No caso da equação $x_1 + x_2 = 5$, pode-se ver na Tabela 3.1 que teríamos duas novas soluções: $x_1 = 0$, $x_2 = 5$ e $x_1 = 5$, $x_2 = 0$; totalizando 6 soluções. Vamos obter uma fórmula para o número de soluções inteiras não-negativas de duas maneiras diferentes.

Consideremos, novamente, a equação (3.2):

$$x_1 + x_2 + x_3 + x_4 = 11.$$

Agora, as soluções do tipo $(1, 0, 8, 2)$, $(3, 0, 0, 8)$, $(0, 5, 4, 2)$ também nos interessam. Vamos escrever uma seqüência de onze 1's e três letras b's (b está, agora, representando a barra divisora usada anteriormente):

$$1bb11111111b11.$$

Se contarmos o número de 1's antes do primeiro b, entre o primeiro e o segundo b, entre o segundo e o terceiro, e o número de 1's à direita do terceiro b, teremos uma solução em inteiros não-negativos. Chamamos a atenção do leitor para o fato de que podemos ter dois ou mais b's juntos. Observe que o número de elementos na seqüência acima é 14, que é igual a 11 mais 3. O 3 é porque desejamos separar em 4 partes.

A solução $(3, 0, 0, 8)$ vem da seqüência

$$111bbb11111111$$

e $(0, 5, 4, 2)$ de

$$b11111b1111b11.$$

Como o número de seqüências deste tipo é $C_{14}^3 = 364$, este é o número de soluções não-negativas de

$$x_1 + x_2 + x_3 + x_4 = 11.$$

Este número é bem maior do que 120, que, como vimos, é o número de soluções em inteiros positivos desta mesma equação.

Uma outra forma de contarmos o número de soluções inteiras não-negativas da equação $x_1 + x_2 + x_3 + x_4 = 11$ é por meio da observação de que existe uma correspondência entre soluções não-negativas desta equação e soluções em inteiros positivos de uma outra equação, que obtemos a partir desta fazendo uma mudança de variáveis, que descrevemos a seguir. Dada a equação

$$x_1 + x_2 + x_3 + x_4 = 11,$$

com $x_i \geq 0$, para $i = 1, \ldots, 4$, fazendo a mudança de variáveis $y_i = x_i + 1$, teremos $y_i \geq 1$, para $i = 1, \ldots, 4$. Portanto, se na equação anterior tomarmos $x_i = y_i - 1$, teremos

$$y_1 - 1 + y_2 - 1 + y_3 - 1 + y_4 - 1 = 11$$

ou

$$y_1 + y_2 + y_3 + y_4 = 15, \quad y_i \geq 1.$$

Algumas das soluções inteiras não-negativas de $x_1 + x_2 + x_3 + x_4 = 11$, e as correspondentes soluções em que as mesmas são transformadas após a mudança de variáveis, estão listadas abaixo:

Soluções de $x_1 + x_2 + x_3 + x_4 = 11$	Soluções de $y_1 + y_2 + y_3 + y_4 = 15$
(0, 2, 2, 7)	(1, 3, 3, 8)
(3, 0, 0, 8)	(4, 1, 1, 9)
(5, 5, 0, 1)	(6, 6, 1, 2)

Esta mudança nos diz que, a cada solução em inteiros não-negativos da equação $x_1 + x_2 + x_3 + x_4 = 11$, corresponde uma única solução em inteiros positivos para a equação $y_1 + y_2 + y_3 + y_4 = 15$, e vice-versa. É claro que, subtraindo-se (resp., somando-se) uma unidade a cada componente de uma solução de $y_1 + y_2 + y_3 + y_4 = 15$ (resp., de $x_1 + x_2 + x_3 + x_4 = 11$), obtemos uma única solução para $x_1 + x_2 + x_3 + x_4 = 11$, em inteiros não-negativos (resp., para $y_1 + y_2 + y_3 + y_4 = 15$, em inteiros positivos). Desta forma, o número de soluções em inteiros não-negativos de $x_1 + x_2 + x_3 + x_4 = 11$ é igual ao número de soluções em inteiros positivos de $y_1 + y_2 + y_3 + y_4 = 15$, que sabemos ser igual a $C_{14}^3 = 364$.

No caso geral em que temos n variáveis:

$$x_1 + x_2 + \cdots + x_n = m, \quad \text{para } x_i \geq 0, \tag{3.4}$$

somando um a cada x_i, obtemos

$$(x_1 + 1) + (x_2 + 1) + (x_3 + 1) + \cdots + (x_n + 1) = m + n.$$

Se chamarmos $x_i + 1 = y_i$, para $i = 1, 2, \ldots, n$, teremos

$$y_1 + y_2 + \cdots + y_n = m + n, \quad \text{para } y_i \geq 1. \tag{3.5}$$

Como o número de soluções em inteiros não-negativos de (3.4) é igual ao número de soluções em inteiros positivos de (3.5), temos que este número é dado por

$$C_{m+n-1}^{n-1} = C_{m+n-1}^m.$$

Exemplo 3.2 *Encontrar o número de soluções em inteiros não-negativos da equação* $x_1 + x_2 + x_3 + x_4 + x_5 = 12$.

Este número é igual a

$$C_{12+5-1}^{5-1} = C_{16}^4 = 1820.$$

Esta mesma equação possui apenas $C_{11}^4 = 330$ soluções em inteiros positivos. ∎

Exemplo 3.3 *Encontrar o número de soluções em inteiros positivos maiores do que 3 da equação* $x_1 + x_2 + x_3 = 17$, *isto é, determinar o número de soluções inteiras de* $x_1 + x_2 + x_3 = 17$, *onde* $x_i > 3$, *para* $i = 1,\ 2,\ 3$.

Algumas das soluções procuradas são $(4,\ 5,\ 8)$, $(5,\ 7,\ 5)$, $(5, 5, 7)$ e $(9,\ 4,\ 4)$. Subtraindo 3 unidades de cada componente destas ternas ordenadas, obtemos $(1,\ 2,\ 5)$, $(2,\ 4,\ 2)$, $(2,\ 2,\ 4)$ e $(6,\ 1,\ 1)$, respectivamente, que são soluções em inteiros positivos da equação

$$y_1 + y_2 + y_3 = 8, \quad \text{para } y_i \geq 1, \tag{3.6}$$

onde $y_i = x_i - 3$, $i = 1,\ 2,\ 3$. Como o número de soluções em inteiros positivos de (3.6) é $C_7^2 = 21$, este é o número procurado, uma vez que a mudança de variáveis descrita acima estabelece uma relação biunívoca entre os conjuntos de soluções das duas equações. ∎

Exemplo 3.4 *Encontrar o número de soluções em inteiros positivos da equação* $x_1 + x_2 + x_3 = 20$, *onde* $x_2 > 5$.

Se, a cada solução de $x_1 + x_2 + x_3 = 20$ em inteiros positivos com $x_2 > 5$, subtrairmos 5 unidades de x_2, teremos uma solução, em inteiros positivos, para $y_1 + y_2 + y_3 = 15$, onde

$$y_1 = x_1, \quad y_2 = x_2 - 5 \quad \text{e} \quad y_3 = x_3.$$

Como a transformação acima é biunívoca e o número de soluções inteiras positivas de $y_1 + y_2 + y_3 = 15$ é C_{14}^2, este é o número de soluções inteiras positivas de $x_1 + x_2 + x_3 = 20$, com $x_2 > 5$. ■

Exemplo 3.5 *Encontrar o número de soluções em inteiros positivos para a inequação*

$$0 < x_1 + x_2 + x_3 + x_4 \leq 6.$$

Devemos contar o número de soluções em inteiros positivos para as seguintes equações:

$$
\begin{aligned}
x_1 + x_2 + x_3 + x_4 &= 1; \\
x_1 + x_2 + x_3 + x_4 &= 2; \\
x_1 + x_2 + x_3 + x_4 &= 3; \\
x_1 + x_2 + x_3 + x_4 &= 4; \\
x_1 + x_2 + x_3 + x_4 &= 5; \\
x_1 + x_2 + x_3 + x_4 &= 6.
\end{aligned}
$$

Como $C_0^3 = C_1^3 = C_2^3 = 0$, o número de soluções em inteiros positivos para cada uma das três primeiras equações é zero. Para as três últimas temos, respectivamente, $C_3^3 = 1$, $C_4^3 = 4$ e $C_5^3 = 10$. Logo, pelo princípio aditivo, o número procurado é $1 + 4 + 10 = 15$. ■

Exemplo 3.6 *Encontrar o número de soluções em inteiros não-negativos de $x_1 + x_2 + x_3 + x_4 + x_5 = 18$, nas quais exatamente 2 incógnitas são nulas.*

Se exatamente duas dessas incógnitas são nulas, devemos contar o número de soluções em inteiros positivos de $y_1 + y_2 + y_3 = 18$, que é igual a $C_{17}^2 = 136$, e multiplicar por $C_5^2 = 10$, que é o número de escolhas das duas incógnitas que terão valor nulo. ∎

3 Combinações com repetição

Vamos tomar um exemplo simples para explicarmos o que entendemos por combinações com repetição. Suponhamos que num parque de diversões existam quatro tipos de brinquedos a, b, c e d, e que uma pessoa queira comprar dois bilhetes. É claro que ela poderá comprar dois bilhetes do mesmo tipo (pode ser que ela queira ir duas vezes na roda gigante). Na tabela abaixo, temos a lista de todas as possibilidades que, como vemos, é igual a dez.

$$
\begin{array}{llll}
aa & bb & cc & dd \\
ab & bc & cd & \\
ac & bd & & \\
ad & & &
\end{array}
$$

Observe que este número é maior do que $C_4^2 = 6$, pois quando estamos considerando as combinações simples de 4 tomados 2 a 2, não podemos tomar um mesmo objeto mais de uma vez. Dizemos ser a tabela acima a lista das *combinações com repetição* de 4 tomados 2 a 2.

As 6 combinações simples de 4 objetos (neste caso brinquedos) tomados 2 a 2 são:

$$
\begin{array}{lll}
ab & bc & cd \\
ac & bd & \\
ad & &
\end{array}
$$

Aqui, como vimos no capítulo anterior, nenhum objeto pode aparecer mais de uma vez numa mesma escolha.

Vamos retornar ao parque de diversões. Uma pessoa, caso tenha dinheiro suficiente, poderá comprar mais do que 4 bilhetes. Neste caso ela, necessariamente, deverá comprar pelo menos 2 bilhetes de um mesmo brinquedo. Vamos supor que ela resolva comprar 5 bilhetes para estes 4 brinquedos. Algumas possibilidades seriam:

$$aaaaa \qquad abbbc \qquad aacbb \qquad bbccd$$

Estamos interessados em contar o total de elementos do tipo acima. Para sabermos quais foram os 5 bilhetes comprados, basta que a pessoa nos diga quantos bilhetes de cada tipo ela comprou. Se chamarmos de x_1 o número de bilhetes para o brinquedo a, de x_2 o número para b, de x_3 para c e de x_4 o número para o brinquedo d, o que estamos procurando é, nada mais nada menos, do que o número de soluções inteiras não-negativas para a equação

$$x_1 + x_2 + x_3 + x_4 = 5,$$

que, como sabemos, é igual a

$$C_8^3 = 56.$$

Denotamos isto por CR_4^5.

Se o número de brinquedos fosse apenas 3 e decidíssemos comprar 6 bilhetes, seria suficiente contar o número de soluções inteiras não-negativas de

$$x_1 + x_2 + x_3 = 6,$$

ou seja,

$$CR_3^6 = C_8^2.$$

Portanto, CR_n^p é o número total de maneiras de selecionarmos p objetos dentre n objetos distintos onde cada objeto pode ser tomado até p vezes. Como vimos, este número é igual ao número de soluções inteiras não-negativas da equação

$$x_1 + x_2 + \ldots + x_n = p,$$

que, como já vimos, é igual a

$$C_{n+p-1}^{n-1} = C_{n+p-1}^{p}.$$

Logo, temos que

$$CR_n^p = C_{n+p-1}^{p}.$$

Chamamos a atenção do leitor para o fato de que, quando consideramos combinações simples de n elementos tomados p a p, p deve ser menor do que ou igual a n. No caso de combinações com repetição, esta restrição não é necessária, como vimos no caso da compra dos bilhetes acima.

Exemplo 3.7 *De quantos modos podemos comprar 4 refrigerantes em um bar que vende 2 tipos de refrigerantes?*

$$CR_2^4 = C_{2+4-1}^4 = C_5^4 = 5.$$

Denotando os refrigerantes por a e b, estas 5 possibilidades seriam as seguintes:

$aaaa$, $\qquad aaab$, $\qquad aabb$, $\qquad abbb$, $\qquad bbbb$. ∎

Exemplo 3.8 *De quantos modos diferentes podemos distribuir 10 bombons idênticos em 4 caixas diferentes?*

Este número é o número de soluções em inteiros não-negativos da equação

$$x_1 + x_2 + x_3 + x_4 = 10,$$

onde x_i denota o número de bombons na caixa i, para $i = 1, 2, 3, 4$.

Logo

$$CR_4^{10} = C_{13}^{10} = 286$$

é o número total de possíveis distribuições para estes objetos idênticos nas 4 caixas diferentes. ∎

O número de maneiras de distribuirmos p objetos idênticos em n caixas diferentes é, pois,

$$CR_n^p = C_{n+p-1}^p.$$

Na próxima seção consideramos o caso da distribuição de p objetos distintos em n caixas distintas. Veremos no Capítulo 5 os dois casos restantes, isto é, a distribuição de objetos distintos em caixas iguais e o de objetos idênticos em caixas idênticas.

Exemplo 3.9 *Dispondo de 4 cores diferentes, de quantas maneiras distintas podemos pintar 5 objetos idênticos? (Cada objeto deve ser pintado com uma única cor.)*

Precisamos decidir quantas vezes cada cor vai ser utilizada. Isto será igual a

$$CR_4^5 = C_8^5 = 56.$$

Se soubermos, por exemplo, que a cor 1 deve ser utilizada duas vezes, a cor 2 nenhuma vez, a cor 3 duas vezes e a cor 4 uma vez, saberemos o que fazer, uma vez que os objetos são idênticos. ∎

4   Permutações com repetição

No Capítulo 2, vimos o que chamamos de permutações simples de n elementos, isto é, contamos o número de maneiras que existem para colocarmos em fila n elementos distintos. Como conseqüência imediata do princípio multiplicativo, este número é igual a $n!$.

Consideramos, agora, o caso em que dentre os n elementos existem n_1 iguais a a_1, n_2 iguais a a_2, ..., n_r iguais a a_r. Vamos analisar um exemplo particular que irá nos fornecer a idéia para a obtenção de uma fórmula geral.

Vamos contar o número de maneiras de colocarmos em fila 7 letras, sendo 3 letras a, 2 letras b e 2 letras c. Listamos a seguir algumas possibilidades:

$$aaabbcc$$
$$aabbacc$$
$$acbbaac$$
$$cbbaaac$$
$$cabacac$$

Temos, portanto, 7 lugares e devemos escolher 3 lugares para neles colocarmos as letras a's, 2 lugares para os 2 b's e 2 lugares para os 2 c's.

Podemos escolher os 3 lugares para os a's de C_7^3 maneiras diferentes. Uma vez feito isto, teremos 4 lugares vagos. A escolha de 2 lugares para os 2 b's pode ser feita de C_4^2 maneiras diferentes, restando apenas uma maneira para a colocação dos 2 c's. Pelo princípio multiplicativo, o produto destes números nos dará o total de possibilidades, que é de

$$C_7^3 C_4^2 = \frac{7!}{3!4!}\frac{4!}{2!2!} = \frac{7!}{3!2!2!} = 210.$$

Se tivéssemos que distribuir 7 pessoas (objetos distintos) em 3 quartos a, b e c (caixas distintas), sendo 3 em a, 2 em b e 2 em c, a resposta seria a mesma. Se o número de quartos disponíveis fosse apenas 2 (quartos a e b) e 4 pessoas fossem ocupar o quarto a, a resposta seria

$$C_7^4 C_3^3 = \frac{7!}{4!3!},$$

que é o número de permutações de 7 objetos, onde 4 são iguais a a e 3 iguais a b.

Se estivéssemos interessados no número de números de 6 dígitos consistindo de três 1's, dois 3's e um 8, teríamos

$$C_6^3 C_3^2 C_1^1 = \frac{6!}{3!3!}\frac{3!}{2!1!} = \frac{6!}{3!2!1!}.$$

Logo, no caso de n elementos com n_1 iguais a a_1, n_2 iguais a a_2, $\ldots$, n_r iguais a a_r, precisamos escolher n_1 lugares para a colocação dos a_1's. Dos $n - n_1$ lugares restantes, escolher n_2 para colocação dos a_2's e assim por diante, obtendo

$$
\begin{aligned}
C_n^{n_1} C_{n-n_1}^{n_2} C_{n-n_1-n_2}^{n_3} & \cdots C_{n-n_1-\cdots-n_{r-1}}^{n_r} = \\
&= \frac{n_1!}{n_1!(n-n_1)!} \frac{(n-n_1)!}{n_2!(n-n_1-n_2)!} \\
&\quad \frac{(n-n_1-n_2)!}{n_3!(n-n_1-n_2-n_3)!} \cdots \frac{(n-n_1-n_2-\cdots-n_{r-1})!}{n_r!(n-n_1-\cdots-n_r)!} \\
&= \frac{n!}{n_1!n_2!n_3!\cdots n_r!}.
\end{aligned}
$$

Denotamos este número por $PR(n; n_1, n_2, \ldots, n_r)$.

Exemplo 3.10 *Se um time de futebol jogou 13 partidas em um campeonato, tendo perdido 5 jogos, empatado 2 e vencido 6 jogos, de quantos modos pode isto ter ocorrido?*

$$
PR(13; 5, 2, 6) = \frac{13!}{5!2!6!}.
$$

Isto equivale à distribuição de 13 pessoas em 3 quartos a, b e c, com 5 pessoas em a, 2 em b e 6 em c. ∎

5 Arranjos com repetição

Vimos, no Capítulo 2, que o número de arranjos simples de m elementos tomados p a p é dado por

$$
A_m^p = m(m-1)(m-2)\cdots(m-p+1).
$$

Este número conta todas as possíveis maneiras de se retirar, de um conjunto de m elementos distintos, p elementos, levando-se em conta a ordem dos elementos.

Caso repetições sejam permitidas, o princípio multiplicativo nos diz que o número total de maneiras de se retirar, levando-se em conta a ordem, p dos m objetos, distintos ou não, é igual a

$$AR_m^p = m^p,$$

uma vez que o primeiro elemento pode ser retirado de m maneiras, o segundo também de m maneiras, e assim sucessivamente, até que o $p^{\underline{ésimo}}$ seja escolhido.

Exemplo 3.11 *Qual o total de placas de carro que podem ser construídas constando de 7 símbolos, sendo os 3 primeiros constituídos por letras e os 4 últimos por dígitos?*

Considerando-se o alfabeto com 26 letras, podemos escolher as 3 letras de AR_{26}^3 maneiras diferentes e os 4 dígitos de AR_{10}^4 formas diferentes. Logo, pelo princípio multiplicativo, temos um total de

$$AR_{26}^3 AR_{10}^4 = 175.760.000$$

possíveis placas. ∎

6   Permutações circulares

Como o próprio nome indica, pretendemos, aqui, contar o número de maneiras de se ordenar n objetos distintos em torno de um círculo. Vamos considerar 3 objetos a, b, c, e colocá-los em torno de um círculo.

Figura 3.1 Permutações circulares de 3 objetos.

Afirmamos serem estas as únicas maneiras de colocarmos estes 3 objetos em torno de um círculo. Isto porque consideramos idênticas duas distribuições quando uma pode ser obtida a partir da outra por uma simples rotação. Para melhor esclarecer esta definição, consideremos todas as permutações simples de a, b e c e coloquemos, em torno de um círculo, cada uma delas. Este procedimento está ilustrado na Figura 3.2.

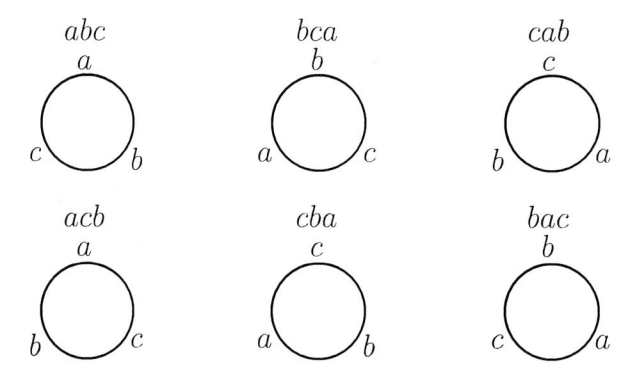

Figura 3.2 Permutações de 3 objetos, dispostos em torno de um círculo.

É fácil observar que, tanto na primeira linha como na segunda, qualquer uma das três figuras pode ser obtida a partir de outra por uma simples rotação. No entanto, nenhuma das três primeiras pode ser obtida, por rotação, a partir de nenhuma das 3 últimas. Logo, existem apenas 2 permutações circulares de três objetos. Como existem 3! permutações de 3 objetos e 2 permutações circulares, temos que $2 = 3!/3$. No caso de 4 objetos, a Figura 3.3 a seguir deverá convencer o leitor de que existem apenas 6 permutações circulares. Observe que $6 = 4!/4$.

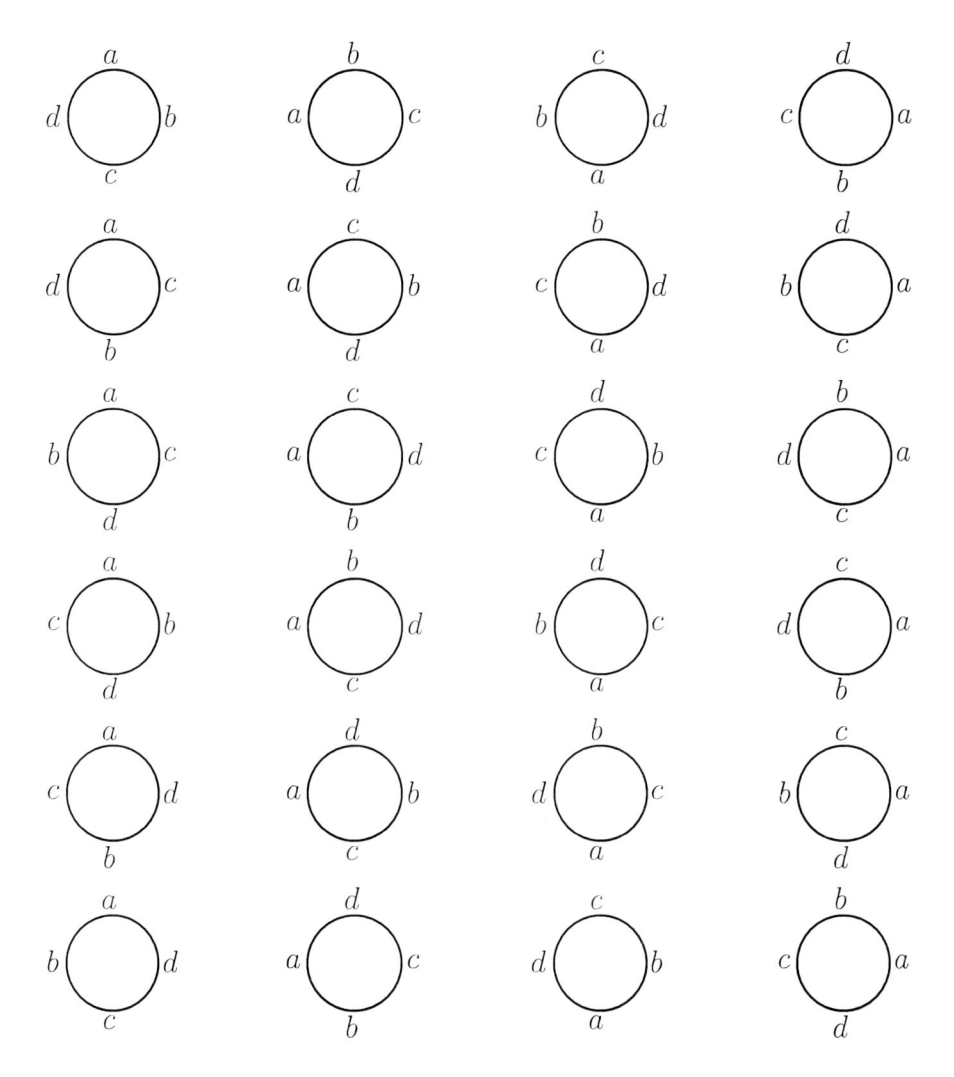

Figura 3.3 Permutações de 4 objetos, dispostos em torno de um círculo.

Mostraremos, a seguir, que o número de permutações circulares de n objetos, denotado por $(PC)_n$, é igual a $n!/n$, isto é,

$$(PC)_n = \frac{n!}{n} = (n-1)!.$$

Como vimos nas figuras anteriores, casos $n = 3$ e $n = 4$, permutações simples distintas podem gerar uma mesma permutação circular. Se soubermos quantas permutações simples distintas geram permutações circulares equivalentes, teremos resolvido o problema. É fácil ver que este número é n, pois, se não considerássemos equivalentes figuras que podem coincidir por rotação, teríamos o total de $n!$. Logo, $n(PC)_n = n!$, o que implica que

$$(PC)_n = \frac{n!}{n} = (n-1)!.$$

Exemplo 3.12 *De quantas maneiras 8 crianças podem dar as mãos para brincar de roda?*

Basta considerarmos as permutações circulares de 8, isto é, $(8-1)! = 7!.$ ∎

Exemplo 3.13 *Se Pedro e Ana são 2 das 8 crianças do problema anterior, de quantas maneiras elas podem brincar ficando Ana e Pedro sempre lado a lado?*

Primeiro, consideramos estas duas como uma única pessoa. Temos, portanto, 7 "crianças" que podem brincar de 6! maneiras diferentes. Como Ana e Pedro podem estar lado a lado de duas maneiras diferentes, devemos multiplicar este número por 2. Logo, a resposta é igual a $2(PC)_7 = 2 \cdot 6! = 1.440.$ ∎

7   Coeficientes binomiais

Chamamos *binômio* qualquer expressão da forma $a + b$, isto é, a soma de dois símbolos distintos. Estaremos, aqui, interessados no cálculo dos coeficientes das expansões de potências de $a + b$.

Vamos considerar, inicialmente, o produto

$$(a + b)(c + d)(e + f) = ace + acf + ade + adf + bce + bcf + bde + bdf,$$

que consiste de oito termos, onde cada termo consiste de três letras, cada uma selecionada de um dos binômios. Pelo princípio multiplicativo, é claro que o número total de termos é $2^3 = 8$. Para o produto $(a + b)(c + d)(e + f)(g + h)$, temos $16 = 2^4$ termos, cada um consistindo de um produto de 4 letras, cada uma delas pertencendo a um dos 4 binômios considerados. Por exemplo, $acdf$ e $adeh$ são alguns dos 16 termos deste último produto. No caso do produto de n binômios, temos 2^n termos.

Consideremos, agora, o produto

$$(a + b)(a + b)(a + b)(a + b)(a + b)(a + b).$$

Como temos 64 maneiras de selecionarmos 6 letras, uma de cada binômio, e como todos os binômios são iguais a $(a+b)$, teremos termos repetidos. Por exemplo, se tomarmos a letra a nos 4 primeiros e a letra b nos 2 últimos, teremos a^4b^2, que irá aparecer toda vez que a letra a for escolhida em exatamente 4 dos 6 binômios e a letra b nos 2 restantes. Como isto pode ser feito de C_6^4 maneiras diferentes, concluímos que o termo a^4b^2 irá aparecer este número de vezes, o que equivale a dizer que o coeficiente de a^4b^2 é igual a C_6^4. Como todo termo consiste do produto de 6 letras, o termo geral é da forma a^ib^j, onde $i + j = 6$, ou seja, cada termo é da forma a^ib^{6-i}. Como um termo destes aparece C_6^i vezes a expansão acima é dada por

$$(a + b)^6 = \sum_{i=0}^{6} C_6^i a^i b^{6-i}$$

$$\begin{aligned} &= C_6^0 a^0 b^6 + C_6^1 a^1 b^5 + C_6^2 a^2 b^4 + C_6^3 a^3 b^3 + \\ &\quad C_6^4 a^4 b^2 + C_6^5 a^5 b^1 + C_6^6 a^6 b^0 \\ &= b^6 + 6ab^5 + 15a^2 b^4 + 20a^3 b^3 + 15a^4 b^2 + 6a^5 b + a^6. \end{aligned}$$

No caso geral $(a+b)^n$, cada termo será da forma $a^i b^{n-i}$. Note que o termo $a^i b^{n-i}$ irá aparecer para cada escolha da letra a em i dos n fatores. Como tal escolha pode ser feita de C_n^i formas diferentes, temos que

$$(a+b)^n = \sum_{i=0}^{n} C_n^i a^i b^{n-i}. \tag{3.7}$$

Nesta expansão, temos um termo distinto para cada i variando de 0 a n. Logo, são $n+1$ termos distintos dentre o total de 2^n termos. Do fato trivial de termos que

$$(a+b)^n = (b+a)^n, \tag{3.8}$$

podemos concluir de (3.7) que, trocando-se a por b, teremos

$$(b+a)^n = \sum_{i=0}^{n} C_n^i b^i a^{n-i},$$

e isto nos garante o fato já conhecido de que

$$C_n^i = C_n^{n-i},$$

uma vez que, pelo argumento apresentado, o coeficiente de $a^{n-i} b^i$ é dado por C_n^{n-i} ou, em outras palavras, que na expansão de $(a+b)^n$ os coeficientes dos termos eqüidistantes dos extremos são iguais.

Na expansão de $(a+b)^n$,

$$(a+b)^n = \sum_{i=0}^{n} C_n^i a^i b^{n-i},$$

denotamos o $i^{\underline{ésimo}}$ termo por T_{i+1}, e, portanto,

$$T_{i+1} = C_n^i a^i b^{n-i}.$$

Exemplo 3.14 *Calcular o quarto termo da expansão de* $(1+x)^8$.

Temos, aqui, $a = 1$, $b = x$, $n = 8$ e $i + 1 = 4$. Logo $i = 3$ e

$$T_4 = T_{3+1} = C_8^3 1^3 x^{8-3} = 56x^5. \blacksquare$$

Exemplo 3.15 *Calcular o sexto termo da expansão de* $(x - 5y)^{10}$.

Neste caso $a = x$, $b = -5y$, $n = 10$, $i = 5$ e $i + 1 = 6$. Portanto

$$
\begin{aligned}
T_6 &= C_{10}^5 x^5 (-5y)^5 \\
&= C_{10}^5 (-5)^5 x^5 y^5 = -787.500 x^5 y^5. \blacksquare
\end{aligned}
$$

Exemplo 3.16 *Demonstrar a seguinte identidade:*

$$\sum_{i=0}^{n} C_n^i = C_n^0 + C_n^1 + C_n^2 + \cdots + C_n^n = 2^n.$$

Como

$$(a + b)^n = \sum_{i=0}^{n} C_n^i a^i b^{n-i},$$

é fácil ver que, para $a = b = 1$, o lado direito desta igualdade nos dá a soma pedida, que será igual a 2^n. Este é, como vimos no Capítulo 1, o número de subconjuntos de um conjunto contendo n elementos. $\blacksquare$

Listamos abaixo a expansão de $(a + b)^n$ para alguns valores de n.

$$
\begin{aligned}
(a + b)^0 &= 1 \\
(a + b)^1 &= a + b \\
(a + b)^2 &= a^2 + 2ab + b^2 \\
(a + b)^3 &= a^3 + 3a^2b + 3ab^2 + b^3 \\
(a + b)^4 &= a^4 + 4a^3b + 6a^2b^2 + 4ab^3 + b^4 \\
(a + b)^5 &= a^5 + 5a^4b + 10a^3b^2 + 10a^2b^3 + 5ab^4 + b^5 \\
(a + b)^6 &= a^6 + 6a^5b + 15a^4b^2 + 20a^3b^3 + 15a^2b^4 + 6ab^5 + b^6
\end{aligned}
$$

Chamamos "Triângulo de Pascal" ao triângulo formado pelos coeficientes das expansões acima, isto é,

$$
\begin{array}{ccccccccc}
 & & & & 1 & & & & \\
\text{1ª linha} \rightarrow & & & 1 & & 1 & & & \\
\text{2ª linha} \rightarrow & & 1 & & 2 & & 1 & & \\
 & & & 1 & & 3 & & 3 & & 1 \\
 & & 1 & & 4 & & 6 & & 4 & & 1 \\
 & 1 & & 5 & & 10 & & 10 & & 5 & & 1 \\
 1 & & 6 & & 15 & & 20 & & 15 & & 6 & & 1
\end{array}
$$

Enumeramos as linhas deste triângulo de acordo com o expoente da potência da qual os coeficientes foram retirados, isto é, a 1ª linha é "1 1" a segunda "1 2 1", e assim sucessivamente. Enumeramos as colunas da mesma forma, isto é, a formada só de 1's é a de número zero, e assim por diante.

Já mostramos que a soma dos elementos da $n^{\text{ésima}}$ linha é igual a 2^n, e que numa mesma linha termos eqüidistantes dos extremos são iguais. No exemplo seguinte mostramos que a soma dos primeiros $n+1$ elementos da coluna p é igual ao $n^{\text{ésimo}}$ elemento da $(p+1)^{\text{ésima}}$ coluna.

Exemplo 3.17 *Demonstrar a seguinte identidade:*

$$
C_p^p + C_{p+1}^p + C_{p+2}^p + \cdots + C_{p+n}^p = C_{p+n+1}^{p+1}.
$$

A relação (ver o Apêndice A para uma demonstração combinatorial)

$$
C_{n+1}^{p+1} = C_n^{p+1} + C_n^p
$$

justifica a seqüência de igualdades abaixo:

$$
C_{p+1}^{p+1} = C_p^{p+1} + C_p^p
$$

$$C_{p+2}^{p+1} = C_{p+1}^{p+1} + C_{p+1}^{p}$$
$$C_{p+3}^{p+1} = C_{p+2}^{p+1} + C_{p+2}^{p}$$
$$\vdots$$
$$C_{p+n}^{p+1} = C_{p+n-1}^{p+1} + C_{p+n-1}^{p}$$
$$C_{p+n+1}^{p+1} = C_{p+n}^{p+1} + C_{p+n}^{p}$$

Se somarmos membro a membro estas igualdades (cancelando termos iguais), teremos

$$C_{p+n+1}^{p+1} = C_{p}^{p+1} + C_{p}^{p} + C_{p+1}^{p} + C_{p+2}^{p} + \cdots + C_{p+n}^{p},$$

que é a igualdade pedida, uma vez que $C_{p}^{p+1} = 0$. Na figura abaixo, ilustramos o que acabamos de demonstrar.

```
      1
   1  [1]
   1  [2]  1
   1  [3]  3    1
   1  [4]  6    4   [1]
   1  [5] 10   10   [5]  1
   1   6  [15] 20  [15]  6   1
   1   7  21   35   35  [21]  7   1
```

Exemplo 3.18 *Achar uma fórmula para a soma dos n primeiros inteiros positivos.*

Isto é conseqüência imediata do exemplo anterior, pois

$$1 + 2 + 3 + \cdots + n = C_1^1 + C_2^1 + C_3^1 + \cdots + C_n^1 = C_{n+1}^2 = \frac{n(n+1)}{2},$$

fórmula já demonstrada por indução no Capítulo 1. ∎

Exemplo 3.19 *Mostrar que*

$$C_n^0 - C_n^1 + C_n^2 - C_n^3 + \cdots + (-1)^n C_n^n = 0.$$

Basta tomarmos em

$$(a + b)^n = \sum_{i=0}^{n} C_n^i a^i b^{n-i}$$

$a = -1$ e $b = 1$. ∎

Exemplo 3.20 *Expressar em função de n a soma*

$$\sum_{i=1}^{n} i(i + 1).$$

Como

$$\sum_{i=1}^{n} i(i + 1) = 1 \cdot 2 + 2 \cdot 3 + 3 \cdot 4 + \cdots + n(n + 1),$$

se dividirmos ambos os membros por 2!, teremos

$$\frac{1}{2!} \sum_{i=1}^{n} i(i + 1) = \frac{1 \cdot 2}{2!} + \frac{2 \cdot 3}{2!} + \frac{3 \cdot 4}{2!} + \cdots + \frac{n(n + 1)}{2!}$$

$$= C_2^2 + C_3^2 + C_4^2 + \cdots + C_{n+1}^2,$$

que, pelo Exemplo 3.17, é igual a C_{n+2}^3. Logo

$$\frac{1}{2!} \sum_{i=1}^{n} i(i + 1) = C_{n+2}^3 = \frac{(n + 2)(n + 1)n}{3!},$$

e, portanto,

$$\sum_{i=1}^{n} i(i+1) = \frac{n(n+1)(n+2)}{3}.$$

Com esta fórmula em mãos, podemos determinar facilmente uma fórmula para a soma dos quadrados dos n primeiros inteiros positivos. ∎

Exemplo 3.21 *Mostrar que*

$$\sum_{i=1}^{n} i^2 = \frac{n(n+1)(2n+1)}{6}.$$

Como $i(i+1) = i^2 + i$, temos que

$$
\begin{aligned}
\sum_{i=1}^{n} i^2 &= \sum_{i=1}^{n} i(i+1) - \sum_{i=1}^{n} i \\
&= \frac{n(n+1)(n+2)}{3} - \frac{n(n+1)}{2} \\
&= \frac{2n(n+1)(n+2) - 3n(n+1)}{6} \\
&= \frac{n(n+1)(2n+4-3)}{6} = \frac{n(n+1)(2n+1)}{6}. \blacksquare
\end{aligned}
$$

Exercícios

1. Desenvolver as potências seguintes:

   (a) $\left(\dfrac{x^3}{2} + 1\right)^5$;

   (b) $(2y + 3x)^4$;

   (c) $\left(2a - \dfrac{3}{b}\right)^3$;

   (d) $\left(\dfrac{1}{y} - y\right)^6$.

2. Calcular o sexto termo da expansão de cada uma das potências abaixo:

   (a) $\left(\dfrac{a}{b} + \dfrac{b}{a^2}\right)^{17}$;

   (b) $\left(1 - \dfrac{1}{b}\right)^7$;

   (c) $\left(3x^2y - \dfrac{1}{3}\right)^9$;

   (d) $\left(2x^3 - \dfrac{3}{x^2}\right)^{12}$.

3. Calcular a soma dos coeficientes das potências de x em todos os termos do desenvolvimento de
$$\left(x^3 - \dfrac{1}{2x}\right)^{11}.$$

4. Calcular o termo independente de x nas potências seguintes:

   (a) $\left(x^2 + \dfrac{1}{x^2}\right)^6$;

   (b) $\left(x^2 + \dfrac{1}{x}\right)^9$;

   (c) $\left(x^2 + \dfrac{1}{x^2}\right)^8 \left(x^2 - \dfrac{1}{x^2}\right)^8$.

5. Mostrar que
$$\left(1 + \dfrac{1}{n}\right)^n > 2,$$
para $n > 1$.

6. Explicar porque não existe termo independente de x no desenvolvimento de
$$\left(x + \dfrac{1}{x}\right)^{2n+1}.$$

7. Calcular a soma dos quadrados dos n primeiros números ímpares positivos.

8. Calcular a soma
$$\sum_{i=1}^{n} i(i+1)(i+2).$$
(Sugestão: observar o Exemplo 3.20 **dividindo por 3!**.)

9. Calcular m sabendo que
$$\binom{m}{1} + \binom{m}{2} + \binom{m}{3} + \cdots + \binom{m}{m-1} = 254.$$

10. Calcule o número de soluções inteiras positivas de:

    (a) $x_1 + x_2 + x_3 + x_4 = 8$?

    (b) $x_1 + x_2 + \ldots + x_{11} = 11$?

    (c) $x + y + z = 20$?

11. Quantas são as soluções inteiras não-negativas das equações do exercício anterior?

12. Quantas são as soluções inteiras positivas de
$$x_1 + x_2 + x_3 + x_4 + x_5 = 17,$$
nas quais $x_4 \geq 3$?

13. Encontrar o número de soluções inteiras de
$$x_1 + x_2 + x_3 = 12,$$
com $x_i \geq -2$, para $i = 1, 2, 3$.

14. Sabendo-se que a equação
$$x_1 + x_2 + x_3 + x_4 = n$$
possui 10 soluções inteiras positivas, determinar n.

15. De quantas maneiras podemos distribuir 30 laranjas para 4 crianças de modo que cada uma receba pelo menos 2 laranjas?

16. De quantas maneiras uma pessoa pode comprar 5 sorvetes em uma sorveteria que vende 8 tipos de sorvete?

17. De quantos modos podemos distribuir 18 livros iguais em três caixas diferentes sem nenhuma restrição?

18. Quantos números inteiros entre 1 e 10.000 têm soma dos dígitos igual a 12?

19. De quantos modos podemos retirar (sem olhar) 10 bolas de uma caixa que contém pelo menos 10 bolas brancas, pelo menos 10 vermelhas e pelo menos 10 azuis?

20. Quantas são as soluções inteiras não-negativas de $x + y + z + w = 16$ nas quais $x < y$?

21. Em quantas soluções inteiras positivas da equação

$$x_1 + x_2 + x_3 + x_4 + x_5 = 18,$$

exatamente 2 variáveis são iguais a 1?

22. De quantas maneiras 7 pessoas podem sentar-se em torno de uma mesa circular, sendo que 2 determinadas pessoas não devem estar juntas?

23. De quantas maneiras 8 meninos e 8 meninas podem formar uma roda para brincar sem que pessoas do mesmo sexo fiquem juntas?

24. Qual seria a resposta do exercício anterior se todas as meninas ficassem juntas?

25. De quantos modos 8 casais fixos podem sentar-se em uma roda gigante de 8 bancos de dois lugares cada um, com cada casal em um banco?

26. De quantos modos 12 crianças podem ocupar os 6 bancos de dois lugares em uma roda gigante?

27. Um cubo deve ser pintado, cada face de uma cor, utilizando-se exatamente 5 cores, sendo que as únicas faces de mesma cor devem ser opostas. De quantas maneiras isto pode ser feito?

28. Se 4 meninos e 4 meninas vão brincar de roda, de quantas maneiras poderão dar as mãos, com a condição de que pelo menos 2 meninas estejam juntas?

29. Mostrar que

$$\binom{n}{m} = \sum_{k=0}^{m} \binom{n-p}{m-k}\binom{p}{k}.$$

Esta fórmula é conhecida por *Convolução de Vandermonde*.

(Sugestão: igualar os coeficientes de x^m em ambos os lados de $(1+x)^n = (1+x)^{n-p}(1+x)^p$.)

30. Demonstrar a Convolução de Vandermonde usando um argumento combinatórios.

(Sugestão: contar de duas maneiras diferentes o número de comissões com m membros que podem ser formadas a partir de p homens e $n-p$ mulheres: 1) diretamente, e 2) dividindo em casos, conforme o número de homens na comissão.)

Capítulo 4

O princípio da inclusão e exclusão

1 Introdução

Neste capítulo, estamos interessados na obtenção de uma fórmula que nos forneça o número total de elementos na união de um número finito de conjuntos.

Consideremos os seguintes exemplos:

Exemplo 4.1 *Numa classe de 30 alunos, 14 falam inglês, 5 falam alemão e 3 falam inglês e alemão. Quantos alunos falam pelo menos uma língua dentre inglês e alemão?*

Se denotarmos por A o conjunto dos que falam inglês e por B o conjunto dos que falam alemão, a resposta a este problema será o número de elementos na união de A e B.

A figura abaixo ilustra esta situação.

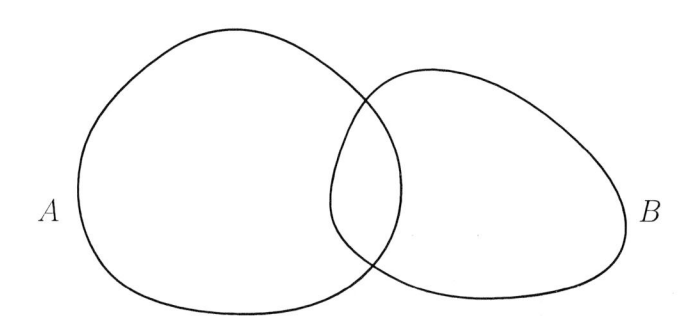

É claro que se somarmos 14 com 5, teremos contado duas vezes aqueles que se encontram na interseção de A e B, isto é, aqueles que falam inglês e alemão. Logo, a resposta correta é

$$14 + 5 - 3, \text{ ou seja, } n(A) + n(B) - n(A \cap B),$$

onde $n(A)$, $n(B)$ e $n(A \cap B)$ denotam, respectivamente, a cardinalidade de A, B e $A \cap B$. ∎

No exemplo seguinte é conveniente utilizar a notação $\lfloor x \rfloor$ para indicar o *maior inteiro menor do que ou igual ao real* x (às vezes chamado o *chão* de x). Aproveitamos para definir, também, o conceito de *menor inteiro maior do que ou igual a* x, denotado por $\lceil x \rceil$ (o *teto* de x). Os conceitos estão ilustrados na figura abaixo, onde a reta graduada representa o eixo dos reais e os inteiros correspondem às marcações em negrito.

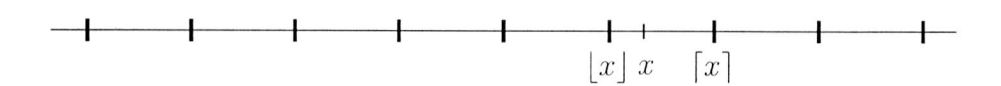

$$\lfloor x \rfloor \quad x \quad \lceil x \rceil$$

Exemplo 4.2 *Dentre os números de 1 até 3.600 inclusive, quantos são divisíveis por 3 ou por 7?*

Sabemos que $\lfloor 3.600/3 \rfloor = 1.200$ são divisíveis por 3 e que $\lfloor 3.600/7 \rfloor = 514$ são divisíveis por 7. Se somarmos estes dois números estaremos contando duas vezes todos aqueles números que são divisíveis por 3 e 7, isto é, aqueles divisíveis por 21, que são $\lfloor 3.600/21 \rfloor = 171$. Logo, a resposta correta à nossa pergunta é

$$1.200 + 514 - 171 = 1.543. \quad \blacksquare$$

No exemplo seguinte consideramos um caso semelhante ao do Exemplo 4.1.

Exemplo 4.3 *Numa classe de 30 alunos, 14 falam inglês, 5 falam alemão e 7 falam francês. Sabendo-se que 3 falam inglês e alemão, 2 falam inglês e francês, 2 falam alemão e francês e que 1 fala as 3 línguas, determinar o número dos que falam pelo menos uma destas 3 línguas, isto é, o número de elementos na união de A, B e C, onde A, B e C denotam, respectivamente, os conjuntos dos que falam inglês, alemão e francês.*

$$
\begin{aligned}
n(A) &= 14; \\
n(B) &= 5; \\
n(C) &= 7; \\
n(A \cap B) &= 3; \\
n(A \cap C) &= 2; \\
n(B \cap C) &= 2; \\
n(A \cap B \cap C) &= 1.
\end{aligned}
$$

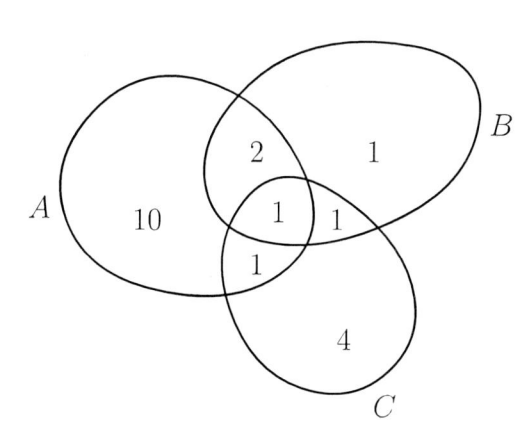

Pelo diagrama acima, pode-se ver que a resposta neste caso é dada por:

$$14 + 5 + 7 - 3 - 2 - 2 + 1 = 20,$$

isto é,

$$n(A)+n(B)+n(C)-n(A\cap B)-n(A\cap C)-n(B\cap C)+n(A\cap B\cap C). \blacksquare$$
$$(4.1)$$

Vamos repetir o último diagrama numa situação geral envolvendo conjuntos A, B e C:

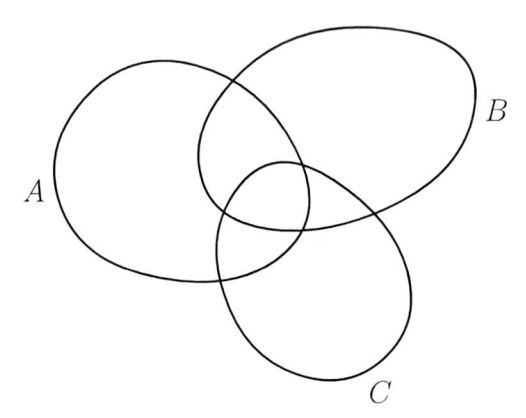

Para mostrarmos que a fórmula (4.1) está correta, isto é, que conta o número de elementos na união dos três conjuntos considerados, devemos mostrar que ela conta cada elemento exatamente uma vez.

Vamos, portanto, considerar todos os possíveis casos e mostrar que, em cada um deles, cada elemento da união de A, B e C é contado exatamente uma vez. Um elemento na união pode pertencer somente a um dos três conjuntos, a exatamente dois deles ou aos três conjuntos.

No caso em que um elemento pertença a somente um dos conjuntos (A, por exemplo), a fórmula (4.1) irá considerá-lo uma só vez, pois teremos uma contribuição de 1 do termo $n(A)$ e nenhuma contribuição dos demais termos. Caso ele pertença a exatamente 2 conjuntos (A e B, por exemplo), teremos duas contribuições positivas, uma de $n(A)$ e uma de $n(B)$ e uma negativa de $n(A\cap B)$, o que nos fornece $1+1-1 = 1$. Ou seja, também neste caso a fórmula está correta. No terceiro caso, no qual o elemento pertence aos 3 conjuntos, teremos contribuições positivas de $n(A)$, $n(B)$ e $n(C)$, negativas de $n(A\cap B)$, $n(A\cap C)$,

$n(B \cap C)$, e uma positiva de $n(A \cap B \cap C)$, resultando em

$$1 + 1 + 1 - 1 - 1 - 1 + 1 = 1.$$

Isto mostra que, em qualquer um dos três possíveis casos, esta fórmula conta um elemento da união de A, B e C exatamente uma vez. No exemplo seguinte aplicamos este resultado.

Exemplo 4.4 *Quantos inteiros entre 1 e 3.600, inclusive, são divisíveis por 3, 5 ou 7?*

Denotando por A, B e C os conjuntos dos inteiros que são divisíveis, respectivamente, por 3, 5 e 7, temos:

$$
\begin{aligned}
n(A) &= \left\lfloor \frac{3.600}{3} \right\rfloor = 1.200; \\
n(B) &= \left\lfloor \frac{3.600}{5} \right\rfloor = 720; \\
n(C) &= \left\lfloor \frac{3.600}{7} \right\rfloor = 514; \\
n(A \cap B) &= \left\lfloor \frac{3.600}{15} \right\rfloor = 240; \\
n(A \cap C) &= \left\lfloor \frac{3.600}{21} \right\rfloor = 171; \\
n(B \cap C) &= \left\lfloor \frac{3.600}{35} \right\rfloor = 102; \\
n(A \cap B \cap C) &= \left\lfloor \frac{3.600}{105} \right\rfloor = 34.
\end{aligned}
$$

Logo, o número procurado pela fórmula (4.1) é igual a:

$$n(A)+n(B)+n(C)-n(A \cap B)-n(A \cap C)-n(B \cap C)+n(A \cap B \cap C) =$$
$$= 1.200 + 720 + 514 - 240 - 171 - 102 + 34 = 1.955. \quad \blacksquare$$

Nesta fórmula, o termo $n(A) + n(B) + n(C)$ conta os números divisíveis por 3 e 5, 3 e 7, e 5 e 7, duas vezes. Os termos $-n(A \cap B)$, $-n(A \cap C)$ e $-n(B \cap C)$ removem esta dupla contagem. Como temos números que são divisíveis por 3, 5 e 7 (105 e 210 são alguns deles), precisamos acrescentar $n(A \cap B \cap C)$, pois estes números foram contados em $n(A) + n(B) + n(C)$ 3 vezes e em $-n(A \cap B) - n(A \cap C) - n(B \cap C)$ foram removidos 3 vezes, isto é, na parte

$$n(A) + n(B) + n(C) - n(A \cap B) - n(A \cap C) - n(B \cap C)$$

eles não são contados nenhuma vez.

2   Cardinalidade da união de n conjuntos

No teorema seguinte provamos que, no caso geral em que temos n conjuntos $A_1, A_2, A_3, \ldots, A_n$, o número de elementos na união deles, denotado por $n(A_1 \cup A_2 \cup \ldots \cup A_n)$, é dado por:

$$
\begin{aligned}
n(A_1 \cup A_2 \cup \ldots \cup A_n) \;=\; & \sum_{i=1}^{n} n(A_i) - \sum_{1 \leq i < j \leq n} n(A_i \cap A_j) \\
& + \sum_{1 \leq i < j < k \leq n} n(A_i \cap A_j \cap A_k) \\
& - \sum_{1 \leq i < j < k < p \leq n} n(A_i \cap A_j \cap A_k \cap A_p) + \cdots \\
& + (-1)^{n-1} n(A_1 \cap A_2 \cap \ldots \cap A_n). \qquad (4.2)
\end{aligned}
$$

Teorema 4.1 (Princípio da inclusão e exclusão.) *O número de elementos na união de n conjuntos finitos $A_1, A_2, A_3, \ldots, A_n$ é dado pela expressão (4.2).*

Demonstração. Precisamos mostrar que um elemento que pertença a p, para $p = 1, 2, 3, \ldots, n$, dos conjuntos A_i's é contado por (4.2) exatamente uma vez. Considere um elemento pertencente a exatamente p conjuntos, digamos $A_{i_1}, \ldots, A_{i_p}$. Este elemento será contado p vezes em

$$\sum_{i=1}^{n} n(A_i).$$

Em

$$\sum_{1 \leq i < j \leq n} n(A_i \cap A_j)$$

será contado C_p^2, em

$$\sum_{1 \leq i < j < k \leq n} n(A_i \cap A_j \cap A_k)$$

C_p^3, e assim sucessivamente até o termo $n(A_{i_1} \cap A_{i_2} \cap \ldots \cap A_{i_p})$, que nos dará uma contribuição igual a 1. É claro que a interseção de mais do que p conjuntos não fornecerá nenhuma contribuição.

Somando todas estas contribuições teremos:

$$C_p^1 - C_p^2 + C_p^3 - C_p^4 + \cdots + (-1)^{p-1} C_p^p \qquad (4.3)$$

Pelo Exemplo 3.19 sabemos que

$$C_p^0 - C_p^1 + C_p^2 - C_p^3 + \cdots + (-1)^p C_p^p = 0,$$

e isto implica que a soma em (4.3) é igual a 1, uma vez que $C_p^0 = 1$, o que conclui a demonstração. ∎

Exemplo 4.5 *Quantos são os inteiros entre 1 e 42.000, inclusive, que não são divisíveis por 2, por 3 e nem por 7?*

Se definirmos

$$
\begin{aligned}
A &= \{1, 2, 3, \ldots, 42.000\}; \\
A_1 &= \{x \in A \mid x = 2k, k \in \mathbb{N}\}; \\
A_2 &= \{x \in A \mid x = 3k, k \in \mathbb{N}\}; \\
A_3 &= \{x \in A \mid x = 7k, k \in \mathbb{N}\};
\end{aligned}
$$

o número procurado será dado por

$$
\begin{aligned}
n(A) - n(A_1 \cup A_2 \cup A_3) &= n(A) - n(A_1) - n(A_2) - n(A_3) \\
&\quad + n(A_1 \cap A_2) + n(A_1 \cap A_3) \\
&\quad + n(A_2 \cap A_3) - n(A_1 \cap A_2 \cap A_3).
\end{aligned}
$$

Como

$$n(A) = 42.000,$$

$$n(A_1) = \left\lfloor \frac{42.000}{2} \right\rfloor = 21.000,$$

$$n(A_2) = \left\lfloor \frac{42.000}{3} \right\rfloor = 14.000,$$

$$n(A_3) = \left\lfloor \frac{42.000}{7} \right\rfloor = 6.000,$$

$$n(A_1 \cap A_2) = \left\lfloor \frac{42.000}{6} \right\rfloor = 7.000,$$

$$n(A_1 \cap A_3) = \left\lfloor \frac{42.000}{14} \right\rfloor = 3.000,$$

$$n(A_2 \cap A_3) = \left\lfloor \frac{42.000}{21} \right\rfloor = 2.000,$$

$$n(A_1 \cap A_2 \cap A_3) = \left\lfloor \frac{42.000}{42} \right\rfloor = 1.000,$$

temos

$$42.000 - 21.000 - 14.000 - 6.000 + 7.000 + 3.000 + 2.000 - 1.000 = 12.000. \ \blacksquare$$

Exemplo 4.6 *Quantas são as permutações das letras da palavra BRA-SIL em que o B ocupa o primeiro lugar, ou o R o segundo lugar, ou o L o sexto lugar?*

Definimos os seguintes conjuntos:

A_1 = conjunto das permutações das letras B, R, A, S, I, L tendo o B em primeiro lugar.

A_2 = conjunto das permutações das letras B, R, A, S, I, L tendo o R em segundo lugar.

A_3 = conjunto das permutações das letras B, R, A, S, I, L tendo o L em sexto lugar.

Desejamos calcular $n(A_1 \cup A_2 \cup A_3)$. Como o número de permutações com uma letra fixa é $5! = 120$, temos

$$n(A_1) = n(A_2) = n(A_3) = 120.$$

Com duas letras fixas é $4! = 24$, logo

$$n(A_1 \cap A_2) = n(A_1 \cap A_3) = n(A_2 \cap A_3) = 24.$$

Com três letras fixas temos $(6 - 3)! = 3! = 6$, isto é,

$$n(A_1 \cap A_2 \cap A_3) = 6.$$

Portanto,

$$
\begin{aligned}
n(A_1 \cup A_2 \cup A_3) &= n(A_1) + n(A_2) + n(A_3) \\
&\quad - n(A_1 \cap A_2) - n(A_1 \cap A_3) - n(A_2 \cap A_3) \\
&\quad + n(A_1 \cap A_2 \cap A_3) \\
&= 120 + 120 + 120 - 24 - 24 - 24 + 6 = 294. \ \blacksquare
\end{aligned}
$$

Exemplo 4.7 *Numa cidade em que são publicados os jornais A, B e C, foram obtidos os seguintes resultados numa pesquisa:* 20% *da população lê o jornal A,* 16% *o jornal B,* 14% *o jornal C;* 8% *lê A e B,* 5% *A e C e* 4% *B e C. Somente* 2% *da população lê os três jornais, A, B e C. Qual a porcentagem da população que não lê nenhum destes três jornais?*

Denotando por A, B e C, respectivamente, as porcentagens de leitores dos jornais A, B e C, temos que:

$$
\begin{aligned}
n(A \cup B \cup C) &= n(A) + n(B) + n(C) - n(A \cap B) \\
&\quad - n(A \cap C) - n(B \cap C) + n(A \cap B \cap C) \\
&= 20 + 16 + 14 - 8 - 5 - 4 + 2 = 35.
\end{aligned}
$$

Isto significa que 35% da população lê pelo menos um dos três jornais e que, portanto, 65% da população não lê nenhum destes três jornais. $\blacksquare$

Exemplo 4.8 *Dentre os inteiros de 1 a 1.000.000, inclusive, quantos não são quadrados perfeitos, cubos perfeitos e nem quartas potências perfeitas?*

Definindo

$$
\begin{aligned}
A &= \{1, 2, 3, \ldots, 1.000.000\}; \\
A_1 &= \{x \in A \mid x \ \text{é quadrado perfeito}\}; \\
A_2 &= \{x \in A \mid x \ \text{é cubo perfeito}\}; \\
A_3 &= \{x \in A \mid x \ \text{é quarta potência perfeita}\};
\end{aligned}
$$

e considerando que toda quarta potência $(x^4 = (x^2)^2)$ é também um quadrado perfeito, temos que $A_3 \subset A_1$, o que implica

$$A_1 \cup A_2 \cup A_3 = A_1 \cup A_2.$$

Disto concluímos que o número pedido é dado por:

$$
\begin{aligned}
n(A) - n(A_1 \cup A_2 \cup A_3) &= n(A) - n(A_1 \cup A_2) \\
&= 1.000.000 - n(A_1) - n(A_2) + n(A_1 \cap A_2).
\end{aligned}
$$

Como

$$
\begin{aligned}
n(A_1) &= \sqrt{10^6} &= 1.000; \\
n(A_2) &= \sqrt[3]{10^6} &= 100; \\
n(A_1 \cap A_2) &= \sqrt[6]{10^6} &= 10;
\end{aligned}
$$

(lembre-se de que todo quadrado, que também é cubo perfeito, é sexta potência), temos, finalmente,

$$n(A) - n(A_1 \cup A_2 \cup A_3) = 1.000.000 - 1.000 - 100 + 10 = 998.910.$$

Observação: $n(A_1) = 1.000$, pois sendo $\sqrt{10^6} = 1.000$, obviamente todo inteiro positivo menor do que 1.000 terá por quadrado um número inteiro inferior a 10^6. Na realidade, $n(A_1)$ é o maior inteiro em $\sqrt{n(A)}$. ∎

No Exemplo 4.5 vimos como calcular a quantidade de números menores do que ou iguais a um dado inteiro, e que não são divisíveis por nenhum dos primos 2, 3 e 7. No exemplo abaixo, generalizamos este resultado para o cálculo do número de inteiros positivos menores do que ou iguais a m que não são divisíveis por nenhum dos números p_1, p_2, ..., p_r, onde os p_i's são relativamente primos.

Exemplo 4.9 *Dado um inteiro positivo m e sendo p_1, p_2, ..., p_r números menores do que ou iguais a m e primos entre si, encontrar uma fórmula para o cálculo do número de inteiros positivos menores do que ou iguais a m e que não são divisíveis por nenhum dos números p_1, p_2, ..., p_r.*

Definindo

$$
\begin{aligned}
A &= \{1,\, 2,\, 3,\, \ldots,\, m\}; \\
A_1 &= \{x \in A \mid x \ \text{é divisível por} \ p_1\}; \\
A_2 &= \{x \in A \mid x \ \text{é divisível por} \ p_2\}; \\
&\ \vdots \\
A_r &= \{x \in A \mid x \ \text{é divisível por} \ p_r\};
\end{aligned}
$$

o número procurado será dado por

$$
\begin{aligned}
n(A) - n(A_1 \cup A_2 \cup \ldots \cup A_r) &= \\
&= n(A) - \sum_{i=1}^{r} n(A_i) + \sum_{1 \le i < j \le r} n(A_i \cap A_j) - \cdots \\
&\quad + (-1)^r n(A_1 \cap A_2 \cap \ldots \cap A_r),
\end{aligned}
$$

mas como

$$
\begin{aligned}
n(A) &= m; \\
n(A_i) &= \left\lfloor \frac{m}{p_i} \right\rfloor;
\end{aligned}
$$

$$n(A_i \cap A_j) = \left\lfloor \frac{m}{p_i p_j} \right\rfloor;$$

$$n(A_i \cap A_j \cap A_k) = \left\lfloor \frac{m}{p_i p_j p_k} \right\rfloor;$$

$$\vdots$$

$$n(A_1 \cap A_2 \cap \ldots \cap A_r) = \left\lfloor \frac{m}{p_1 p_2 \cdots p_r} \right\rfloor;$$

temos

$$n(A) - n(A_1 \cup A_2 \cup \ldots \cup A_r) =$$

$$= m - \sum_i \left\lfloor \frac{m}{p_i} \right\rfloor + \sum_{1 \leq i < j} \left\lfloor \frac{m}{p_i p_j} \right\rfloor - \cdots + (-1)^r \left\lfloor \frac{m}{p_1 p_2 \cdots p_r} \right\rfloor. \ \blacksquare$$

O exemplo seguinte é um caso particular do que acabamos de demonstrar.

Exemplo 4.10 *Quantos são os inteiros positivos menores do que ou iguais a 30, que não são divisíveis por 3, 5 ou 8?*

Aplicando o resultado do exemplo anterior, temos:

$$m = 30; \quad p_1 = 3; \quad p_2 = 5; \quad p_3 = 8;$$

$$\left\lfloor \frac{30}{3} \right\rfloor = 10; \quad \left\lfloor \frac{30}{5} \right\rfloor = 6; \quad \left\lfloor \frac{30}{8} \right\rfloor = 3;$$

$$\left\lfloor \frac{30}{3 \cdot 5} \right\rfloor = 2; \quad \left\lfloor \frac{30}{3 \cdot 8} \right\rfloor = 1; \quad \left\lfloor \frac{30}{5 \cdot 8} \right\rfloor = 0; \quad \left\lfloor \frac{30}{3 \cdot 5 \cdot 8} \right\rfloor = 0.$$

Logo, o número procurado é igual a

$$30 - 10 - 6 - 3 + 2 + 1 + 0 - 0 = 14. \ \blacksquare$$

Exemplo 4.11 *De quantos modos 6 casais podem sentar-se ao redor de uma mesa circular de tal forma que marido e mulher não fiquem juntos?*

Consideramos os casais C_i's, para $i = 1, 2, \ldots, 6$, e definimos os seis seguintes conjuntos:

A_i = conjunto das permutações circulares das 12 pessoas nas quais os componentes do $i^{\text{ésimo}}$ casal estejam juntos, para $i = 1, 2, 3, \ldots, 6$.

Estamos procurando o complementar da união destes seis conjuntos. Como

$$
\begin{aligned}
n(A_i) &= 2 \cdot 10!; \\
n(A_i \cap A_j) &= 4 \cdot 9!; \\
n(A_i \cap A_j \cap A_k) &= 8 \cdot 8!; \\
n(A_i \cap A_j \cap A_k \cap A_p) &= 16 \cdot 7!; \\
n(A_i \cap A_j \cap A_k \cap A_p \cap A_n) &= 32 \cdot 6!; \\
n(A_1 \cap A_2 \cap A_3 \cap A_4 \cap A_5 \cap A_6) &= 64 \cdot 5!;
\end{aligned}
$$

temos, pelo princípio da inclusão e exclusão, que o número procurado é dado por:

$$
11! - 6(2 \cdot 10!) + 15(4 \cdot 9!) - 20(8 \cdot 8!) + 15(16 \cdot 7!) - 6(32 \cdot 6!) + 1(64 \cdot 5!).
$$

É fácil ver que no caso de n casais a resposta seria

$$
(2n - 1)! + \sum_{i=1}^{n} \binom{n}{i} (-1)^i 2^i (2n - 1 - i)!. \ \blacksquare
$$

3 A função ϕ de Euler

Definição 4.1 *Chamamos de função ϕ de Euler a função que atribui a cada inteiro positivo m o número de inteiros positivos menores do que ou iguais a m e relativamente primos com m.*

Uma simples aplicação do princípio da inclusão e exclusão nos permite a obtenção de uma fórmula para o cálculo de $\phi(m)$.

Teorema 4.2 *O valor de $\phi(m)$ é dado por:*

$$\phi(m) = m\left(1 - \frac{1}{p_1}\right)\left(1 - \frac{1}{p_2}\right)\ldots\left(1 - \frac{1}{p_r}\right), \qquad (4.4)$$

onde p_1, p_2, ..., p_r, são os divisores primos de m, isto é, os primos na decomposição de m em fatores primos:

$$m = p_1^{\alpha_1} p_2^{\alpha_2} \cdots p_r^{\alpha_r}.$$

Demonstração. Consideremos os seguintes conjuntos:

$$
\begin{aligned}
A &= \{1, 2, 3, \ldots, m\}; \\
A_1 &= \{x \in A \mid x \ \text{é múltiplo de} \ p_1\}; \\
A_2 &= \{x \in A \mid x \ \text{é múltiplo de} \ p_2\}; \\
&\vdots \\
A_r &= \{x \in A \mid x \ \text{é múltiplo de} \ p_r\}.
\end{aligned}
$$

Como o valor de $\phi(m)$ é o número de elementos no complementar da união dos A_i's em A, temos:

$$
\begin{aligned}
\phi(m) &= n(A) - n(A_1 \cup A_2 \cup \ldots \cup A_r) \\
&= n(A) - \sum_i n(A_i) + \sum_{1 \le i < j} n(A_i \cap A_j) \\
&\quad - \sum_{1 \le i < j < k} n(A_i \cap A_j \cap A_k) + \cdots \\
&\quad + (-1)^r n(A_1 \cap A_2 \cap \ldots \cap A_r).
\end{aligned}
$$

Como

$$
\begin{aligned}
n(A) &= m; \\
n(A_i) &= \frac{m}{p_i}; \\
n(A_i \cap A_j) &= \frac{m}{p_i p_j};
\end{aligned}
$$

$$n(A_i \cap A_j \cap A_k) = \frac{m}{p_i p_j p_k};$$

$$\vdots$$

$$n(A_1 \cap A_2 \cap \ldots \cap A_r) = \frac{m}{p_1 p_2 \cdots p_r};$$

temos:

$$\begin{aligned}
\phi(m) &= m - \sum_i \frac{m}{p_i} + \sum_{1 \le i < j} \frac{m}{p_i p_j} - \sum_{1 \le i < j < k} \frac{m}{p_i p_j p_k} + \cdots \\
&\quad + (-1)^r \frac{m}{p_1 p_2 p_3 \cdots p_r} \\
&= m \left(1 - \sum_i \frac{1}{p_i} + \sum_{1 \le i < j} \frac{1}{p_i p_j} - \sum_{1 \le i < j < k} \frac{1}{p_i p_j p_k} + \cdots \right. \\
&\quad \left. + (-1)^r \frac{1}{p_1 p_2 p_3 \cdots p_r} \right) \\
&= m \left(1 - \frac{1}{p_1} \right) \left(1 - \frac{1}{p_2} \right) \cdots \left(1 - \frac{1}{p_r} \right),
\end{aligned}$$

o que conclui a demonstração. ∎

Exemplo 4.12 *Calcular $\phi(m)$, para $m = 2.100$.*

Como $m = 2^2 \cdot 3 \cdot 5^2 \cdot 7$, temos

$$\begin{aligned}
\phi(m) &= 2.100 \left(1 - \frac{1}{2} \right) \left(1 - \frac{1}{3} \right) \left(1 - \frac{1}{5} \right) \left(1 - \frac{1}{7} \right) \\
&= 2.100 \left(\frac{1}{2} \right) \left(\frac{2}{3} \right) \left(\frac{4}{5} \right) \left(\frac{6}{7} \right) = 480. \quad \blacksquare
\end{aligned}$$

Na tabela abaixo listamos os valores de $\phi(m)$ para pequenos valores de m.

m	1	2	3	4	5	6	7	8	9	10
$\phi(m)$	1	1	2	2	4	2	6	4	6	4

Chamamos a atenção do leitor para o fato de que, para p primo, $\phi(p) = p - 1$.

4 Permutações caóticas

Antes de definirmos permutação caótica, apresentamos mais alguns exemplos nos quais o princípio da inclusão e exclusão é extremamente útil.

Exemplo 4.13 *Determine o número de permutações simples dos elementos a_1, a_2, a_3, ..., a_n, nas quais a_1 está em primeiro lugar ou a_2 está em segundo lugar.*

Definimos A_1 como sendo o conjunto das permutações em que a_1 está em primeiro lugar e A_2 o conjunto das permutações em que a_2 está em segundo lugar.

É claro que $n(A_1) = n(A_2) = (n-1)!$ e que $n(A_1 \cap A_2) = (n-2)!$. Logo, o número que procuramos nada mais é do que $n(A_1 \cup A_2)$, que é igual a:

$$\begin{aligned}
n(A_1 \cup A_2) &= n(A_1) + n(A_2) - n(A_1 \cap A_2) \\
&= (n-1)! + (n-1)! - (n-2)! \\
&= 2(n-1)! - (n-2)! \\
&= 2(n-1)(n-2)! - (n-2)! \\
&= (n-2)!(2n-2-1) = (2n-3)(n-2)!. \quad \blacksquare
\end{aligned}$$

Exemplo 4.14 *Dentre as permutações simples dos n elementos a_1, a_2, a_3, ..., a_n, determine o número daquelas em que a_1 não está em primeiro lugar, a_2 não está em segundo lugar e nem a_3 está em terceiro lugar.*

Definimos A_i, para $i = 1$, 2, 3, como o conjunto das permutações em que a_i, para $i = 1$, 2, 3, está no $i^{\text{ésimo}}$ lugar. Devemos encontrar o número de elementos no complementar da união de A_1, A_2 e A_3. Como

$$n(A_1) = n(A_2) = n(A_3) = (n-1)!,$$
$$n(A_1 \cap A_2) = n(A_1 \cap A_3) = n(A_2 \cap A_3) = (n-2)!$$

e

$$n(A_1 \cap A_2 \cap A_3) = (n-3)!,$$

temos, considerando que o número total de permutações é $n!$, que a resposta à nossa pergunta é:

$$n! - n(A_1) - n(A_2) - n(A_3) + n(A_1 \cap A_2) + n(A_1 \cap A_3)$$
$$+n(A_2 \cap A_3) - n(A_1 \cap A_2 \cap A_3) =$$
$$= n! - 3(n-1)! + 3(n-2)! - (n-3)!. \blacksquare$$

Definição 4.2 *Uma permutação de a_1, a_2, a_3, ..., a_n, é chamada de caótica quando nenhum dos a_i's se encontra na posição original, isto é, na $i^{\text{ésima}}$ posição.*

Desta forma, $a_2 a_1 a_5 a_3 a_4$ e $a_5 a_4 a_1 a_2 a_3$ são exemplos de permutações caóticas de a_1, a_2, a_3, a_4 e a_5, enquanto $a_3 a_4 a_1 a_2 a_5$ não é (a_5 está em seu lugar original).

Se definirmos por A_i o conjunto das permutações de a_1, a_2, a_3, ..., a_n, tendo a_i no $i^{\text{ésimo}}$ lugar, para calcularmos o número de permutações caóticas, denotados por D_n (a letra D vem da palavra desarranjo, palavra sinônima de permutação caótica), devemos calcular o número de elementos que não pertencem a nenhum dos A_i's, isto é, o número de elementos no complementar da união dos A_i's. Logo

$$D_n = n! - \sum_{i=1}^{n} n(A_i) + \sum_{1 \leq i < j} n(A_i \cap A_j) - \sum_{1 \leq i < j < k} n(A_i \cap A_j \cap A_k) + \cdots$$
$$+ (-1)^n n(A_1 \cap A_2 \cap \ldots \cap A_n).$$

Como existem n termos na primeira soma, C_n^2 termos na segunda, C_n^3 na terceira, ..., $C_n^n = 1$ na última, e

$$n(A_i) = (n-1)!;$$
$$n(A_i \cap A_j) = (n-2)!;$$
$$n(A_i \cap A_j \cap A_k) = (n-3)!;$$

$$\vdots$$

$$n(A_1 \cap A_2 \cap \ldots \cap A_n) \;=\; 1;$$

temos

$$
\begin{aligned}
D_n &= n! - n(n-1)! + C_n^2(n-2)! - C_n^3(n-3)! + \cdots + (-1)^n 1 \\
&= n! - \frac{n!}{1!} + \frac{n!}{2!} - \frac{n!}{3!} + \cdots + (-1)^n \frac{n!}{n!}.
\end{aligned}
$$

Colocando $n!$ em evidência, obtemos:

$$D_n = n!\left(1 - \frac{1}{1!} + \frac{1}{2!} - \frac{1}{3!} + \cdots + (-1)^n \frac{1}{n!}\right). \tag{4.5}$$

Utilizando esta fórmula, podemos ver que o número de permutações caóticas de 3 objetos a, b e c, é

$$D_3 = 3!\left(1 - \frac{1}{1!} + \frac{1}{2!} - \frac{1}{3!}\right) = 2.$$

De fato, dentre as 6 permutações abc, acb, bac, bca, cab, cba, somente bca e cab são permutações caóticas.

Exemplo 4.15 *Quantas permutações dos inteiros 1, 2, 3, 4, ..., 8, 9, 10 têm exatamente 4 dos números em suas posições originais?*

Como não são fixados os 4 números que permanecem nas posições originais, devemos escolhê-los, o que pode ser feito de C_{10}^4 maneiras distintas, e, em seguida, permutar os 6 restantes caoticamente. Logo, a resposta é

$$C_{10}^4 D_6 = C_{10}^4 6!\left(1 - \frac{1}{1!} + \frac{1}{2!} - \frac{1}{3!} + \frac{1}{4!} - \frac{1}{5!} + \frac{1}{6!}\right) = C_{10}^4 265 = 55.650. \;\blacksquare$$

Exemplo 4.16 *Determinar o número de permutações caóticas de a_1, a_2, a_3, ..., a_8, com a condição de que os 4 primeiros objetos sejam transformados:*

　(a) *no conjunto $\{a_5, a_6, a_7, a_8\}$ em alguma ordem;*

　(b) *no conjunto $\{a_1, a_2, a_3, a_4\}$ em alguma ordem.*

No caso (a), a resposta é $4! \cdot 4!$, pois uma permutação que leva os 4 primeiros nos 4 últimos deverá levar os 4 últimos nos 4 primeiros, e, com esta restrição, nunca haverá o perigo de algum elemento ser fixado. No caso (b), a resposta é $D_4 \cdot D_4$, pois, na transformação dos 4 primeiros nos 4 primeiros e dos 4 últimos nos 4 últimos, precisamos evitar a fixação de elementos uma vez que estamos contando permutações caóticas. ∎

No teorema seguinte fornecemos uma outra forma para encontrarmos o inteiro D_n. Mostramos que este inteiro é o inteiro mais próximo do número $n!/e$. Para isto será suficiente mostrarmos que a distância entre D_n e $n!/e$ é menor do que $1/2$. Como os casos $n = 1$ e $n = 2$ são verdadeiros, uma vez que

$$D_1 = 0, \ \frac{1!}{e} = 0.33\ldots, \ D_2 = 1, \ \frac{2!}{e} = 0.7\ldots$$

provaremos que esta distância é inferior a $1/2$ para qualquer $n > 2$.

Teorema 4.3 *Para todo inteiro $n > 2$, temos*

$$\left| D_n - \frac{n!}{e} \right| < \frac{1}{2}.$$

Demonstração. Como

$$e^x = 1 + \frac{x}{1!} + \frac{x^2}{2!} + \frac{x^3}{3!} + \cdots,$$

temos

$$e^{-1} = 1 - \frac{1}{1!} + \frac{1}{2!} - \frac{1}{3!} + \cdots.$$

Logo,

$$\left| D_n - \frac{n!}{e} \right| = \left| n! \left(1 - \frac{1}{1!} + \cdots + \frac{(-1)^n}{n!} \right) - n! \left(1 - \frac{1}{1!} + \frac{1}{2!} - \frac{1}{3!} + \cdots \right) \right|$$

$$= \left| n! \sum_{j=0}^{n} \frac{(-1)^j}{j!} - n! \sum_{j=0}^{\infty} \frac{(-1)^j}{j!} \right|$$

$$= \left| n! \sum_{j=n+1}^{\infty} \frac{(-1)^j}{j!} \right|$$

$$= n! \left| \frac{(-1)^{n+1}}{(n+1)!} + \frac{(-1)^{n+2}}{(n+2)!} + \cdots \right|$$

$$\leq n! \left(\frac{1}{(n+1)!} + \frac{1}{(n+2)!} + \frac{1}{(n+3)!} + \cdots \right)$$

$$= \frac{1}{n+1} + \frac{1}{(n+1)(n+2)} + \frac{1}{(n+1)(n+2)(n+3)} + \cdots$$

$$\leq \frac{1}{n+1} + \frac{1}{(n+1)^2} + \frac{1}{(n+1)^3} + \cdots$$

$$= \frac{\frac{1}{n+1}}{1 - \frac{1}{n+1}} = \frac{1}{n} < \frac{1}{2}, \qquad \text{para } n > 2.$$

Este fato mostra ser D_n o inteiro mais próximo de $n!/e$, o que conclui a demonstração. ∎

Exemplo 4.17 *Encontrar o número de soluções, em inteiros positivos, de*

$$x_1 + x_2 + x_3 + x_4 = 22, \qquad (4.6)$$

em que $x_1 \leq 7$, $x_2 \leq 6$, $x_3 \leq 9$ e $x_4 \leq 8$.

Sabemos, pelo Capítulo 3, que o número de soluções, em inteiros positivos, de (4.6) é C_{21}^3. Definindo

$$
\begin{aligned}
A_1 &= \quad \text{o conjunto de soluções de (4.6) onde } x_1 > 7; \\
A_2 &= \quad \text{o conjunto de soluções de (4.6) onde } x_2 > 6; \\
A_3 &= \quad \text{o conjunto de soluções de (4.6) onde } x_3 > 9; \\
A_4 &= \quad \text{o conjunto de soluções de (4.6) onde } x_4 > 8;
\end{aligned}
$$

queremos encontrar o número de soluções que não se encontram em nenhum dos conjuntos A_i, para $i = 1, 2, 3, 4$. Pelo Capítulo 3 (ver

Exemplo 3.4), sabemos que:

$$
\begin{aligned}
n(A_1) &= C^3_{22-7-1} = C^3_{14}; \\
n(A_2) &= C^3_{22-6-1} = C^3_{15}; \\
n(A_3) &= C^3_{22-9-1} = C^3_{12}; \\
n(A_4) &= C^3_{22-8-1} = C^3_{13}.
\end{aligned}
$$

Na interseção $A_1 \cap A_2$, em que $x_1 > 7$ e $x_2 > 6$, consideramos:

$$
x_1 - 7 + x_2 - 6 + x_3 + x_4 = 22 - 7 - 6 = 9.
$$

A aplicação $y_1 = x_1 - 7$, $y_2 = x_2 - 6$, $y_3 = x_3$ e $y_4 = x_4$, transforma (esta transformação é biunívoca) uma solução em inteiros positivos de

$$
y_1 + y_2 + y_3 + y_4 = 9,
$$

em uma solução em inteiros positivos de

$$
x_1 + x_2 + x_3 + x_4 = 22,
$$

com as duas restrições $x_1 > 7$ e $x_2 > 6$. Logo, o número de soluções em $A_1 \cap A_2$ é

$$
n(A_1 \cap A_2) = C^3_{22-7-6-1} = C^3_8.
$$

De modo análogo podemos concluir que

$$
\begin{aligned}
n(A_1 \cap A_3) &= C^3_{22-7-9-1} = C^3_5; \\
n(A_1 \cap A_4) &= C^3_{22-7-8-1} = C^3_6; \\
n(A_2 \cap A_3) &= C^3_{22-6-9-1} = C^3_6; \\
n(A_2 \cap A_4) &= C^3_{22-6-8-1} = C^3_7; \\
n(A_3 \cap A_4) &= C^3_{22-9-8-1} = C^3_4.
\end{aligned}
$$

Como a soma de quaisquer 3 números dentre 6, 7, 8 e 9, é maior do que ou igual a 21, concluímos ser vazia a interseção de quaisquer

3 dos quatro conjuntos A_1, A_2, A_3 e A_4. Pelo princípio da inclusão e exclusão, temos, finalmente, que o número procurado é igual a:

$$C_{21}^3 - \sum_{i=1}^4 n(A_i) + \sum_{1 \le i < j} n(A_i \cap A_j) - \sum_{1 \le i < j < k} n(A_i \cap A_j \cap A_k)$$

$$+ n(A_1 \cap A_2 \cap A_3 \cap A_4) =$$

$$= C_{21}^3 - C_{14}^3 - C_{15}^3 - C_{12}^3 - C_{13}^3$$

$$+ C_8^3 + C_5^3 + C_6^3 + C_6^3 + C_7^3 + C_4^3$$

$$- 0 - 0 - 0 - 0 + 0. \ \blacksquare$$

Exemplo 4.18 *De quantas maneiras podemos permutar 3 a's, 3 b's e 3 c's de tal modo que 3 letras iguais nunca sejam adjacentes?*

Sabemos que as nove letras *aaabbbccc* podem ser permutadas de $9!/(3!3!3!)$ maneiras diferentes. Definindo por:

A_1 = conjunto das permutações nas quais os 3 a's são adjacentes;

A_2 = conjunto das permutações nas quais os 3 b's são adjacentes;

A_3 = conjunto das permutações nas quais os 3 c's são adjacentes;

desejamos saber o total de permutações que não pertençam à união destes três conjuntos. Logo, como

$$n(A_1) = n(A_2) = n(A_3) = \frac{7!}{3!3!};$$

$$n(A_1 \cap A_2) = n(A_1 \cap A_3) = n(A_2 \cap A_3) = \frac{5!}{3!};$$

$$n(A_1 \cap A_2 \cap A_3) = 3!;$$

temos, pelo princípio da inclusão e exclusão, que o número procurado é igual a:

$$\frac{9!}{3!3!3!} - n(A_1) - n(A_2) - n(A_3) + n(A_1 \cap A_2) + n(A_1 \cap A_3)$$

$$+ n(A_2 \cap A_3) - n(A_1 \cap A_2 \cap A_3) =$$

$$= \frac{9!}{3!3!3!} - 3\frac{7!}{3!3!} + 3\frac{5!}{3!} - 3! = 1.314. \ \blacksquare$$

Exemplo 4.19 *Encontrar o número de soluções de $x_1+x_2+x_3+x_4 = 1$ em inteiros entre -3 e 3 inclusive.*

Se tomarmos uma solução, como, por exemplo,

$$-2 + 3 - 2 + 2 = 1,$$

isto é, $x_1 = -2$, $x_2 = 3$, $x_3 = -2$, $x_4 = 2$, e somarmos 4 a cada um dos x_i, para $i = 1, 2, 3, 4$, teremos uma solução em inteiros positivos de

$$y_1 + y_2 + y_3 + y_4 = 17.$$

De maneira geral, a transformação $y_i = x_i + 4$, para $i = 1, 2, 3, 4$, associa a cada solução de $x_1 + x_2 + x_3 + x_4 = 1$, com $x_i \in \{-3, -2, -1, 0, 1, 2, 3\}$, uma solução de $y_1 + y_2 + y_3 + y_4 = 17$, com $y_i \in \{1, 2, 3, 4, 5, 6, 7\}$. Logo, precisamos achar o número de soluções em inteiros positivos de

$$y_1 + y_2 + y_3 + y_4 = 17, \tag{4.7}$$

com a restrição $y_i \leq 7$, para $i = 1, \ldots, 4$. Portanto, definindo A_i como sendo o conjunto das soluções de (4.7) com $y_i > 7$, desejamos contar as soluções de (4.7) que estão fora da união dos A_i's. Logo, o número procurado é

$$C_{16}^3 - 4C_9^3,$$

uma vez que

$$n(A_i) = C_{17-7-1}^3 = C_9^3 \quad \text{e} \quad n(A_i \cap A_j) = 0. \quad \blacksquare$$

5   Contando o número de funções

Consideremos os conjuntos A e B, onde $n(A) = n$ e $n(B) = k$.

Teorema 4.4 *Se $k = n$, para $n > 0$, o número de funções bijetoras $f : A \rightarrow B$ é $n!$.*

Demonstração. Se em A existem n pontos a_1, a_2, ..., a_n, temos n possíveis imagens para a_1, $(n-1)$ para a_2, $(n-2)$ para a_3, ..., 1 para a_n. Logo, pelo princípio multiplicativo, o número de tais funções é $n!$. $\blacksquare$

Observação: Como definimos $0! = 1$, o resultado acima também vale para $n = 0$.

Teorema 4.5 *Para $n \leq k$, o número de funções injetoras $f : A \to B$ é $k(k-1)(k-2)\cdots(k-n+1)$.*

Demonstração. Novamente temos uma aplicação trivial do princípio multiplicativo. Este número nada mais é do que A_k^n. $\blacksquare$

Na contagem do número de aplicações sobrejetoras é que necessitamos do princípio da inclusão e exclusão.

Teorema 4.6 *Para $n \geq k$, o número de funções sobrejetoras $f : A \to B$, onde $n(A) = n$ e $n(B) = k$, é dado por:*

$$T(n,k) = \sum_{i=0}^{k} (-1)^i \binom{k}{i} (k-i)^n.$$

Demonstração. Como sabemos, uma função sobrejetora é tal que, para todo elemento $b \in B$, existe pelo menos um elemento $a \in A$ tal que $f(a) = b$. Como existem k^n funções de A em B, vamos subtrair, deste total, o número de funções que não são sobrejetoras.

Considerando os elementos de B, b_1, b_2, ..., b_k, definimos:

$C_i = $ conjunto de todas as funções $f : A \to B$ tais que $f^{-1}(b_i) = \emptyset$,

isto é, $f(a) \neq b_i$, para todo $a \in A$. Como uma função deixa de ser sobrejetora quando pertence a pelo menos um dos C_i's, para $i = 1, 2,$ ..., k, o conjunto de todas as funções não-sobrejetoras é

$$C_1 \cup C_2 \cup C_3 \cup \ldots \cup C_k.$$

Logo, pelo princípio da inclusão e exclusão,

$$n(C_1 \cup C_2 \cup \ldots \cup C_k) =$$
$$= \sum_{i=1}^{k} n(C_i) - \sum_{1 \leq i < j} n(C_i \cap C_j) + \sum_{1 \leq i < j < k} n(C_i \cap C_j \cap C_k) - \cdots.$$

Como

$$n(C_i) = (k-1)^n; \quad n(C_i \cap C_j) = (k-2)^n; \quad \ldots;$$

temos

$$n(C_1 \cup C_2 \cup \ldots \cup C_k) = \binom{k}{1}(k-1)^n - \binom{k}{2}(k-2)^n + \binom{k}{3}(k-3)^n$$
$$+ \cdots + \binom{k}{k}(k-k)^n$$
$$= \sum_{i=1}^{k} (-1)^{i-1} \binom{k}{i}(k-i)^n.$$

Subtraindo este número do total k^n, obtemos

$$k^n - \sum_{i=1}^{k} (-1)^{i-1} \binom{k}{i}(k-i)^n = \sum_{i=0}^{k} (-1)^i \binom{k}{i}(k-i)^n,$$

o que conclui a demonstração. ∎

Observação: Como veremos no Capítulo 5, $T(n,k)$ é o número de maneiras de se distribuir n bolas distintas em k caixas distintas sem que nenhuma caixa fique vazia.

Exemplo 4.20 *Consideremos um conjunto de 9 pessoas, sendo que todas sabem dirigir. De quantas maneiras estas 9 pessoas podem se agrupar para levar 4 carros da cidade A até a cidade B? (Não vamos considerar "quem dirige" no caso de duas ou mais estarem em um mesmo carro.)*

Como todo carro deve ter um chofer, este número será igual ao número de funções sobrejetoras de um conjunto de 9 elementos num conjunto de 4 elementos. Pelo Teorema (4.6) temos

$$\sum_{i=0}^{4}(-1)^i\binom{4}{i}(4-i)^9 = 4^9 - \binom{4}{1}3^9 + \binom{4}{2}2^9 - \binom{4}{3} = 186.480. \ \blacksquare$$

Exercícios

1. Uma urna contém 7 bolas brancas, 8 bolas vermelhas, 4 amarelas e 6 pretas. De quantas maneiras podemos retirar 6 bolas desta urna?

2. De quantas maneiras podemos distribuir 6 maçãs, 7 laranjas e 8 pêras em três caixas diferentes de modo que cada caixa receba pelo menos uma fruta de cada tipo?

3. Encontrar o número de permutações dos números 1, 2, 3, 4, 5, 6 em que o 2 não esteja no segundo lugar e nem o 5 no quinto lugar.

4. De quantas maneiras podemos ordenar as letras a, a, b, b, b, c, c, d, d de forma que letras iguais nunca estejam juntas?

5. Encontrar o número de soluções em inteiros da equação $x + y + z = 25$, onde $2 \leq x \leq 4$, $3 \leq y \leq 6$ e $4 \leq z \leq 8$.

6. Encontrar o número de quádruplas ordenadas (x_1, x_2, x_3, x_4) onde x_i pertence ao conjunto $\{0, 1, 2, \ldots, 9\}$ nas quais os dígitos 1, 2 e 3 aparecem pelo menos uma vez.

7. Usar o princípio da inclusão e exclusão para achar o número de maneiras de se escolher 8 letras de um conjunto contendo:

   (a) 4 a's e 6 b's;　　　　　　　　(b) 3 a's, 3 b's e 4 c's.

8. Encontar o número de soluções em inteiros positivos da equação

$$x_1 + x_2 + x_3 + x_4 = 17,$$

   onde $x_i \leq 8$, para $i = 1, 2, 3, 4$.

9. Encontrar o número de soluções em inteiros não-negativos da equação:

$$x_1 + x_2 + x_3 = 16,$$

onde $x_i \leq 7$, para $i = 1, 2, 3$.

10. Encontrar o número de permutações simples dos nove dígitos 1, 2, 3, ..., 9 nas quais os blocos 12, 34 e 567 não aparecem.

11. Encontrar o número de elementos do conjunto de todas as quíntuplas $(x_1, x_2, x_3, x_4, x_5)$ onde x_i pertence ao conjunto $\{A, B, C, D, E, F\}$, $i = 1, 2, 3, 4, 5$ nas quais as letras A, B e C aparecem pelo menos uma vez.

12. De quantas maneiras pode uma mãe distribuir 9 balas idênticas para seus 3 filhos de modo que cada um receba pelo menos 2?

13. Quantas permutações dos números 1, 2, 3, ..., 10 têm exatamente dois números em suas posições naturais?

14. Quantos números não-negativos, menores do que 1.000.000, contêm os dígitos 1, 2 e 3?

15. Encontrar o número de permutações de 1, 2, 3, 4, 5, 6, nas quais as seqüências 134 e 56 não aparecem.

16. Quantos inteiros entre 1 e 10.000, inclusive, não são divisíveis por 3, 5 e 7?

17. Um fabricante de cereais distribui 3 tipos de cupons nos pacotes de cereais matinais, 1 em cada pacote. De quantas maneiras diferentes pode um indivíduo obter pelo menos 1 cupom de cada tipo, comprando apenas 6 pacotes de cereais matinais?

18. Num colégio foram entrevistados 78 estudantes. Destes 32 estavam fazendo um curso de francês; 40 um curso de física; 30

um curso de matemática; 23 um curso de história; 19 francês e física; 13 francês e matemática; 15 física e matemática; 2 francês e história; 15 física e história; 14 matemática e história; 8 francês, física e matemática; 8 francês, física e história; 2 francês, matemática e história; 6 física, matemática e história e 2 estavam fazendo todos os quatro cursos. Quantos estudantes estavam fazendo pelo menos 1 curso nas 4 áreas mencionadas?

19. Quantas são as permutações das letras da palavra PROPOR nas quais não existem letras consecutivas iguais?

20. Numa classe de 30 crianças, 20 estudam português, 14 estudam inglês e 10 estudam francês. Se 8 crianças não estudam nenhuma destas 3 línguas e nenhuma estuda as 3 línguas, quantas crianças estudam inglês e francês?

21. De quantas maneiras podemos distribuir 15 livros diferentes para 15 crianças (um para cada uma) depois recolher os livros e novamente fazer a distribuição de forma que nenhuma criança receba o mesmo livro anteriormente recebido?

22. São colocados em fila n casais ($2n$ pessoas). De quantas maneiras isto pode ser feito de forma que marido e mulher não sejam vizinhos?

23. De quantas maneiras podemos permutar os inteiros 1, 2, 3, 4, 5, 6, 7, 8, 9 de forma que nenhum inteiro par fique em sua posição natural?

24. Encontrar o número de permutações caóticas de $\{1, 2, 3, 4, 5, 6, 7, 8\}$ nas quais os primeiros quatro elementos são levados em:

    (a) $\{1, 2, 3, 4\}$;

    (b) $\{5, 6, 7, 8\}$.

Capítulo 5

Funções geradoras

1 Introdução

Neste capítulo introduzimos uma das principais ferramentas para a solução de problemas de contagem, especialmente problemas que envolvem a seleção de objetos nos quais a repetição é permitida.

Esta técnica teve origem nos trabalhos de A. De Moivre (1667–1754), tendo sido aplicada extensivamente por L. Euler (1707–1783) em problemas de teoria aditiva de números, especificamente na teoria de partições. Este método foi muito usado por S. Laplace (1749–1827) no estudo de probabilidade. N. Bernoulli (1687–1759) utilizou este método no estudo de permutações caóticas.

No Capítulo 3, vimos como resolver equações do tipo $x_1 + x_2 + \cdots + x_r = m$ em inteiros não-negativos, onde não existe nenhuma restrição adicional nas variáveis x_i's.

Consideremos, agora, o seguinte problema:

Encontrar o número de soluções inteiras da equação $x_1 + x_2 + x_3 = 12$, onde as variáveis x_1 e x_2 pertencem ao conjunto $\{2, 3, 4\}$, e a variável x_3 pertence ao conjunto $\{5, 6, 7\}$. Definimos três polinômios, um para cada variável x_i, da seguinte forma:

$$
\begin{aligned}
p_1 &= x^2 + x^3 + x^4; \\
p_2 &= x^2 + x^3 + x^4;
\end{aligned}
$$

$$p_3 = x^5 + x^6 + x^7.$$

Observe que os expoentes de x em p_i são os elementos do conjunto ao qual x_i pertence. Como estamos procurando números cuja soma seja 12 e que estejam, cada um, num conjunto cujos elementos são os expoentes dos polinômios acima, vamos considerar o produto $p(x)$ destes três polinômios:

$$p(x) = p_1 p_2 p_3 = (x^2 + x^3 + x^4)(x^2 + x^3 + x^4)(x^5 + x^6 + x^7).$$

Mostramos, a seguir, que a resposta ao nosso problema será o coeficiente de x^{12} na expansão do referido produto. Como este produto é igual a:

$$
\begin{aligned}
(x^2 + x^3 + x^4)^2(x^5 + x^6 + x^7) &= \\
&= x^9 + 3x^{10} + 6x^{11} + 7x^{12} + 6x^{13} + 3x^{14} + x^{15}, \quad (5.1)
\end{aligned}
$$

a equação $x_1 + x_2 + x_3 = 12$ possui 7 soluções inteiras com as restrições dadas. Um termo como $x^3 x^2 x^7$ nos fornece a solução $x_1 = 3$, $x_2 = 2$ e $x_3 = 7$. O termo $x^4 x^3 x^5$ nos fornece $x_1 = 4$, $x_2 = 3$ e $x_3 = 5$. O que verificamos aqui é que cada solução deste problema corresponde a exatamente uma maneira de se obter x^{12} na expansão do produto dos polinômios em questão. Observamos que o polinômio (5.1) nos fornece, também, a resposta para outros problemas. Como o coeficiente de x^{14} é igual a 3, existem, com as restrições dadas, somente 3 soluções para a equação $x_1 + x_2 + x_3 = 14$. Na realidade, pelas razões apresentadas acima, o polinômio dado em (5.1) gera o número de soluções para todas as equações $x_1 + x_2 + x_3 = m$, para $m \in \{9, 10, 11, 12, 13, 14, 15\}$, com as restrições impostas às variáveis x_i's.

Consideramos a seguir um outro problema onde, novamente, a introdução de certos polinômios se mostra extremamente útil. Suponhamos uma caixa contendo quatro bolas, sendo duas amarelas, uma branca e uma cinza. Representando, respectivamente, por a, b e c, as bolas de cor amarela, branca e cinza, vamos listar todas as possibilidades de tirarmos uma ou mais bolas desta caixa.

Maneiras de tirar uma bola: a, b, c.

Maneiras de tirar duas bolas: aa, ab, ac, bc.

Maneiras de tirar três bolas: aab, aac, abc.

Maneiras de tirar quatro bolas: $aabc$.

Associamos o polinômio $1 + ax + a^2x^2$ às bolas de cor amarela, e às de cor branca e cinza associamos, respectivamente, os polinômios $1 + bx$ e $1 + cx$.

Interpretamos o polinômio $1 + ax + a^2x^2$ da seguinte forma: o termo ax significa que uma bola de cor amarela foi escolhida, o termo a^2x^2 que duas foram escolhidas e o termo constante 1 $(= x^0)$ que nenhuma bola amarela foi escolhida. De forma análoga, interpretamos os polinômios $1 + bx$ e $1 + cx$. Cada um destes polinômios controla, portanto, a presença de bolas de uma determinada cor. Olhamos, agora, para o produto destes três polinômios:

$$(1 + ax + a^2x^2)(1 + bx)(1 + cx) =$$
$$= 1 + (a + b + c)x + (a^2 + ab + ac + bc)x^2$$
$$+ (a^2b + a^2c + abc)x^3 + a^2bcx^4.$$

Como se pode observar, este produto nos fornece, diretamente, a lista de possibilidades dada acima. O termo a^2, que aparece no coeficiente de x^2, surgiu ao tomarmos a^2x^2 no primeiro polinômio, o termo 1 (que significa "não pegar b") em $(1 + bx)$ e o termo 1 (que significa "não pegar c") em $(1+cx)$, isto é, devemos tomar duas bolas amarelas, nenhuma bola branca e nenhuma bola cinza. O termo acx^2, que surgiu do produto $(ax)(1)(cx)$, significa a retirada de uma bola amarela, nenhuma branca e uma cinza. Observe que o expoente de x representa o número de bolas retiradas e o coeficiente, a lista destas possibilidades.

Caso estivéssemos interessados, não na listagem das diferentes escolhas possíveis, mas somente no número de tais diferentes escolhas, bastaria tomarmos, no produto dos três polinômios, $a = b = c = 1$, obtendo

$$(1 + x + x^2)(1 + x)(1 + x) = 1 + 3x + 4x^2 + 3x^3 + 1x^4,$$

o qual nos diz que existem 3 maneiras de retirarmos só uma bola, 4 de retirarmos 2 bolas, 3 de retirarmos 3 bolas, 1 de retirarmos as 4 bolas e 1 ($= 1x^0$) de não retirarmos nenhuma bola.

Dizemos que o polinômio

$$1 + 3x + 4x^2 + 3x^3 + 1x^4$$

é a função geradora para o problema apresentado, uma vez que a seqüência formada pelos seus coeficientes, 1, 3, 4, 3, 1, nos fornece as respostas para este problema de contagem.

Definição 5.1 *Uma série de potências é uma série infinita da forma* $a_0 + a_1 x + a_2 x^2 + a_3 x^3 + \cdots$, *onde* a_i, *para* $i = 0, 1, 2, 3, \ldots$, *são números reais e* x *é uma variável.*

Por esta definição, qualquer polinômio em x é uma série de potências. Por exemplo, o polinômio $2x + 3x^3 + x^4$ pode ser escrito como $0 + 2x + 0x^2 + 3x^3 + 1x^4 + 0x^5 + 0x^6 + \cdots$.

Definição 5.2 *Se* $a_0 + a_1 x + a_2 x^2 + \cdots$ *e* $b_0 + b_1 x + b_2 x^2 + \cdots$ *são duas séries de potências, então a soma destas duas séries é a série de potências na qual o coeficiente de* x^r *é* $a_r + b_r$ *e o produto destas duas séries é a série de potências na qual o coeficiente de* x^r *é* $a_0 b_r + a_1 b_{r-1} + a_2 b_{r-2} + \cdots + a_r b_0$.

Definição 5.3 *Se* a_r, *para* $r = 0, 1, 2, \ldots$, *é o número de soluções de um problema de combinatória, a função geradora ordinária para este problema é a série de potências*

$$a_0 + a_1 x + a_2 x^2 + a_3 x^3 + \cdots, \tag{5.2}$$

ou, de maneira geral, dada a seqüência (a_r), *a função geradora ordinária para esta seqüência é definida como a série de potências (5.2).*

Como o número de maneiras de retirarmos r objetos de um conjunto de n objetos distintos, $r \leq n$, é C_n^r, a função geradora ordinária para este problema é

$$f(x) = C_n^0 + C_n^1 x + C_n^2 x^2 + \cdots + C_n^r x^r + \cdots + C_n^n x^n,$$

a qual, como sabemos, é igual a:

$$(1 + x)^n.$$

Exemplo 5.1 *Encontrar a função geradora ordinária* $f(x)$ *na qual o coeficiente* a_r *de* x^r *é o número de soluções inteiras positivas de*

$$x_1 + x_2 + x_3 = r, \quad onde\ r \in \{9,\ 10,\ 11,\ 12,\ 13,\ 14,\ 15\},$$
$$2 \leq x_i \leq 4, \quad para\ i = 1,\ 2,$$
$$5 \leq x_3 \leq 7.$$

Como vimos no início deste capítulo, a solução a_r para este problema é o coeficiente de x^r na expansão do produto

$$(x^2 + x^3 + x^4)^2 (x^5 + x^6 + x^7) = x^9 + 3x^{10} + 6x^{11} + 7x^{12} + 6x^{13} + 3x^{14} + x^{15},$$

sendo, portanto, esta série de potências, a função geradora ordinária procurada. ∎

Exemplo 5.2 *Achar a função geradora ordinária* $f(x)$ *na qual o coeficiente* a_r *de* x^r *é o número de soluções inteiras não-negativas da equação* $2x + 3y + 7z = r$.

Escrevendo $x_1 = 2x$, $y_1 = 3y$ e $z_1 = 7z$, teremos:

$$x_1 + y_1 + z_1 = r,$$

com a restrição de que x_1 seja múltiplo de 2, y_1 múltiplo de 3 e z_1 múltiplo de 7. Desta forma, a série de potências cujos expoentes são os possíveis valores de x_1 é

$$1 + x^2 + x^4 + x^6 + x^8 + \cdots.$$

Para y_1 e z_1, temos, respectivamente,

$$1 + x^3 + x^6 + x^9 + x^{12} + \cdots$$

e

$$1 + x^7 + x^{14} + x^{21} + \cdots.$$

Desta forma, a função geradora ordinária $f(x)$ é dada por:

$$
\begin{aligned}
f(x) = {} & (1 + x^2 + x^4 + x^6 + \cdots) \cdot \\
& (1 + x^3 + x^6 + x^9 + x^{12} + \cdots) \cdot (1 + x^7 + x^{14} + x^{21} + \cdots).
\end{aligned}
$$

Neste produto é fácil ver que o coeficiente de x^6 é igual a 2, isto é, x^6 só aparece ao tomarmos x^6 no primeiro fator e 1 nos dois outros, ou 1 no primeiro e último e x^6 no segundo. Como x^6, no primeiro, significa atribuir o valor 6 para x_1 ($x_1 = 2x$), temos que uma solução para $2x + 3y + 7z = 6$ é $x = 3$, $y = 0$, $z = 0$. O outro caso, x^6 no segundo fator, isto é, $y_1 = 6$ ($y_1 = 3y$), nos dá a solução $x = 0$, $y = 2$, $z = 0$ para $2x + 3y + 7z = 6$. ∎

No que segue, faremos uso de muitas séries de potências e, claramente, estaremos interessados no valor a_r do coeficiente de x^r que, como sabemos, em muitos casos nos dá a resposta para um problema combinatório. Por este motivo, passamos a estudar várias técnicas para o cálculo de coeficientes de funções geradoras.

2 Cálculo de coeficientes de funções geradoras

Pela definição de função geradora, dada acima, é fácil ver que a função $f(x)$, dada por

$$f(x) = 1 + x + x^2 + x^3 + x^4 + \cdots, \tag{5.3}$$

é a função geradora da seqüência $a_r = 1$, para $r = 0, 1, 2, 3, \ldots$

Sabemos que, para $|x| < 1$,

$$f(x) = \frac{1}{1-x},$$

uma vez que (5.3) não define uma função para valores de x com $|x| \geq 1$. Em Cálculo, quando consideramos expressões como (5.3), estamos interessados na função definida por ela e, portanto, no problema da convergência, isto é, nos valores de x para os quais $f(x)$ é finito. No contexto de funções geradoras estaremos interessados somente no cálculo dos coeficientes destas funções e nunca necessitaremos atribuir valores numéricos à variável x. Por este motivo, vamos manipular tais séries sem nenhuma preocupação com questões de convergência. Quando vistas desta maneira, estas séries são chamadas *séries formais*. Ao leitor interessado recomendamos o excelente artigo de Niven [29], onde ele desenvolve a teoria destas séries formais sem nenhuma preocupação com questões de convergência. Por estas razões, também vamos derivar e integrar séries de potências, termo a termo, sem a preocupação com questões ligadas à convergência.

Exemplo 5.3 *Encontrar a função geradora para a seqüência* $(a_r) = (0, 0, 1, 1, 1, 1, \ldots)$.

É claro que a série de potências procurada é igual a:

$$f(x) = 0 + 0x + x^2 + x^3 + x^4 + x^5 + \cdots,$$

mas sempre que estivermos pedindo a função geradora (ordinária) estaremos interessados numa expressão simples (que comumente chamamos "forma fechada") para a resposta. Neste caso, é fácil ver que

$$
\begin{aligned}
f(x) &= x^2 + x^3 + x^4 + x^5 + \cdots \\
&= x^2(1 + x + x^2 + x^3 + x^4 + \cdots) \\
&= x^2 \left(\frac{1}{1-x} \right). \ \blacksquare
\end{aligned}
$$

Exemplo 5.4 *Encontrar a seqüência cuja função geradora é dada por:*

$$
g(x) = \frac{1}{1-x^2}.
$$

Sabemos que

$$
\frac{1}{1-x} = 1 + x + x^2 + x^3 + x^4 + \cdots.
$$

Logo, basta substituirmos x por x^2 nesta última expressão, obtendo:

$$
\frac{1}{1-x^2} = 1 + x^2 + x^4 + x^6 + x^8 + \cdots.
$$

Portanto $g(x)$ é a função geradora da seqüência $(a_r) = (1,\ 0,\ 1,\ 0,\ 1,\ 0,\ 1,\ \ldots)$. $\blacksquare$

Exemplo 5.5 *Encontrar a função geradora para a seqüência*

$$
(a_r) = \left(1,\ \frac{1}{1!},\ \frac{1}{2!},\ \frac{1}{3!},\ \frac{1}{4!},\ \cdots \right).
$$

Sabemos que a expansão em série de potência da função exponencial é igual a:

$$
e^x = 1 + x + \frac{x^2}{2!} + \frac{x^3}{3!} + \frac{x^4}{4!} + \cdots + \frac{x^r}{r!} + \cdots.
$$

Logo, a função procurada é e^x. $\blacksquare$

Exemplo 5.6 *Encontrar a seqüência cuja função geradora ordinária é $x^2 + x^3 + e^x$.*

Como

$$
\begin{aligned}
x^2 + x^3 + e^x &= x^2 + x^3 + \left(1 + x + \frac{x^2}{2!} + \frac{x^3}{3!} + \frac{x^4}{4!} + \cdots\right) \\
&= 1 + x + \left(1 + \frac{1}{2!}\right)x^2 + \left(1 + \frac{1}{3!}\right)x^3 + \frac{x^4}{4!} + \cdots,
\end{aligned}
$$

a seqüência gerada por esta função é:

$$
(a_r) = \left(1,\ 1,\ 1 + \frac{1}{2!},\ 1 + \frac{1}{3!},\ \frac{1}{4!},\ \frac{1}{5!},\ \cdots,\ \frac{1}{r!},\ \cdots\right). \blacksquare
$$

Exemplo 5.7 *Encontrar a função geradora ordinária para a seqüência*

$$
(a_r) = \left(\frac{2^r}{r!}\right).
$$

Observando-se os coeficientes de x^r em

$$
e^x = 1 + x + \frac{x^2}{2!} + \frac{x^3}{3!} + \frac{x^4}{4!} + \cdots + \frac{x^r}{r!} + \cdots,
$$

é fácil ver que a substituição de x por $2x$, isto é, calculando-se e^{2x}, teremos:

$$
\begin{aligned}
e^{2x} &= 1 + 2x + \frac{(2x)^2}{2!} + \frac{(2x)^3}{3!} + \frac{(2x)^4}{4!} + \cdots + \frac{(2x)^r}{r!} + \cdots \\
&= 1 + \left(\frac{2^1}{1!}\right)x + \left(\frac{2^2}{2!}\right)x^2 + \left(\frac{2^3}{3!}\right)x^3 + \cdots + \left(\frac{2^r}{r!}\right)x^r + \cdots,
\end{aligned}
$$

o que nos mostra ser e^{2x} a função geradora procurada. $\blacksquare$

Exemplo 5.8 *Qual o coeficiente de x^{23} na expansão de $(1 + x^5 + x^9)^6$?*

Soma de cincos e noves totalizando 23 só pode ser obtida somando-se 2 noves e um 5, isto é, $5 + 9 + 9$. Como são 6 fatores iguais a $(1 + x^5 + x^9)$, devemos escolher dois fatores, tomando x^9 em ambos, e um no qual escolhemos x^5. Nos demais escolhemos 1. Como podemos fazer isto de $C_6^2 \cdot C_4^1$ maneiras diferentes, este é o coeficiente x^{23}. Na realidade, $(1 + x^5 + x^9)^6$ é a função geradora para o número de soluções inteiras não-negativas de

$$x_1 + x_2 + x_3 + \cdots + x_6 = 23,$$

com a restrição $x_i \in \{0, 5, 9\}$. ∎

Se substituíssemos 23 por 16, não teríamos nenhuma solução, uma vez que não se pode escrever 16 somando-se cincos e noves. Esta informação e várias outras estão na expansão de $(1 + x^5 + x^9)^6$:

$$
\begin{aligned}
(1 + x^5 + x^9)^6 &= 1 + 6x^5 + 6x^9 + 15x^{10} + 30x^{14} \\
&\quad + 20x^{15} + 15x^{18} + 60x^{19} + 15x^{20} + 60x^{23} + 60x^{24} \\
&\quad + 6x^{25} + 20x^{27} + 90x^{28} + 30x^{29} + x^{30} + 60x^{32} \\
&\quad + 60x^{33} + 6x^{34} + 15x^{36} + 60x^{37} + 15x^{38} + 30x^{41} \\
&\quad + 20x^{42} + 6x^{45} + 15x^{46} + 6x^{50} + x^{54}.
\end{aligned}
$$

Como pode ser visto, o coeficiente de x^{16} é zero. Esta expansão nos diz que os números inteiros positivos menores do que 54, que não aparecem como expoentes, não podem ser escritos como somas de no máximo 6 parcelas, onde cada parcela vale cinco ou nove. ∎

No teorema seguinte estão algumas propriedades que, embora fáceis de demonstrar, são extremamente importantes.

Teorema 5.1 *Sendo $f(x)$ e $g(x)$ as funções geradoras das seqüências (a_r) e (b_r) respectivamente, temos:*

(i) *$Af(x) + Bg(x)$ é a função geradora para a seqüência $(Aa_r + Bb_r)$.*

(ii) *$f(x)g(x) = \sum_{n=0}^{\infty} \left(\sum_{k=0}^{n} (a_k b_{n-k}) \right) x^n$.*

(iii) *A função geradora para* $(a_0 + a_1 + \cdots + a_r)$ *é igual a* $(1 + x + x^2 + \cdots)f(x)$.

(iv) *A função geradora para* (ra_r) *é igual a* $xf'(x)$, *onde* $f'(x)$ *é a derivada de* f *com respeito a* x.

(v) $\displaystyle\int f(x)dx = \sum_{n=0}^{\infty} \frac{a_n}{n+1}x^{n+1}$.

Demonstração.

(i) Como $f(x)$ e $g(x)$ são as funções geradoras de (a_r) e (b_r), respectivamente, temos:

$$
\begin{aligned}
f(x) &= a_0 + a_1 x + a_2 x^2 + a_3 x^3 + \cdots \\
g(x) &= b_0 + b_1 x + b_2 x^2 + b_3 x^3 + \cdots
\end{aligned}
$$

e, portanto,

$$
\begin{aligned}
Af(x) + Bg(x) &= \\
&= Aa_0 + Aa_1 x + Aa_2 x^2 + \cdots + Bb_0 + Bb_1 x + Bb_2 x^2 + \cdots \\
&= (Aa_0 + Bb_0) + (Aa_1 + Bb_1)x + (Aa_2 + Bb_2)x^2 + \cdots,
\end{aligned}
$$

o que prova ser $Af(x) + Bg(x)$ a função geradora para a seqüência $(Aa_r + Bb_r)$.

(ii) Temos que

$$
\begin{aligned}
f(x)g(x) &= (a_0 b_0) + (a_0 b_1 + a_1 b_0)x + (a_0 b_2 + a_1 b_1 + a_2 b_0)x^2 \\
&\quad + \cdots + (a_0 b_n + a_1 b_{n-1} + \cdots + a_n b_0)x^n + \cdots \\
&= \sum_{n=0}^{\infty} \left(\sum_{k=0}^{n} (a_k b_{n-k}) \right) x^n.
\end{aligned}
$$

(iii) Basta tomar $b_r = 1$, isto é, $g(x) = 1 + x + x^2 + x^3 + \cdots$, em (ii) para se obter a função geradora para $(a_0 + a_1 + \cdots + a_r)$.

Os itens (iv) e (v) são deixados para o leitor. ∎

Nos exemplos seguintes aplicamos os resultados do Teorema 5.1.

Exemplo 5.9 *Encontrar a função geradora para $a_r = r$.*

Lembrando que a função geradora para a seqüência $(1, 1, 1, \ldots)$ é

$$f(x) = \frac{1}{1-x} = 1 + x + x^2 + x^3 + \cdots + x^r + \cdots,$$

aplicando o item (iv) do Teorema 5.1, concluímos que a função geradora é $xf'(x)$. Verificando, observe que:

$$f'(x) = \frac{1}{(1-x)^2} = 1 + 2x + 3x^2 + \cdots + rx^{r-1} + \cdots,$$

logo

$$xf'(x) = \frac{x}{(1-x)^2} = x + 2x^2 + 3x^3 + \cdots rx^r + \cdots$$

possui r como coeficiente de x^r, sendo, portanto, a função geradora para a seqüência $(a_r = r)$. ∎

Exemplo 5.10 *Encontrar a função geradora para $a_r = r^2$.*

No exemplo anterior vimos que

$$\frac{x}{(1-x)^2} = x + 2x^2 + 3x^3 + \cdots + rx^r + \cdots.$$

Para que o coeficiente de x^r seja r^2, basta tomarmos a derivada desta função e multiplicá-la por x, isto é,

$$\begin{aligned}
x\left(\frac{x}{(1-x)^2}\right)' &= x(1 + 2^2x + 3^2x^2 + 4^2x^3 + \cdots + r^2x^{r-1} + \cdots) \\
&= 1^2x^1 + 2^2x^2 + 3^2x^3 + 4^2x^4 + \cdots + r^2x^r + \cdots.
\end{aligned}$$

Como

$$x\left(\frac{x}{(1-x)^2}\right)' = \frac{x(1+x)}{(1-x)^3},$$

temos que a função geradora para a seqüência $a_r = r^2$ é $x(xf'(x))'$, onde $f(x) = 1/(1-x)$. ∎

Exemplo 5.11 *Encontrar a função geradora para* $a_r = 2r + 3r^2$.

Pelo Exemplo 5.9, a função geradora para $(a_r = r)$ é $x/(1-x)^2$, e pelo Exemplo 5.10, a função geradora para r^2 é $(x(1+x))/(1-x)^3$. Logo, pelo Teorema 5.1 (i), temos que a função geradora para $a_r = 2r + 3r^2$ é dada por

$$2\left(\frac{x}{(1-x)^2}\right) + 3\left(\frac{x(1+x)}{(1-x)^3}\right). \quad \blacksquare$$

Vimos, no Capítulo 3, que o número de soluções em inteiros não-negativos para a equação

$$x_1 + x_2 + \cdots + x_n = p$$

é igual a C_{n+p-1}^p. Dado que cada x_i pode assumir qualquer valor inteiro não-negativo, a função geradora que "controla" a presença de x_i é $(1 + x + x^2 + x^3 + \cdots) = 1/(1-x)$ e, portanto, a função geradora para este problema é

$$(1 + x + x^2 + \cdots)^n = \frac{1}{(1-x)^n}.$$

Para que possamos identificar, nesta função, que o coeficiente de x^p é, de fato, C_{n+p-1}^p, precisamos de um teorema que generaliza a expansão binomial vista no Capítulo 3.

Se tomarmos a expansão em série de Taylor, em torno do zero, da função $f(x) = (1+x)^u$, onde u é um número real arbitrário, pode-se provar, facilmente, que para $|x| < 1$ temos:

Teorema 5.2 (Teorema binomial.)

$$(1+x)^u = 1 + ux + \frac{u(u-1)}{2!}x^2 + \cdots + \frac{u(u-1)\cdots(u-r+1)}{r!}x^r + \cdots.$$

E, se denotarmos por

$$\binom{u}{r} = \begin{cases} \dfrac{u(u-1)\cdots(u-r+1)}{r!}, & se \ \ r > 0, \\ 1, & se \ \ r = 0, \end{cases}$$

teremos

$$(1+x)^u = \sum_{r=0}^{\infty} \binom{u}{r} x^r. \tag{5.4}$$

O número $\binom{u}{r}$ definido acima é chamado de *coeficiente binomial generalizado*. Caso u seja igual ao inteiro positivo n, $\binom{u}{r}$ será o familiar coeficiente binomial, e como $\binom{n}{r}$ é zero para $r > n$, a expansão acima se reduzirá à expansão binomial usual.

Chamamos a atenção do leitor para o fato de que (5.4) se verifica somente para $|x| < 1$, mas que, como já foi dito, não estamos preocupados com questões de convergência, uma vez que não necessitamos atribuir valores numéricos à variável x. Dispondo deste resultado podemos provar o teorema seguinte.

Teorema 5.3 *O coeficiente de x^p na expansão de*

$$(1 + x + x^2 + x^3 + \cdots)^n$$

é igual a C_{n+p-1}^p.

Demonstração. Basta aplicarmos o teorema anterior, uma vez que

$$(1 + x + x^2 + x^3 + \cdots)^n = \left(\frac{1}{1-x}\right)^n = (1-x)^{-n}.$$

Substituindo, em (5.4), x por $-x$ e u por $-n$ temos:

$$(1-x)^{-n} = \sum_{r=0}^{\infty} \binom{-n}{r}(-x)^r = \sum_{r=0}^{\infty} \binom{-n}{r}(-1)^r x^r.$$

Utilizando a definição do coeficiente binomial generalizado temos que o coeficiente de x^p é igual a:

$$\begin{aligned}
\binom{-n}{p}(-1)^p &= \frac{(-n)(-n-1)(-n-2)\cdots(-n-p+1)(-1)^p}{p!} \\
&= \frac{(-1)^p(n)(n+1)(n+2)\cdots(n+p-1)(-1)^p}{p!}
\end{aligned}$$

$$= \frac{n(n+1)(n+2)\cdots(n+p-1)}{p!}$$

$$= \frac{(n+p-1)(n+p-2)\cdots(n+1)n(n-1)!}{p!(n-1)!}$$

$$= \frac{(n+p-1)!}{p!(n-1)!}$$

$$= \binom{n+p-1}{p},$$

o que conclui a demonstração. ∎

Como vimos no Capítulo 3, este é o número total de maneiras de selecionarmos p objetos dentre n objetos distintos, onde cada objeto pode ser tomado até p vezes.

Exemplo 5.12 *Mostrar que a função geradora ordinária para a seqüência*

$$\binom{0}{0}, \ \binom{2}{1}, \ \binom{4}{2}, \ \binom{6}{3}, \ \ldots, \ \binom{2r}{r}$$

é $(1-4x)^{-1/2}$.

Substituindo, em (5.4), x por $-4x$ e u por $-1/2$, temos:

$$(1-4x)^{-1/2} = \sum_{r=0}^{\infty} \binom{-\frac{1}{2}}{r}(-4x)^r$$

$$= 1 + \sum_{r=1}^{\infty} \frac{(-1/2)(-1/2-1)\cdots(-1/2-r+1)}{r!}(-1)^r 4^r x^r$$

$$= 1 + \sum_{r=1}^{\infty} \frac{4^r(1/2)(3/2)(5/2)\cdots((2r-1)/2)}{r!}x^r$$

$$= 1 + \sum_{r=1}^{\infty} 4^r \frac{1\cdot 3\cdot 5\cdots(2r-1)}{2^r r!}x^r$$

$$= 1 + \sum_{r=1}^{\infty} 2^r \frac{1\cdot 3\cdot 5\cdots(2r-1)r!}{r!r!}x^r$$

$$= 1 + \sum_{r=1}^{\infty} \frac{(1 \cdot 3 \cdot 5 \cdots (2r-1))(2 \cdot 4 \cdot 6 \cdots 2r)}{r!r!} x^r$$

$$= 1 + \sum_{r=1}^{\infty} \frac{(2r)!}{r!r!} x^r$$

$$= \sum_{r=0}^{\infty} \binom{2r}{r} x^r,$$

o que conclui a demonstração. ∎

Exemplo 5.13 *Usar o teorema binomial para encontrar o coeficiente de x^3 na expansão de $(1 + 4x)^{1/2}$.*

Substituindo x por $4x$ e u por $1/2$ em (5.4), temos:

$$(1 + 4x)^{1/2} = \sum_{r=0}^{\infty} \binom{\frac{1}{2}}{r}(4x)^r$$

$$= \sum_{r=0}^{\infty} 4^r \frac{(1/2)(1/2 - 1) \cdots (1/2 - r + 1)}{r!} x^r.$$

Logo, o coeficiente de x^3 é dado por:

$$\frac{4^3(1/2)(1/2 - 1)(1/2 - 3 + 1)}{3!} = 4^3 \left(\frac{1}{2}\right)\left(-\frac{1}{2}\right)\left(-\frac{3}{2}\right)\frac{1}{3!}$$

$$= \frac{4^3 \cdot 3}{2^3 \cdot 3 \cdot 2} = 4. \ \blacksquare$$

Exemplo 5.14 *Sendo $(1 + x)^{1/4}$ a função geradora ordinária para a seqüência (a_r), encontrar a_2.*

Basta tomarmos o coeficiente de x^2 na expansão de $(1 + x)^{1/4}$:

$$(1 + x)^{1/4} = \sum_{r=0}^{\infty} \binom{\frac{1}{4}}{r} x^r = 1 + \frac{1}{4}x + \frac{\frac{1}{4}\left(\frac{1}{4} - 1\right)}{2!}x^2 + \cdots.$$

Logo

$$a_2 = \frac{\frac{1}{4}\left(\frac{1}{4} - 1\right)}{2} = -\frac{3}{32}. \ \blacksquare$$

Capítulo 5. Funções geradoras 165

Exemplo 5.15 *Encontrar uma expressão para o número de maneiras de se distribuir r objetos idênticos em n caixas distintas, com a restrição de que cada caixa contenha pelo menos q objetos e no máximo $q + z - 1$ objetos.*

É fácil ver que a função geradora que "controla" o número de objetos numa caixa é

$$x^q + x^{q+1} + \cdots + x^{q+z-1}.$$

Como são n caixas, a resposta para o nosso problema será o coeficiente de x^r em

$$(x^q + x^{q+1} + \cdots + x^{q+z-1})^n = x^{qn}(1 + x + x^2 + \cdots + x^{z-1})^n.$$

Usando o fato de que

$$1 + x + x^2 + \cdots + x^{z-1} = \frac{1 - x^z}{1 - x},$$

temos

$$(x^q + x^{q+1} + \cdots + x^{q+z-1})^n = x^{qn} \left(\frac{1 - x^z}{1 - x} \right)^n.$$

Portanto, o coeficiente de x^r nesta última expressão é igual ao coeficiente de x^{r-qn} em

$$\left(\frac{1 - x^z}{1 - x} \right)^n \cdot \blacksquare$$

Exemplo 5.16 *Encontrar o número de maneiras nas quais 4 pessoas, cada uma jogando um único dado, podem obter um total de 17.*

Utilizando o problema anterior, podemos olhar para as pessoas como sendo as "caixas distintas" ($n = 4$) e 17 como os r objetos idênticos. Como num dado os possíveis resultados variam de 1 a 6, tomamos $q = 1$ e $q + z - 1 = 6$, donde $z = 6$. De acordo com o problema anterior, precisamos do coeficiente de $x^{r-qn} = x^{17-1\cdot4} = x^{13}$ na expansão de

$$\left(\frac{1-x^6}{1-x}\right)^4 = (1-x^6)^4(1-x)^{-4}.$$

Como

$$(1-x^6)^4 = 1 - 4x^6 + 6x^{12} - 4x^{18} + x^{24}$$

e, por (5.4),

$$
\begin{aligned}
(1-x)^{-4} &= \sum_{r=0}^{\infty} \binom{-4}{r}(-x)^r \\
&= 1 + \frac{4}{1!}x + \frac{4\cdot5}{2!}x^2 + \frac{4\cdot5\cdot6}{3!}x^3 + \cdots,
\end{aligned}
$$

vemos que o coeficiente de x^{13} em

$$(1-x^6)^4(1-x)^{-4}$$

é

$$\frac{4\cdot5\cdot6\cdots16}{13!} - 4\frac{4\cdot5\cdot6\cdots10}{7!} + 6\frac{4}{1!} = \frac{14\cdot15\cdot16}{3!} - 4\frac{8\cdot9\cdot10}{3!} + 6\frac{4}{1!}$$

$$= 104. \ \blacksquare$$

Exemplo 5.17 *De quantas maneiras diferentes podemos escolher 12 latas de cerveja se existem 5 marcas diferentes?*

Como não há nenhuma restrição com relação ao número de latas de uma determinada marca, a função geradora ordinária que "controla" o número de latas de uma dada marca é

$$1 + x + x^2 + x^3 + \cdots + x^{12}.$$

Como são 5 as marcas, a resposta será o coeficiente de x^{12} na expansão de

$$
\begin{aligned}
(1 + x + x^2 + x^3 + \cdots + x^{12})^5 &= \left(\frac{1 - x^{13}}{1 - x}\right)^5 \\
&= (1 - x^{13})^5(1 - x)^{-5}.
\end{aligned}
$$

Uma vez que

$$
(1 - x^{13})^5 = 1 - 5x^{13} + 10x^{26} - 10x^{39} + 5x^{52} - x^{65},
$$

vemos que o coeficiente de x^{12} em $(1 + x + x^2 + x^3 + \cdots + x^{12})^5$ é o coeficiente de x^{12} em $(1 - x)^{-5}$. Como

$$
(1 - x)^{-5} = \sum_{r=0}^{\infty} \binom{-5}{r}(-x)^r,
$$

o coeficiente de x^{12} é

$$
\binom{-5}{12}(-1)^{12} = \frac{5 \cdot 6 \cdot 7 \cdots 16}{12!} = 1.820.
$$

Este problema também é um caso particular do Exemplo 5.15, onde $q = 0$, $q + z - 1 = 12$ (logo $z = 13$) e $n = 5$.

Observação: Embora, para n inteiro positivo e r inteiro não-negativo, $\binom{-n}{r}$ não tenha uma interpretação combinatória, uma simples manipulação algébrica nos diz que:

$$
\binom{-n}{r} = (-1)^r \binom{n + r - 1}{r}. \tag{5.5}
$$

No caso acima, teríamos:

$$
\binom{-5}{12} = (-1)^{12}\binom{5 + 12 - 1}{12} = \binom{16}{12} = 1.820. \ \blacksquare
$$

Exemplo 5.18 *Encontrar a função geradora ordinária para a seqüência* $a_k = 1/k$, *para* $k \geq 1$.

Precisamos de uma série de potências em que o coeficiente de x^k seja $1/k$. Sabemos que

$$\frac{1}{1-x} = 1 + x + x^2 + x^3 + \cdots + x^r + \cdots.$$

Se integrarmos, com relação a x, ambos os lados desta igualdade, teremos:

$$\int \frac{1}{1-x} dx = x + \frac{x^2}{2} + \frac{x^3}{3} + \frac{x^4}{4} + \cdots.$$

Como

$$\int \frac{dx}{1-x} = -\ln(1-x),$$

a função procurada é $-\ln(1-x)$.

Como já mencionamos anteriormente, quando trabalhamos com funções geradoras, não atribuímos valores numéricos à variável x e, por isto, não estamos nos preocupando com questões de convergência. ∎

3   Função geradora exponencial

Vamos explicar as vantagens deste novo tipo de função geradora por meio de um exemplo. Dispondo de três tipos diferentes de livros a, b e c, de quantos modos diferentes podemos retirar quatro livros, colocando-os em ordem numa prateleira, sendo que o livro a pode ser retirado no máximo uma vez, o livro b no máximo três vezes e c no máximo duas vezes?

Primeiramente consideramos apenas a função geradora ordinária, já conhecida, que nos fornecerá as possíveis escolhas (com as restrições impostas), mas sem dar importância para a ordem. Tal função, como já vimos, é dada por:

$$(1+ax)(1+bx+b^2x^2+b^3x^3)(1+cx+c^2x^2) =$$
$$= 1 + (a+b+c)x + (b^2 + ab + bc + ac + c^2)x^2$$
$$+ (b^3 + ab^2 + ac^2 + b^2c + abc + bc^2)x^3$$

$$+(ab^3 + b^3c + ab^2c + b^2c^2 + abc^2)x^4$$
$$+(ab^3c + b^3c^2 + ab^2c^2)x^5 + ab^3c^2x^6.$$

Como se pode observar, o coeficiente de x é a lista de todas as possíveis escolhas de um só livro, o coeficiente de x^2 das escolhas de dois livros etc. Observando o coeficiente de x^4, notamos que existem 5 maneiras de se retirar 4 livros com as restrições impostas. Como pretendemos ordenar os 4 livros, quando retirarmos ab^3, isto é, um livro a e 3 livros b, poderemos ordená-los de $4!/(1!3!)$ maneiras diferentes. Isto é um caso de permutação com repetição, que já vimos no Capítulo 3. Os 4 livros ab^2c podem ser ordenados de $4!/(1!2!1!)$ maneiras distintas, b^2c^2 de $4!/(2!2!)$, e assim por diante. No termo ab^3x^4, que surgiu do produto $(ax)(b^3x^3)$, gostaríamos de ter obtido o fator $4!/(1!3!)$. Na realidade, considerando-se todas as possíveis retiradas distintas acima, gostaríamos de obter

$$\left(\frac{4!}{1!3!} + \frac{4!}{3!1!} + \frac{4!}{1!2!1!} + \frac{4!}{2!2!} + \frac{4!}{1!1!2!} \right).$$

Para isto, vamos alterar os polinômios que "controlam" a presença de cada tipo de livro introduzindo no coeficiente de x^n o fator $1/n!$. Assim, obtemos:

$$\left(1 + \frac{a}{1!}x \right) \left(1 + \frac{b}{1!}x + \frac{b^2}{2!}x^2 + \frac{b^3}{3!}x^3 \right) \left(1 + \frac{c}{1!}x + \frac{c^2}{2!}x^2 \right) =$$

$$= 1 + \left(\frac{a}{1!} + \frac{b}{1!} + \frac{c}{1!} \right) x + \left(\frac{b^2}{2!} + \frac{ab}{1!1!} + \frac{bc}{1!1!} + \frac{ac}{1!1!} + \frac{c^2}{2!} \right) x^2$$

$$+ \left(\frac{b^3}{3!} + \frac{ab^2}{1!2!} + \frac{ac^2}{1!2!} + \frac{b^2c}{2!1!} + \frac{abc}{1!1!1!} + \frac{bc^2}{1!2!} \right) x^3$$

$$+ \left(\frac{ab^3}{1!3!} + \frac{b^3c}{3!1!} + \frac{ab^2c}{1!2!1!} + \frac{b^2c^2}{2!2!} + \frac{abc^2}{1!1!2!} \right) x^4$$

$$+ \left(\frac{ab^3c}{1!3!1!} + \frac{b^3c^2}{3!2!} + \frac{ab^2c^2}{1!2!2!} \right) x^5 + \frac{ab^3c^2}{1!3!2!} x^6.$$

Agora, o coeficiente de x^4 é

$$\left(\frac{ab^3}{1!3!} + \frac{b^3c}{3!1!} + \frac{ab^2c}{1!2!1!} + \frac{b^2c^2}{2!2!} + \frac{abc^2}{1!1!2!} \right),$$

que ainda não é exatamente o que desejamos. Se multiplicarmos e dividirmos por 4! esta expressão, obteremos:

$$\left(\frac{4!}{1!3!}ab^3 + \frac{4!}{3!1!}b^3c + \frac{4!}{1!2!1!}ab^2c^2 + \frac{4!}{2!2!}b^2c^2 + \frac{4!}{1!1!2!}abc^2 \right) \frac{1}{4!}.$$

Logo, o número procurado, tomando-se $a = b = c = 1$, será o coeficiente de $x^4/4!$ na expansão de

$$\left(1 + \frac{x}{1!} \right)\left(1 + \frac{x}{1!} + \frac{x^2}{2!} + \frac{x^3}{3!} \right)\left(1 + \frac{x}{1!} + \frac{x^2}{2!} \right) =$$

$$= 1 + 3\frac{x}{1!} + \left(\frac{2!}{2!} + \frac{2!}{1!1!} + \frac{2!}{1!1!} + \frac{2!}{1!1!} + \frac{2!}{2!} \right)\frac{x^2}{2!}$$

$$+ \left(\frac{3!}{3!} + \frac{3!}{1!2!} + \frac{3!}{1!2!} + \frac{3!}{2!1!} + \frac{3!}{1!1!1!} + \frac{3!}{1!2!} \right)\frac{x^3}{3!}$$

$$+ \left(\frac{4!}{1!3!} + \frac{4!}{3!1!} + \frac{4!}{1!2!1!} + \frac{4!}{2!2!} + \frac{4!}{1!1!2!} \right)\frac{x^4}{4!}$$

$$+ \left(\frac{5!}{1!3!1!} + \frac{5!}{3!2!} + \frac{5!}{1!2!2!} \right)\frac{x^5}{5!} + \frac{6!}{1!3!2!}\frac{x^6}{6!}.$$

Com as restrições impostas, podemos retirar 5 livros de 3 maneiras diferentes, ab^3c, b^3c^2 e ab^2c^2. Sabemos que os 5 livros ab^3c podem ser ordenados de $5!/(1!3!1!)$ maneiras diferentes, b^3c^2 de $5!/(3!2!)$ e ab^2c^2 de $5!/(1!2!2!)$. A soma destes três números é dada diretamente pelo coeficiente de $x^5/5!$ no produto acima.

Definição 5.4 *A série de potências*

$$a_0 + a_1\frac{x}{1!} + a_2\frac{x^2}{2!} + a_3\frac{x^3}{3!} + \cdots + a_r\frac{x^r}{r!} + \cdots$$

é a função geradora exponencial da seqüência (a_r).

Utilizamos a função geradora exponencial quando a ordem dos objetos retirados deve ser considerada. Quando a ordem é irrelevante, utilizamos, como vimos em vários exemplos, a função geradora ordinária.

Exemplo 5.19 *Encontrar a função geradora exponencial para a seqüência* $(1, 1, 1, \ldots)$.

Como
$$e^x = 1 + x + \frac{x^2}{2!} + \frac{x^3}{3!} + \cdots + \frac{x^r}{r!} + \cdots,$$
e nesta expansão o coeficiente de $x^r/r!$ é igual a 1, para todo r, esta é a função geradora exponencial da seqüência $a_r = 1$, para $r = 0, 1, 2,$ $\ldots$ ∎

Exemplo 5.20 *Achar a função geradora exponencial para se encontrar o número de seqüências de k letras $(k \leq 6)$ formadas pelas letras a, b e c, onde a letra a ocorre no máximo uma vez, a letra b no máximo 2 vezes e a letra c no máximo 3 vezes.*

Devemos considerar o produto dos 3 polinômios abaixo onde cada um "controla" a presença das letras a, b e c, respectivamente.

$$(1 + x)\left(1 + x + \frac{x^2}{2!}\right)\left(1 + x + \frac{x^2}{2!} + \frac{x^3}{3!}\right) =$$
$$= 1 + 3x + 4x^2 + \frac{19}{6}x^3 + \frac{10}{3}x^4 + \frac{1}{2}x^5 + \frac{1}{6}x^6.$$

Como estamos interessados na seqüência dos coeficientes de $x^r/r!$, devemos reescrever este polinômio na forma:

$$1 + 3\frac{x}{1!} + 8\frac{x^2}{2!} + 19\frac{x^3}{3!} + 80\frac{x^4}{4!} + 60\frac{x^5}{5!} + 120\frac{x^6}{6!}.$$

Como as possíveis maneiras de retirarmos 2 letras são ab, ac, bc, cc e bb, e, como a ordem agora nos interessa, temos ab, ba, ac, ca, bc, cb, *cc* e *bb*, isto é, 8 maneiras diferentes de retirarmos 2 letras e ordená-las. Como pode ser visto na função geradora exponencial, 8 é o coeficiente de $x^2/2!$. ∎

Exemplo 5.21 *Encontrar a função geradora exponencial para as seqüências:*

(a) $(3, 3, 3, \ldots)$;   (b) $a_k = 2^k$;   e   (c) $(1, 1, 0, 1, 1, \ldots)$.

(a) Observando a expressão

$$e^x = 1 + x + \frac{x^2}{2!} + \frac{x^3}{3!} + \cdots + \frac{x^r}{r!} + \cdots,$$

concluímos, imediatamente, que a função procurada é $3e^x$.

(b) Basta observar que:

$$
\begin{aligned}
e^{2x} &= 1 + 2x + \frac{(2x)^2}{2!} + \frac{(2x)^3}{3!} + \cdots + \frac{(2x)^r}{r!} + \cdots \\
&= 1 + 2\frac{x}{1!} + 2^2\frac{x^2}{2!} + 2^3\frac{x^3}{3!} + 2^4\frac{x^4}{4!} + \cdots + 2^r\frac{x^r}{r!} + \cdots.
\end{aligned}
$$

(c) Na função procurada, o coeficiente de $x^2/2!$ deve ser zero e os restantes iguais a 1. Logo, a função procurada é

$$e^x - \frac{x^2}{2!} = 1 + x + \frac{x^3}{3!} + \cdots + \frac{x^r}{r!} + \cdots \quad ∎$$

Exemplo 5.22 *Encontrar o número de r-seqüências quaternárias (uma r-seqüência quaternária é uma r-upla formada somente pelos dígitos 0, 1, 2 e 3) que contêm um número par de zeros.*

A função geradora exponencial para o dígito 0 é

$$1 + \frac{x^2}{2!} + \frac{x^4}{4!} + \cdots + \frac{x^{2r}}{(2r)!} + \cdots = \frac{1}{2}(e^x + e^{-x}).$$

Para cada um dos dígitos 1, 2 e 3, temos

$$e^x = 1 + x + \frac{x^2}{2!} + \cdots + \frac{x^r}{r!} + \cdots.$$

Logo, a função geradora exponencial para este problema é dada por:

$$
\begin{aligned}
\frac{1}{2}(e^x + e^{-x})e^{3x} &= \frac{1}{2}(e^{4x} + e^{2x}) \\
&= \frac{1}{2}\left(\sum_{r=0}^{\infty} \frac{(4x)^r}{r!} + \sum_{r=0}^{\infty} \frac{(2x)^r}{r!}\right) \\
&= 1 + \frac{1}{2}\left(\sum_{r=1}^{\infty} 4^r \frac{x^r}{r!} + \sum_{r=1}^{\infty} 2^r \frac{x^r}{r!}\right) \\
&= 1 + \sum_{r=1}^{\infty} \frac{1}{2}(4^r + 2^r)\frac{x^r}{r!}.
\end{aligned}
$$

Portanto, o número de r-seqüências quaternárias é igual a $(4^r + 2^r)/2$. ∎

Nos exemplos seguintes apresentamos algumas aplicações de funções geradoras (ordinária e exponencial) antes de discutirmos o importante problema das distribuições de objetos distintos em caixas idênticas.

Exemplo 5.23 *De quantas maneiras podemos selecionar* $3n$ *letras de um conjunto de* $2n$ *a's,* $2n$ *b's e* $2n$ *c's?*

Como a ordem não é importante (estamos fazendo apenas uma seleção) e qualquer uma das três letras pode ser retirada até $2n$ vezes, a resposta à nossa pergunta é o coeficiente de x^{3n} em

$$
\begin{aligned}
(1 + x + x^2 + x^3 + \cdots + x^{2n})^3 &= \\
&= \left(\frac{1 - x^{2n+1}}{1 - x}\right)^3 \\
&= (1 - x^{2n+1})^3(1 - x)^{-3} \\
&= (1 - 3x^{2n+1} + 3x^{4n+2} - x^{6n+3})(1 - x)^{-3}.
\end{aligned}
$$

Como

$$(1-x)^{-3} = \sum_{r=0}^{\infty} \binom{-3}{r}(-x)^r = \sum_{r=0}^{\infty}(-1)^r\binom{-3}{r}x^r,$$

concluímos que o coeficiente de x^{3n} é igual a:

$$(-1)^{3n}\binom{-3}{3n} - 3(-1)^{n-1}\binom{-3}{n-1} \overset{\text{por (5.5)}}{=}$$

$$= (-1)^{3n}(-1)^{3n}\binom{3+3n-1}{3n} - 3(-1)^{n-1}(-1)^{n-1}\binom{3+n-1-1}{n-1}$$

$$= \binom{3n+2}{3n} - 3\binom{n+1}{n-1}$$

$$= \binom{3n+2}{2} - 3\binom{n+1}{2}$$

$$= 3n(n+1) + 1. \blacksquare$$

Para ilustrar o que acabamos de obter, vamos tomar o caso $n=1$, isto é, calcular o número de maneiras de selecionar 3 letras de um total de 6, sendo 2 a's, 2 b's e 2 c's. Neste caso, é fácil ver que, das 6 letras *aabbcc*, podemos retirar 3 letras das seguintes maneiras: *abc*, *aab*, *aac*, *bba*, *bbc*, *cca*, *ccb*. A fórmula acima, $3n(n+1)+1$, nos confirma isto, pois para $n=1$, temos o valor 7.

Neste caso particular, se estivéssemos interessados na ordenação destas letras, teríamos 3! para *abc* e $3!/(1!2!)$ para cada uma das 6 possibilidades restantes, num total de

$$3! + 6\frac{3!}{1!2!} = 24.$$

No exemplo seguinte resolvemos o caso geral em que a ordem passa a ser considerada.

Exemplo 5.24 *De quantas maneiras podemos formar palavras de $3n$ letras (isto é, selecionar $3n$ letras e ordená-las) de um conjunto de $2n$ a's, $2n$ b's e $2n$ c's?*

Como estamos levando em consideração a ordem, devemos usar a função geradora exponencial. A resposta, agora, será o coeficiente de $x^{3n}/(3n)!$ na expansão de

$$\left(1 + x + \frac{x^2}{2!} + \frac{x^3}{3!} + \cdots + \frac{x^{2n}}{(2n)!}\right)^3.$$

Neste caso, não é possível a obtenção de uma fórmula simples para este coeficiente como no exemplo anterior. Como o caso $n = 1$ não requer muitos cálculos, vamos resolvê-lo:

$$\left(1 + x + \frac{x^2}{2!}\right)^3 = 1 + 3x + \frac{9x^2}{2} + 4x^3 + \cdots.$$

Vemos que sendo o coeficiente de x^3 igual a 4, o coeficiente de $x^3/3!$ será $3!4 = 24$, o que confirma o resultado obtido anteriormente. $\blacksquare$

No Capítulo 1 demonstramos, usando indução, uma fórmula para a soma dos quadrados dos n primeiros números naturais, isto é,

$$1^2 + 2^2 + 3^2 + \cdots + n^2 = \frac{n(n + 1)(2n + 1)}{6}.$$

Apresentamos, a seguir, uma outra demonstração para esta fórmula, na qual utilizamos funções geradoras.

Exemplo 5.25 *Usar funções geradoras para avaliar a soma*

$$1^2 + 2^2 + 3^2 + \cdots + n^2.$$

No Exemplo 5.10, vimos que a função geradora ordinária para a seqüência $(a_r) = r^2$ é $x(1+x)/(1-x)^3$, e pelo Teorema 5.1 (iii), sabemos que a função geradora para

$$(c_r) = (1^2 + 2^2 + 3^2 + \cdots + r^2)$$

é

$$\frac{(1 + x + x^2 + \cdots)x(1 + x)}{(1 - x)^3},$$

isto é,

$$\left(\frac{1}{1-x}\right)\frac{x(1+x)}{(1-x)^3} = x(1+x)(1-x)^{-4}.$$

Como o coeficiente de x^r em $(1-x)^{-4}$ é

$$(-1)^r\binom{-4}{r} = \frac{4\cdot 5\cdot 6\cdots(r+3)}{r!} = \frac{(r+1)(r+2)(r+3)}{3!},$$

o coeficiente de x^n no produto $(x^2 + x)(1-x)^{-4}$ é igual a:

$$\frac{n(n+1)(n+2)}{3!} + \frac{(n-1)(n)(n+1)}{3!} = \frac{n(n+1)(2n+1)}{6},$$

isto é,

$$1^2 + 2^2 + 3^2 + \cdots + n^2 = \frac{n(n+1)(2n+1)}{6}. \quad \blacksquare$$

Exemplo 5.26 *De quantas maneiras podemos acomodar 9 pessoas em 4 quartos diferentes sem que nenhum quarto fique vazio?*

Observamos, inicialmente, que nenhum quarto poderá receber mais do que 6 pessoas, uma vez que nenhum deles poderá ficar vazio. Usamos função geradora exponencial, pois os quartos são diferentes e a ordem das pessoas dentro de um quarto não nos importa. A função geradora exponencial para este problema é, portanto,

$$f(x) = \left(x + \frac{x^2}{2!} + \frac{x^3}{3!} + \cdots + \frac{x^6}{6!}\right)^4$$

e, a resposta, o coeficiente de $x^9/9!$ nesta função. Observamos que este coeficiente é o mesmo se tomarmos

$$\left(x + \frac{x^2}{2!} + \frac{x^3}{3!} + \cdots + \frac{x^6}{6!} + \cdots\right)^4 = (e^x - 1)^4,$$

uma vez que as potências extras acrescentadas não contribuem para o coeficiente de $x^9/9!$. Como

$$(e^x - 1)^4 = e^{4x} - 4e^{3x} + 6e^{2x} - 4e^x + 1,$$

é fácil ver que o coeficiente procurado é

$$(4^9 - 4 \cdot 3^9 + 6 \cdot 2^9 - 4). \blacksquare$$

Por analogia com o Exemplo 4.20, este número que acabamos de obter é igual ao número de aplicações sobrejetoras de A em B, onde $n(A) = 9$ e $n(B) = 4$, que, pelo Teorema 4.6, é

$$\begin{aligned}
T(9,4) &= \sum_{r=0}^{4}(-1)^i\binom{4}{i}(4-i)^9 \\
&= 4^9 - \binom{4}{1}3^9 + \binom{4}{2}2^2 - \binom{4}{3} = 4^9 - 4 \cdot 3^9 + 6 \cdot 2^9 - 4 \\
&= 186.480.
\end{aligned}$$

Chamamos a atenção do leitor para o fato de não estarmos diante de nenhuma coincidência, mas sim de um mesmo problema visto sob ângulos distintos. No teorema seguinte provamos um resultado que nos permitirá concluir a equivalência de certos problemas.

Teorema 5.4 (i) *O número de maneiras de distribuirmos n bolas distintas em k caixas distintas, sem que nenhuma caixa fique vazia, é*

$$T(n,k) = \sum_{i=0}^{k}(-1)^i\binom{k}{i}(k-i)^n; \tag{5.6}$$

(ii) *O número de n-uplas cujos elementos pertencem ao conjunto $\{1, 2, 3, \ldots, k\}$ nas quais cada um dos números $1, 2, \ldots, k$, aparece pelo menos uma vez é $T(n,k)$, cuja expressão é dada em (5.6).*

Demonstração. Demonstramos primeiro o item (ii). Como cada um dos números $1, 2, \ldots, k$, deve ocorrer pelo menos uma vez, e a ordem dos n números retirados é relevante, a função geradora exponencial para este problema é

$$\left(x + \frac{x^2}{2!} + \frac{x^3}{3!} + \cdots\right)^k = (e^x - 1)^k.$$

Estamos interessados no coeficiente de $x^n/n!$ nesta função. Sabemos que:

$$(e^x - 1)^k = \sum_{i=0}^{k} \binom{k}{i}(-1)^i e^{x(k-i)} = \sum_{i=0}^{k} \binom{k}{i}(-1)^i e^{(k-i)x},$$

e como

$$e^{(k-i)x} = \sum_{n=0}^{\infty} \frac{1}{n!}(k-i)^n x^n,$$

temos

$$\begin{aligned}
(e^x - 1)^k &= \sum_{i=0}^{k} \binom{k}{i}(-1)^i \sum_{n=0}^{\infty} \frac{1}{n!}(k-i)^n x^n \\
&= \sum_{n=0}^{\infty} \sum_{i=0}^{k} (-1)^i \binom{k}{i}(k-i)^n \frac{x^n}{n!}.
\end{aligned}$$

Disto concluímos que o coeficiente de $x^n/n!$ é

$$\sum_{i=0}^{k} (-1)^i \binom{k}{i}(k-i)^n,$$

que é a expressão para $T(n,k)$ fornecida em (5.6).

Provamos agora o item (i) usando apenas argumentos combinatórios. Como já sabemos, pelo Teorema 4.6, que $T(n,k)$ é o número de funções sobrejetoras $f : A \rightarrow B$, com $n(A) = n$ e $n(B) = k$, vamos mostrar que, dada uma distribuição das bolas, podemos definir uma função sobrejetora, e que cada função sobrejetora nos fornece uma única distribuição.

Consideramos $A = \{b_1, b_2, \ldots, b_n\}$ o conjunto das n bolas e $B = \{c_1, c_2, \ldots, c_k\}$ o conjunto das k caixas. Seja $f : A \rightarrow B$ uma função sobrejetora. Logo

$$f^{-1}(c_i) \neq \emptyset \quad \text{para } i = 1, 2, \ldots, k \quad \text{e} \quad \bigcup_{i=1}^{k} f^{-1}(c_i) = A.$$

Portanto, uma maneira de distribuirmos as n bolas, conhecida a função f, é colocar na caixa c_i todas as bolas que estão em $f^{-1}(c_i)$. Reciprocamente, dada uma distribuição das bolas em que nenhuma caixa fique vazia, podemos definir uma função $f : A \to B$, que associa a cada bola da caixa c_i, o valor c_i. Não havendo caixa vazia, esta função será sobrejetora e, da forma como foi definida, única. ∎

Dispondo deste resultado podemos provar facilmente o caso da distribuição de bolas distintas em caixas iguais (sem caixa vazia).

Teorema 5.5 *O número de maneiras $S(n, k)$ de distribuirmos n bolas distintas em k caixas idênticas sem que nenhuma caixa fique vazia é*

$$S(n, k) = \frac{1}{k!} T(n, k) = \frac{1}{k!} \sum_{i=0}^{k} (-1)^i \binom{k}{i} (k - i)^n.$$

Demonstração. Para que possamos obter uma distribuição de n bolas distintas em k caixas distintas, sem que nenhuma caixa fique vazia, basta encontrarmos uma distribuição de n bolas distintas em k caixas idênticas (nenhuma vazia) e ordenar estas caixas. Isto nos garante que $T(n, k) = k! S(n, k)$, o que conclui a demonstração. ∎

O número $S(n, k)$ é chamado *número de Stirling do segundo tipo*.

Exemplo 5.27 *De quantas maneiras podemos distribuir 4 bolas distintas a, b, c e d, em duas caixas idênticas, de modo que nenhuma fique vazia? Listar todas as possibilidades.*

Uma simples aplicação do Teorema 5.5, com $n = 4$ e $k = 2$, nos diz que

$$S(4, 2) = \frac{1}{2} \sum_{i=0}^{2} (-1)^i \binom{2}{i} (2 - i)^4 = \frac{1}{2}(2^4 - 2) = 7.$$

As distribuições são:

a	bcd
b	acd
c	abd
d	abc
ab	cd
ac	bd
ad	bc

4 Partições de um inteiro

Nesta seção discutimos o problema da distribuição de bolas idênticas em caixas idênticas.

Definição 5.5 *Uma partição de um inteiro positivo n é uma coleção de inteiros positivos cuja soma é n.*

As partições de 3, 4, 5 e 6, estão listadas na Tabela 5.1.

3	4	5	6
2+1	3+1	4+1	5+1
1+1+1	2+2	3+2	4+2
	2+1+1	3+1+1	4+1+1
	1+1+1+1	2+2+1	3+3
		2+1+1+1	3+2+1
		1+1+1+1+1	3+1+1+1
			2+2+2
			2+2+1+1
			2+1+1+1+1
			1+1+1+1+1+1

Tabela 5.1 Partições de 3, 4, 5 e 6.

Denotamos por $p(n)$ o número de partições de n. Da tabela acima temos que $p(3) = 3$, $p(4) = 5$, $p(5) = 7$ e $p(6) = 11$. Os números que compõem uma partição são chamados de *partes* desta partição. É claro (da definição) que, numa partição de n, nenhuma parte pode superar n, e que a ordem das partes não está sendo considerada. Para ilustrar quão rápido é o crescimento de $p(n)$, listamos alguns outros valores:

$p(20) = 627$, $p(100) = 190.569.292$ e $p(200) = 3.972.999.029.388$. Mencionamos, ao leitor interessado, a existência de uma fórmula exata para o cálculo de $p(n)$. Isto resultou do trabalho dos matemáticos S. Ramanujan, G.H. Hardy e H. Rademacher, ver [1]. As principais idéias para a obtenção desta genial fórmula foram do grande matemático indiano Ramanujan.

Se denotarmos por $p_k(n)$ o número de partições de n tendo k como a maior parte, a tabela anterior nos diz que $p_2(3) = 1$, $p_3(5) = 2$, $p_4(5) = 1$, $p_5(6) = 1$ e $p_3(6) = 3$.

Como a maior parte não pode superar n, temos que $p_n(n) = 1$ e $p_k(n) = 0$, para $k > n$.

Listamos a seguir os valores de $p_k(6)$, para $k = 1, 2, \ldots, 6$.

k	1	2	3	4	5	6
$p_k(6)$	1	3	3	2	1	1

Tabela 5.2 Valores de $p_k(6)$.

É claro que

$$\sum_{k=1}^{6} p_k(6) = p(6)$$

e, em geral,

$$\sum_{k=1}^{n} p_k(n) = p(n).$$

Podemos também classificar o número de partições de n de acordo com o número de partes. Observando as partições de 6 listadas na Tabela 5.1 e denotando por $q_k(n)$ o número de partições de n com exatamente k partes, temos a tabela abaixo.

Pode-se observar que os valores listados para $p_k(6)$ e $q_k(6)$, nas Tabelas 5.2 e 5.3, são os mesmos. Não se trata de coincidência. Como mostramos a seguir, $p_k(n) = q_k(n)$, para todo n.

k	1	2	3	4	5	6
$q_k(6)$	1	3	3	2	1	1

Tabela 5.3 Valores de $q_k(6)$.

5 Gráfico de uma partição

Uma partição do inteiro n pode ser representada graficamente por meio de um conjunto de n pontos no plano, colocando-se em cada linha, e em ordem decrescente, um número de pontos igual a cada uma de suas partes.

O gráfico da partição $4 + 3 + 1 + 1$ de 9 é:

As partições $2+1$, $4+1+1$ e $3+3+2+2+1$ possuem as seguintes representações gráficas:

2+1   4+1+1   3+3+2+2+1

Se na representação gráfica de uma partição de n trocarmos as linhas pelas colunas, obtemos uma outra partição de n chamada de *conjugada* da partição considerada.

Listamos a seguir os gráficos de algumas partições com suas respectivas partições conjugadas.

Partição	Partição conjugada
5+2+1	3+2+1+1+1

$$\begin{matrix} \cdot & \cdot & \cdot & \cdot & \cdot \\ \cdot & \cdot \\ \cdot \end{matrix} \qquad \begin{matrix} \cdot & \cdot & \cdot \\ \cdot & \cdot \\ \cdot \\ \cdot \\ \cdot \end{matrix}$$

Partição	Partição conjugada
4+4+2	3+3+2+2

$$\begin{matrix} \cdot & \cdot & \cdot & \cdot \\ \cdot & \cdot & \cdot & \cdot \\ \cdot & \cdot \end{matrix} \qquad \begin{matrix} \cdot & \cdot & \cdot \\ \cdot & \cdot & \cdot \\ \cdot & \cdot \\ \cdot & \cdot \end{matrix}$$

Partição	Partição conjugada
3+2+1	3+2+1

$$\begin{matrix} \cdot & \cdot & \cdot \\ \cdot & \cdot \\ \cdot \end{matrix} \qquad \begin{matrix} \cdot & \cdot & \cdot \\ \cdot & \cdot \\ \cdot \end{matrix}$$

Observe que a conjugada de uma partição não é, necessariamente, distinta da partição original.

Teorema 5.6 *O número $p_k(n)$ de partições de n tendo k como a maior parte é igual ao número $q_k(n)$ de partições de n com exatamente k partes, isto é, $p_k(n) = q_k(n)$.*

Demonstração. Por intermédio da operação "conjugação" definida no conjunto das partições de n, vemos facilmente que toda partição tendo k como maior parte é transformada em uma partição que possui exatamente k partes, e que cada uma que possui k partes é levada em uma que possui k como a maior parte, o que conclui a demonstração. ∎

Corolário 5.7 *Seja $P_k(n)$ o número de partições de n com partes menores do que ou iguais a k, e $Q_k(n)$ o número de partições de n com, no máximo, k partes. Então, $P_k(n) = Q_k(n)$.*

Demonstração. A operação de conjugação transforma cada elemento contado por $P_k(n)$ em um único elemento contado por $Q_k(n)$, isto pela mesma razão apresentada na demonstração do teorema. ∎

Se denotarmos por $F(n)$ o número de partições de n em que cada parte aparece pelo menos duas vezes e por $G(n)$ o número de partições de n em partes maiores do que 2 e tais que inteiros consecutivos não aparecem como partes, pode-se mostrar que $F(n) = G(n)$.

Teorema 5.8 $F(n) = G(n)$.

Demonstração. Uma vez mais tomando-se o conjugado de uma partição enumerada por $F(n)$, teremos exatamente um dos elementos enumerados por $G(n)$. O exemplo abaixo ilustra esta afirmação.

```
·   ·   ·   ·   ·   ·   ·   ·
·   ·   ·   ·   ·   ·   ·
·   ·   ·   ·   ·
·   ·   ·   ·   ·
·   ·   ·   ·   ·
·   ·   ·
·   ·   ·
·
·
```

O fato de cada parte aparecer pelo menos duas vezes implica que, na partição conjugada, a menor parte será pelo menos 2 e que inteiros consecutivos não poderão ocorrer como partes. ∎

Dizemos que uma partição é *autoconjugada* se ela for igual à sua conjugada. Por exemplo, $3+2+1$ e $5+3+3+1+1$ são autoconjugadas, como se pode verificar pelas suas representações gráficas:

3+2+1   5+3+3+1+1

Se, em cada uma delas, trocarmos as linhas pelas colunas teremos a mesma partição. Uma simples transformação, que daremos a seguir, nos permite provar que o número de partições de n que são autoconjugadas é igual ao número de partições de n em partes ímpares distintas. Para ilustrarmos esta transformação, vamos considerar a seguinte partição autoconjugada de 26.

7+5+5+4+3+1+1

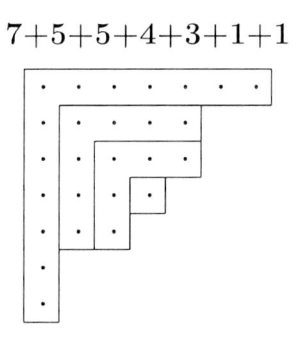

É claro que o número de pontos dentro de cada uma das áreas delimitadas é ímpar e estes números são necessariamente distintos. Neste caso, temos $13 + 7 + 5 + 1$. Reciprocamente, dados números ímpares distintos, podemos colocá-los numa disposição semelhante à que temos acima, obtendo, desta forma, o gráfico de uma partição autoconjugada. Por exemplo, a partição $11 + 9 + 5 + 3$ de 28 pode ser representada por:

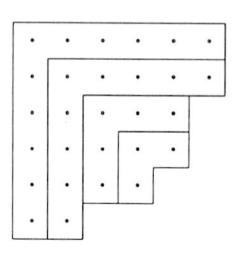

e é, obviamente, autoconjugada. Temos, portanto, demonstrado o teorema:

Teorema 5.9 *O número de partições autoconjugadas de n é igual ao número de partições de n em partes ímpares distintas.*

Antes de introduzirmos o conceito de função geradora para partições, gostaríamos de chamar a atenção do leitor para uma importante interpretação combinatorial para $q_k(n)$, o número de partições de n com exatamente k partes. Como vimos, as partições de 6 são $\{6\}$, $\{5, 1\}$, $\{4, 2\}$, $\{4, 1, 1\}$, $\{3, 3\}$, $\{3, 2, 1\}$, $\{3, 1, 1, 1\}$, $\{2, 2, 2\}$, $\{2, 2, 1, 1\}$, $\{2, 1, 1, 1, 1\}$ e $\{1, 1, 1, 1, 1, 1\}$.

Se desejarmos distribuir 6 objetos idênticos em 3 caixas idênticas, sem que nenhuma fique vazia, teremos apenas as possibilidades $\{4, 1, 1\}$, $\{3, 2, 1\}$ e $\{2, 2, 2\}$, que são as partições de 6 em exatamente 3 partes. De maneira análoga podemos concluir que o número de maneiras de se distribuir n objetos idênticos em k caixas idênticas, sem que nenhuma fique vazia, é igual a $q_k(n)$.

No que segue vamos obter a função geradora para as partições de n em partes ímpares distintas. Se tomarmos o produto

$$(1 + x)(1 + x^3)(1 + x^5)(1 + x^7) \cdots (1 + x^{2k+1}) \cdots,$$

é fácil ver que o coeficiente de x^6 é igual a 1, que é o total de maneiras de se escrever 6 como soma de ímpares distintos. A potência x^6 aparece como o produto de $x^5 \cdot x^1$. Como 11 só pode ser escrito como soma de ímpares distintos nas formas $11 = 11$ e $11 = 7 + 3 + 1$, o coeficiente de

x^{11} nesta mesma expressão é igual a 2. O coeficiente de x^{14} é igual a 3. De fato, somente se obtém x^{14} quando se multiplica $x \cdot x^{13}$, $x^3 \cdot x^{11}$ e $x^5 \cdot x^9$. Interpretando-se este produto desta forma, vemos que

$$\prod_{k=0}^{\infty} (1 + x^{2k+1}) = \sum_{n=1}^{\infty} d_i(n) x^n,$$

onde $d_i(n)$ é o número de partições de n em partes ímpares distintas, isto é, que

$$\prod_{k=0}^{\infty} (1 + x^{2k+1})$$

é a função geradora para $d_i(n)$.

Se estivermos interessados somente nas partições de n em partes distintas, devemos tomar o seguinte produto:

$$(1 + x)(1 + x^2)(1 + x^3)(1 + x^4) \cdots (1 + x^n) \cdots .$$

Como na partição de um número menor do que ou igual a 10 nunca poderemos ter partes superiores a 10, se tomarmos o produto

$$(1 + x)(1 + x^2)(1 + x^3) \cdots (1 + x^{10}),$$

teremos a função geradora para as partições de todos os números menores do que ou iguais a 10 em partes distintas. Como o produto acima é igual a:

$$1 + x + x^2 + 2x^3 + 2x^4 + 3x^5 + 4x^6 + 5x^7 + 6x^8 + 8x^9 + 10x^{10} + \cdots,$$

podemos observar, por exemplo, que, sendo o coeficiente de x^7 igual a 5, existem 5 partições de 7 em partes distintas, que são: $7, 6+1, 5+2,$ $4+3$ e $4+2+1$.

Das observações que acabamos de fazer, pode-se concluir que a função geradora para as partições de n em partes distintas é dada pelo produto infinito

$$\prod_{k=1}^{\infty} (1 + x^k).$$

Vale mencionar que, como os termos $(1+x^{n+1})$, $(1+x^{n+2})$, ..., não contribuem para as partições de n, para se achar o total de partições de n em partes distintas, basta considerarmos o produto finito $(1+x)(1+x^2)\cdots(1+x^n)$.

Utilizando-se do mesmo argumento anterior, é fácil ver que a função geradora para as partições de n em partes pares e distintas é dada por:

$$\prod_{k=1}^{\infty}(1+x^{2k}),$$

e que a função geradora para as partições de n em partes que são quadrados distintos é igual a:

$$\prod_{k=1}^{\infty}(1+x^{k^2}).$$

Como,

$$(1+x)(1+x^4)(1+x^9)(1+x^{16})\cdots =$$
$$= 1+x+x^4+x^5+x^9+x^{10}+x^{13}+x^{14}+x^{16}+\cdots,$$

concluímos que, dentre os números de 1 a 16, somente 8 possuem partições cujas partes são quadrados distintos.

Mostraremos a seguir que a função geradora para $p(n)$, o número de partições de n, é dada por:

$$\sum_{n=0}^{\infty}p(n)x^n = \prod_{k=1}^{\infty}\frac{1}{1-x^k},$$

onde $p(0)=1$.

Por estarmos mais interessados na interpretação combinatória de $p(n)$ como coeficiente de x^n nesta expansão, vamos demonstrar esta identidade, originalmente apresentada por Euler, utilizando somente argumentos combinatórios. Uma demonstração analítica rigorosa pode ser encontrada em Andrews [1] ou Apostol [3].

É claro que, sendo

$$\frac{1}{1-x} = 1 + x + x^2 + x^3 + x^4 + \cdots ;$$

$$\frac{1}{1-x^2} = 1 + x^2 + x^4 + x^6 + x^8 + \cdots ;$$

$$\vdots$$

$$\frac{1}{1-x^m} = 1 + x^m + x^{2m} + x^{3m} + \cdots ;$$

temos

$$\prod_{k=1}^{\infty} \frac{1}{1-x^k} = (1 + x + x^2 + x^3 + \cdots)(1 + x^2 + x^4 + x^6 + \cdots)$$

$$(1 + x^3 + x^6 + x^9 + \cdots) \cdots ,$$

donde concluímos que as contribuições para os coeficientes de x^n vêm de um termo x^{a_1} da primeira série, de x^{2a_2} da segunda, de x^{3a_3} da terceira, ..., e de x^{ma_m} da $m^{\text{ésima}}$ série, onde $a_i \geq 0$, para todo i. Sendo o produto destes termos igual a x^n, temos que

$$a_1 + 2a_2 + 3a_3 + \cdots + ma_m = n.$$

Cada a_i deve ser visto como o número de i's que aparecem na partição de n, isto é, podemos expressar n como

$$n = (1 + 1 + \cdots + 1) + (2 + 2 + \cdots + 2) + \cdots + (m + m + m + \cdots + m),$$

onde temos a_1 1's no primeiro parênteses, a_2 2's no segundo, a_3 3's no terceiro e a_m m's no $m^{\text{ésimo}}$. Vista desta forma, cada partição de n irá contribuir com uma unidade para o coeficiente de x^n nesta expansão.

Para exemplificar o que acabamos de descrever, suponhamos que, em cada uma das primeiras quatro séries, tenhamos tomado, respectivamente, as seguintes potências de x: x^4, x^6, x^6 e x^{12}. Interpretamos estas potências como

$$x^4 = x^{1+1+1+1},$$

$$x^6 = x^{2+2+2},$$
$$x^6 = x^{3+3},$$
$$x^{12} = x^{4+4+4},$$

e, visto que $x^4 \cdot x^6 \cdot x^6 \cdot x^{12} = x^{28}$, temos a seguinte partição de 28:

$$4 + 4 + 4 + 3 + 3 + 2 + 2 + 2 + 1 + 1 + 1 + 1.$$

Observe que o x^6 na segunda série representa três 2's e o x^6 na terceira representa dois 3's. Na realidade, as séries acima estão sendo vistas como:

$$\prod_{k=1}^{\infty} \frac{1}{1 - x^k} = (1 + x^1 + x^{1+1} + x^{1+1+1} + \cdots)$$
$$(1 + x^2 + x^{2+2} + x^{2+2+2} + \cdots)$$
$$(1 + x^3 + x^{3+3} + x^{3+3+3} + x^{3+3+3+3} + \cdots) \cdots.$$

A função $1/(1-x)$ "controla", portanto, a presença dos 1's, $1/(1-x^2)$ a presença dos 2's, $1/(1-x^3)$ a presença dos 3's, ..., $1/(1-x^m)$ a presença dos m's. Desta maneira, a função geradora para as partições de n em que nenhuma parte supera m é dada por:

$$\prod_{k=1}^{m} \frac{1}{1 - x^k}.$$

Listamos na tabela a seguir algumas funções geradoras.

Função Geradora	Para a seqüência das partições de n em partes que são:
$\displaystyle\prod_{k=0}^{\infty}(1 + x^{2k+1})$	ímpares distintas
$\displaystyle\prod_{k=0}^{\infty}\frac{1}{(1 - x^{2k+1})}$	ímpares
$\displaystyle\prod_{k=1}^{\infty}\frac{1}{(1 - x^{2k})}$	pares
$\displaystyle\prod_{k=1}^{\infty}(1 + x^{2k})$	pares distintos
$\displaystyle\prod_{k=1}^{\infty}(1 + x^{k^3})$	cubos distintos
$\displaystyle\prod_{k=1}^{\infty}\frac{1}{(1 - x^{k^3})}$	cubos
$\displaystyle\prod_{p\ primo}\frac{1}{(1 - x^p)}$	primos

Voltando à Tabela 5.1, pode-se observar que o número de partições de 5 em partes distintas é igual ao número de partições de 5 em partes ímpares, isto é,

$$5,\ 4+1,\ 3+2, \qquad\qquad \text{(partes distintas).}$$
$$5,\ 3+1+1,\ 1+1+1+1+1, \quad \text{(partes ímpares).}$$

Com o número 6 ocorre a mesma coisa, isto é, o número de partições em partes distintas é igual ao número de partições em partes ímpares.

$$6,\ 5+1,\ 4+2,\ 3+2+1, \qquad\qquad \text{(partes distintas).}$$
$$5+1,\ 3+3,\ 3+1+1+1,\ 1+1+1+1+1+1, \quad \text{(partes ímpares).}$$

Este fato, na realidade, ocorre para todo n, como provamos no teorema abaixo, devido a Euler.

Teorema 5.10 *O número de partições de n em partes distintas é igual ao número de partições de n em partes ímpares.*

1ª Demonstração. Vamos construir uma correspondência 1–1 entre estes dois tipos de partições. Consideremos uma partição de n em que todas as partes são ímpares. Temos, portanto, a_1 cópias de 1, a_3 cópias de 3, ..., a_{2m+1} cópias de $2m+1$ (onde $2m+1$ é o maior ímpar que ocorre nesta partição). Logo, n se escreve como

$$\begin{aligned} n &= 1 + \cdots + 1 + 3 + \cdots + 3 + 5 + \cdots + 5 \\ &\quad + \cdots + (2m+1) + \cdots + (2m+1) \\ &= a_1 1 + a_3 3 + a_5 5 + \cdots + a_{2m+1}(2m+1). \end{aligned} \tag{5.7}$$

Sabemos que cada um dos a_i's pode ser expresso de maneira única como soma de potências distintas de 2. Desta forma, temos:

$$\begin{aligned} n &= (2^{\alpha_1} + 2^{\alpha_2} + \cdots + 2^{\alpha_r})1 + (2^{\beta_1} + 2^{\beta_2} + \cdots + 2^{\beta_s})3 \\ &\quad + \cdots + (2^{y_1} + 2^{y_2} + \cdots + 2^{y_t})(2m+1) \tag{5.8} \\ &= 2^{\alpha_1} + 2^{\alpha_2} + \cdots + 2^{\alpha_r} + 3 \cdot 2^{\beta_1} + 3 \cdot 2^{\beta_2} + \cdots + 3 \cdot 2^{\beta_s} + \cdots \\ &\quad + (2m+1) \cdot 2^{y_1} + (2m+1) \cdot 2^{y_2} + \cdots + (2m+1) \cdot 2^{y_t}. \tag{5.9} \end{aligned}$$

É claro que todos estes números são distintos entre si, pois os α_i's são todos distintos, assim como os β_i's e os y_i's.

A partição de n em partes ímpares foi transformada em uma partição de n em partes distintas. Para provarmos que este procedimento estabelece a correspondência 1–1 que procuramos, devemos começar, agora, com uma partição de n em que todas as partes são distintas. Cada uma destas diferentes partes pode ser expressa como um produto de um número ímpar vezes uma potência de 2, isto é, n pode ser escrito como uma expressão da forma (5.9). O próximo passo é colocar juntas todas as partes tendo fatores ímpares idênticos. Se colocarmos estes fatores em evidência, teremos uma expressão da forma (5.8). É claro que, somando-se as potências de 2, teremos uma expressão da forma (5.7), que nos fornece a partição de n em partes ímpares, tendo desta forma a correspondência 1–1 que procurávamos. ∎

Como um exemplo, vamos achar a partição de 96 que está associada, pela correspondência descrita, à seguinte partição em partes ímpares:

$$
\begin{aligned}
1 + 1 + 1 + 1 + 3 + 5 + 5 + 5 + 7 + 11 + 11 + 15 + 15 + 15 \; &= \\
= \; 4 \cdot 1 + 1 \cdot 3 + 3 \cdot 5 + 1 \cdot 7 + 2 \cdot 11 + 3 \cdot 15 & \\
= \; 2^2 \cdot 1 + 2^0 \cdot 3 + (2^1 + 2^0) \cdot 5 + 2^0 \cdot 7 + 2^1 \cdot 11 + (2^1 + 2^0) \cdot 15 & \\
= \; 2^2 + 2^0 \cdot 3 + 2^1 \cdot 5 + 2^0 \cdot 5 + 2^0 \cdot 7 + 2^1 \cdot 11 + 2^1 \cdot 15 + 2^0 \cdot 15 & \\
= \; 4 + 3 + 10 + 5 + 7 + 22 + 30 + 15 & \\
= \; 3 + 4 + 5 + 7 + 10 + 15 + 22 + 30. &
\end{aligned}
$$

Esta última expressão é a partição de 96 em partes distintas.

2ª Demonstração. Utilizamos, agora, funções geradoras. Sabemos que a função geradora para partições em partes distintas é dada por

$$
\prod_{k=1}^{\infty} (1 + x^k)
$$

e que a função geradora para partições em partes ímpares é igual a:

$$
\prod_{k=1}^{\infty} \frac{1}{\left(1 - x^{2k-1}\right)}.
$$

Basta, portanto, provarmos que estas duas expressões são idênticas. Mas isto segue, uma vez que

$$
\begin{aligned}
\prod_{k=1}^{\infty} (1 + x^k) \;&=\; \prod_{k=1}^{\infty} \frac{(1 + x^k)(1 - x^k)}{(1 - x^k)} \\
&=\; \prod_{k=1}^{\infty} \frac{(1 - x^{2k})}{(1 - x^k)} \\
&=\; \frac{(1 - x^2)(1 - x^4)(1 - x^6)(1 - x^8) \cdots}{(1 - x)(1 - x^2)(1 - x^3)(1 - x^4)(1 - x^5)(1 - x^6) \cdots}
\end{aligned}
$$

$$= \frac{1}{(1-x)(1-x^3)(1-x^5)(1-x^7)\cdots}$$

$$= \prod_{k=0}^{\infty} \frac{1}{(1-x^{2k+1})}.$$

Como já mencionamos, para os nossos propósitos neste capítulo, a variável x é apenas um símbolo e as questões de convergência não nos preocupam neste momento. ∎

Exemplo 5.28 *Provar que, para $1 \leq j \leq n$, o número de partições de n nas quais j aparece como parte é igual ao número de partições de $n - j$.*

Precisamos exibir uma aplicação 1–1 entre estas duas famílias descritas. É claro que, se a cada partição de $n - j$ acrescentarmos uma nova parte igual a j, teremos uma partição de n tendo j como parte. Obviamente, se em uma partição de n, contendo j como parte, retirarmos j (uma parte igual a j), teremos uma partição de $n - j$, o que completa a demonstração. ∎

Exemplo 5.29 *Provar que todo inteiro positivo pode ser expresso de maneira única como soma de potências distintas de 2.*

Pelos argumentos apresentados neste capítulo, é fácil ver que a função

$$(1+x)(1+x^2)(1+x^4)(1+x^8)\cdots(1+x^{2^k})\cdots \qquad (5.10)$$

é a função geradora para as partições de n em partes que são potências distintas de 2. Logo, o coeficiente de x^n nesta expansão nos fornece o número de maneiras de se escrever n como soma de potências distintas de 2. Portanto, para provarmos o que foi pedido, basta mostrarmos que o coeficiente de x^n em (5.10) é igual a 1, para todo n. Mas sendo

$$\frac{1}{1-x} = 1 + x + x^2 + x^3 + x^4 + \cdots,$$

será suficiente provarmos a igualdade seguinte:

$$\frac{1}{1-x} = (1+x)(1+x^2)(1+x^4)(1+x^8)\cdots(1+x^{2^k})\cdots.$$

Mas isto ocorre, uma vez que

$$
\begin{aligned}
(1-x)(1+x)(1+x^2)(1+x^4)(1+x^8)\cdots &= \\
&= (1-x^2)(1+x^2)(1+x^4)(1+x^8)(1+x^{16})\cdots \\
&= (1-x^4)(1+x^4)(1+x^8)(1+x^{16})(1+x^{32})\cdots \\
&= (1-x^8)(1+x^8)(1+x^{16})(1+x^{32})(1+x^{64})\cdots \\
&= (1-x^{16})(1+x^{16})(1+x^{32})(1+x^{64})\cdots \\
&= 1,
\end{aligned}
$$

o que conclui a demonstração. ∎

Exemplo 5.30 *Provar que o número de partições de n em exatamente 2 partes é igual a $\lfloor \frac{n}{2} \rfloor$, isto é, que $q_2(n) = \lfloor \frac{n}{2} \rfloor$.*

Vamos calcular, primeiro, o número de partições de n em no máximo duas partes. Sabemos, pelo Corolário 5.7, que este número é igual ao número de partições de n em que nenhuma parte supera 2. Como a função geradora para partições em que as partes são menores do que ou iguais a 2 é dada por:

$$\frac{1}{(1-x)(1-x^2)},$$

devemos calcular o coeficiente de x^n nesta expansão, o qual nos dará o número de partições de n com partes menores do que ou iguais a 2. Mas como

$$\frac{1}{(1-x)(1-x^2)} = \frac{1}{2(1-x)^2} + \frac{1}{2(1-x^2)}, \qquad (5.11)$$

devemos achar o coeficiente de x^n em cada uma das expressões do lado direito de (5.11). Como

$$\frac{1}{2(1-x)^2} = \frac{1}{2}(1 + x + x^2 + x^3 + \cdots)(1 + x + x^2 + x^3 + \cdots),$$

o coeficiente de x^n nesta expressão é igual a $(n+1)/2$, e o coeficiente de x^n em

$$\frac{1}{2(1-x^2)} = \frac{1}{2}(1 + x^2 + x^4 + x^6 + \cdots)$$

é igual a $1/2$, se n for par, e zero, caso contrário. Logo, o coeficiente de x^n em $1/(1-x)(1-x^2)$ é igual à soma destes dois coeficientes, sendo, portanto, dado por:

$$\frac{n+1}{2}, \quad \text{se } n \text{ for ímpar,}$$

e

$$\frac{n+1}{2} + \frac{1}{2} = \frac{n+2}{2}, \quad \text{se } n \text{ for par.}$$

Mas se n for par, isto é, $n = 2k$,

$$\frac{n+2}{2} = \frac{2k+2}{2} = k + 1 = \left\lfloor \frac{n}{2} \right\rfloor + 1$$

e, se n for ímpar, isto é, $n = 2k + 1$,

$$\frac{n+1}{2} = \frac{2k+1+1}{2} = \frac{2k+2}{2} = k + 1 = \left\lfloor \frac{n}{2} \right\rfloor + 1.$$

Com isto provamos que o número de partições de n em partes menores do que ou iguais a 2, que é igual ao número de partições em no máximo duas partes, é igual a:

$$\left\lfloor \frac{n}{2} \right\rfloor + 1.$$

Como só existe uma partição de n tendo exatamente uma parte, concluímos que o número pedido é igual a $\left\lfloor \frac{n}{2} \right\rfloor$. ∎

Exemplo 5.31 *Mostrar que o número de partições de n em partes distintas, nenhuma sendo múltipla de 3, é igual ao número de partições de n em partes da forma $6j - 1$ ou $6j - 5$.*

É fácil ver que a função geradora para partições de n em partes distintas e não-divisíveis por 3 é dada por

$$\prod_{j=1}^{\infty}(1 + x^{3j-2})(1 + x^{3j-1}), \tag{5.12}$$

e que a função geradora para as partições de n em partes da forma $6j - 1$ ou $6j - 5$ é igual a

$$\prod_{j=1}^{\infty}\frac{1}{(1 - x^{6j-1})(1 - x^{6j-5})}. \tag{5.13}$$

Portanto, devemos mostrar a igualdade entre (5.12) e (5.13). Mas isto segue, pois

$$\prod_{j=1}^{\infty}(1 + x^{3j-2})(1 + x^{3j-1}) =$$

$$= \prod_{j=1}^{\infty}\frac{(1 + x^{3j-2})(1 + x^{3j-1})(1 - x^{3j-2})(1 - x^{3j-1})}{(1 - x^{3j-2})(1 - x^{3j-1})}$$

$$= \prod_{j=1}^{\infty}\frac{(1 - x^{6j-4})(1 - x^{6j-2})}{(1 - x^{3j-2})(1 - x^{3j-1})}$$

$$= \prod_{j=1}^{\infty}(1 - x^{6j-4})(1 - x^{6j-2}) \prod_{j=1}^{\infty}\frac{1}{(1 - x^{3j-2})(1 - x^{3j-1})}$$

$$= \prod_{j=1}^{\infty}(1 - x^{6j-4})(1 - x^{6j-2})$$

$$\prod_{j=1}^{\infty}\frac{1}{(1 - x^{6j-4})(1 - x^{6j-1})(1 - x^{6j-5})(1 - x^{6j-2})}$$

$$= \prod_{j=1}^{\infty}\frac{1}{(1 - x^{6j-1})(1 - x^{6j-5})},$$

o que conclui a demonstração. ∎

Exemplo 5.32 *Encontrar a função geradora para o número de triângulos não-semelhantes de perímetro n e lados inteiros.*

Sejam a, b e c as medidas dos lados de um triângulo. Como estamos interessados em triângulos não-semelhantes, podemos considerar

$$a \leq b \leq c. \tag{5.14}$$

Para evitar lados nulos tomamos

$$a \geq 1, \tag{5.15}$$

e, para que exista um triângulo de lados a, b e c, devemos ter

$$a + b > c. \tag{5.16}$$

É fácil observar que

$$a + b + c = 3a + 2(b - a) + c - b = 3a + 2y + z = n, \tag{5.17}$$

onde $y = b - a$ e $z = c - b$.

Agora, (5.14) é equivalente a

$$y \geq 0 \quad \text{e} \quad z \geq 0,$$

e (5.16) pode ser reescrita como

$$a > z. \tag{5.18}$$

Sendo a, b, c, y e z inteiros, (5.18) e (5.15) podem ser substituídas por

$$
\begin{aligned}
a &= z + x, \\
x &\geq 1.
\end{aligned}
$$

Substituindo estes valores em (5.17), obtemos

$$
\begin{aligned}
3x + 2y + 4z &= n, \\
x \geq 1, \ y \geq 0, \ z &\geq 0.
\end{aligned}
$$

Esta última equação nos permite escrever, facilmente, a função geradora procurada:

$$
\begin{aligned}
(x^3 + x^6 + x^9 + \cdots)(1 + x^2 + x^4 + \cdots)(1 + x^4 + x^8 + \cdots) &= \\
&= \frac{x^3}{1 - x^3} \cdot \frac{1}{1 - x^2} \cdot \frac{1}{1 - x^4} \\
&= \frac{x^3}{(1 - x^2)(1 - x^3)(1 - x^4)}.
\end{aligned} \tag{5.19}
$$

No Capítulo 6 e no Apêndice B fornecemos uma fórmula explícita para o cálculo do coeficiente de x^n em (5.19). ∎

Exercícios

1. Encontrar a função geradora ordinária para cada uma das seqüências abaixo:

   (a) $(1, 1, 1, 0, 0, 0, \ldots)$;   (b) $(1, 0, 0, 2, 3, 0, 0, 0, \ldots)$;

   (c) $(1, 1, 1, 3, 1, 1, \ldots)$;   (d) $(0, 0, 1, 1, 1, \ldots)$;

   (e) $(0, 1, 0, 1, 0, 1, \ldots)$;   (f) $(0, 4, 0, 4, 0, 4, \ldots)$;

   (g) $(1, -1, 1, -1, 1, -1, \ldots)$;   (h) $(1, -1, \dfrac{1}{2!}, \dfrac{-1}{3!}, \dfrac{1}{4!}, \dfrac{-1}{5!}, \ldots)$;

   (i) $(a_k) = \left(\dfrac{2^k}{k!}\right)$.

2. Encontrar a seqüência gerada pelas funções geradoras ordinárias dadas abaixo:

   (a) $(x + 1)^4$;   (b) $x + e^x$;

   (c) $x^2(1 - 3x)^{-1}$;   (d) $1 + (1 - x^2)^{-1}$;

   (e) $e^{2x} + x + x^2$;   (f) $x^2 e^x$;

   (g) $\dfrac{1}{1 + x^2}$;   (h) $e^{-x} + 3x$;

   (i) $x^3(1 - 4x)^{-1}$;   (j) e^{-2x};

   (k) $(e^x + e^{-x})/2$;   (l) $(1 + x)^q$, onde q é um inteiro positivo.

3. Encontrar o coeficiente de x^6 em $(1-x)^n$, quando $n = 6$ e quando $n = -6$.

4. Encontrar o coeficiente de x^{27} em $(x^3 + x^4 + x^5 + \cdots)^6$.

5. Encontrar o número de maneiras de se obter um total de 15 pontos ao se jogar, simultaneamente, quatro dados diferentes.

6. Representantes de três institutos de pesquisa devem formar uma comissão de 9 pesquisadores. De quantos modos se pode for-

mar esta comissão sendo que nenhum instituto deve ter maioria absoluta no grupo?

7. Existem 10 caixas idênticas de presentes. Cada uma deve ser embrulhada com uma única cor e se dispõe de papéis de cor vermelha, azul, verde e amarela. O papel vermelho permite que se embrulhe no máximo duas caixas e com o azul se pode embrulhar no máximo 3. Escrever a função geradora ordinária associada com o problema de se encontrar o número de maneiras de se embrulhar estas 10 caixas.

8. Encontrar a função geradora ordinária para se calcular o número de soluções em inteiros não-negativos da equação $2x + 3y + 4z + 5w = r$.

9. Encontrar o número de soluções em inteiros da equação $x + y + z + w = 25$, onde cada variável é no mínimo 3 e no máximo 8.

10. Numa competição, cada um dos quatro juízes deve atribuir notas de 1 a 6 para cada participante. Para ser finalista, um participante deve ter no mínino 22 pontos. Encontrar o número de maneiras que os juízes têm para atribuir notas de modo que um participante seja finalista.

11. Quantas soluções possui a equação

$$x_1 + x_2 + x_3 + \cdots + x_n = r,$$

se cada variável é igual a 0 ou 1?

12. Encontrar o número de maneiras de se distribuir 11 laranjas e 6 pêras para 3 crianças de modo que cada criança receba pelo menos 3 laranjas e no máximo 2 pêras.

13. Quantas n-uplas de 0's e 1's podem ser formadas usando-se um número par de 0's e um número par de 1's?

14. (a) Uma companhia telefônica adquire 9 computadores idênticos. De quantas maneiras ela pode distribuir estes 9 computadores para quatro diferentes escritórios de forma que cada um receba pelo menos um novo computador?

    (b) Nove novos técnicos são contratados pela companhia telefônica. De quantas maneiras ela pode alocar estes nove empregados para quatro diferentes escritórios de forma que cada um receba pelo menos um novo técnico?

15. Encontrar o número de maneiras de se distribuir n livros idênticos de português em r caixas idênticas e m livros idênticos de história em k caixas idênticas de tal forma que nenhuma caixa fique vazia. É claro que estamos supondo $r \leq n$ e $k \leq m$.

16. Resolver o exercício anterior no caso $r = 4$, $n = 6$, $k = 3$ e $m = 5$.

17. Encontrar a função geradora exponencial para cada uma das seqüências:

    (a) $(1, 1, 1, 0, 0, 0, \ldots)$;   (b) $(1, 3, 3^2, 3^3, \ldots)$;

    (c) $(0, 2, 0, 2, 0, 2, \ldots)$.

18. Encontrar a função geradora ordinária para a seqüência:
$$a_k = 1 + 2 + 2^2 + 2^3 + \cdots + 2^k.$$

19. Dispõe-se de um número ilimitado de bolas vermelhas, brancas e verdes. De quantos modos podemos selecionar n bolas sendo que cada seleção deve conter um número par de bolas verdes?

20. Quantas são as r-seqüências quaternárias nas quais o número de 0's é par e o número de 1's também é par?

21. De quantas maneiras podemos distribuir 300 cadeiras idênticas em 4 salas de modo que o número de cadeiras em cada sala seja 20 ou 40 ou 60 ou 80 ou 100?

22. Encontrar a função geradora ordinária para o número de partições de n em que todas as partes são ímpares e nenhuma supera 7.

23. Encontrar o número de r-seqüências ternárias (os componentes são formados somente por 0, 1 e 2) nas quais o número de 0's é par.

24. Dar uma interpretação, em termos de partições, para:

    (a) O coeficiente de x^{12} na expansão de

    $$(1 + x^2 + x^4 + x^6 + x^8 + x^{10} + x^{12})(1 + x^4 + x^8 + x^{12})$$
    $$(1 + x^6 + x^{12})(1 + x^8)(1 + x^{10})(1 + x^{12}).$$

    (b) O coeficiente de x^{15} na expansão de

    $$(1 + x^3 + x^6 + x^9 + x^{12} + x^{15})(1 + x^6 + x^{12})(1 + x^9).$$

25. Calcular os coeficientes dos itens (a) e (b) do exercício anterior.

26. Escrever a função geradora que pode ser usada para se encontrar:

    (a) O número de partições de 34 com partes restritas a 6, 8, 10 e 20.

    (b) O número de partições de 13 com partes maiores do que 3.

    (c) O número de partições de 11 em partes ímpares distintas.

Capítulo 6

Relações de recorrência

1 Introdução

A formulação de relações de recorrência é uma arma poderosa e versátil na resolução de problemas combinatórios. De fato, muitos problemas considerados difíceis à primeira vista são facilmente resolvidos por esta técnica. Neste tipo de abordagem partimos do problema particular (calcular o número de determinadas configurações quando dispomos de, por exemplo, 5 elementos) para o problema genérico (quando existem n elementos). Este enfoque, que aparentemente leva a um problema mais complicado, é bem-sucedido quando conseguimos:

(i) obter a solução do problema genérico a partir da solução de exemplares menores do problema (com, digamos, $n - 1$ elementos);

(ii) determinar de modo trivial a solução de certos exemplares do problema (com, por exemplo, 1 elemento).

Os exemplos a seguir tornarão mais precisas as noções esboçadas informalmente acima. Salientamos ainda que o método em si é nosso velho conhecido, embora talvez não o associemos ao pomposo nome de "recorrência". Afinal, a familiar "regra do três" (para decidir se um número qualquer é divisível por 3) satisfaz exatamente os requisitos acima. Dado um número escrito na base decimal, somamos seus algarismos e verificamos se a soma (que é número menor do que o original

— item (i) satisfeito) é divisível por 3. Repetimos o procedimento até obter um número pequeno o suficiente para que possamos determinar por inspeção se é múltiplo de três — item (ii) satisfeito.

Exemplo 6.1 (Cálculo do tamanho de uma população de coelhos.) *Suponha que um casal de coelhos recém-nascidos é colocado numa ilha, e que eles não produzem descendentes até completarem dois meses de idade. Uma vez atingida esta idade, cada casal de coelhos produz exatamente um outro casal de coelhos por mês. Qual seria a população de coelhos na ilha após nove meses, supondo que nenhum dos coelhos tenha morrido e não haja migração neste período?*

Indicando um casal de coelhos pelo símbolo $(\male,\female)$ e a respectiva idade (0 = recém-nascidos, 1 = um mês de idade, $*$ = pelo menos dois meses) acima e à direita do símbolo, podemos representar a evolução da população pela tabela abaixo:

Mês	População
1	$(\male,\female)^0$
2	$(\male,\female)^1$
3	$(\male,\female)^* (\male,\female)^0$
4	$(\male,\female)^* (\male,\female)^1 (\male,\female)^0$
5	$(\male,\female)^* (\male,\female)^* (\male,\female)^1 \ (\male,\female)^0 (\male,\female)^0$
6	$(\male,\female)^* (\male,\female)^* (\male,\female)^* \ (\male,\female)^1 (\male,\female)^1$ $(\male,\female)^0 \ (\male,\female)^0 (\male,\female)^0$

Se por um lado a construção da tabela logo se torna enfadonha, por outro nos faz perceber uma regra de formação para o desenvolvimento da população. Como calcular a população no início do sexto mês?

Como não há mortes, podemos inicialmente contar com a população do quinto mês. O passo seguinte é calcular o número de nascimentos. Ora, estes correspondem ao número de casais com pelo menos um mês no início do quinto mês. Isto requer que a população seja contabilizada por idade, como feito na tabela anterior. É possível evitar este trabalho, se observarmos que a população com pelo menos um mês de idade no quinto mês consiste exatamente da população total no quarto mês. Denotando por F_n a população no $n^{\text{ésimo}}$ mês, o argumento acima produz a equação $F_6 = F_5 + F_4$. Mas o raciocínio se aplica a qualquer mês, ou seja, toda a discussão pode ser refeita substituindo-se sexto por $n^{\text{ésimo}}$, quinto por $(n-1)^{\text{ésimo}}$ e quarto por $(n-2)^{\text{ésimo}}$. Então, na verdade, podemos escrever a equação

$$F_n = F_{n-1} + F_{n-2}, \qquad \text{para } n \geq 3. \tag{6.1}$$

Com isto, realizamos o passo (i) mencionado no início da seção. Ou seja, a seqüência (F_n) de população de coelhos na ilha ao longo dos meses (supondo inexistência de mortes ou migração) satisfaz a relação (6.1) acima. Note que, dados dois valores de elementos da seqüência em quaisquer dois meses consecutivos, podemos calcular todos os valores dos elementos da seqüência dos meses posteriores. É dado do problema que a população inicial F_1 de coelhos consiste de um casal. Não podemos, entretanto, calcular F_2 a partir da relação (6.1), pois esta envolveria o termo F_0, não definido. A população F_2 deve ser calculada diretamente do enunciado, como feito para a construção da tabela. Feito isto, concluímos o passo (ii). Observe que podemos medir a população em número de casais ou em número de coelhos. A relação entre os termos da seqüência é (6.1) em qualquer dos casos. As condições iniciais seriam, no entanto, diferentes. Se contarmos o número de casais, teremos $F_1 = F_2 = 1$, e, se contarmos o número de coelhos, teremos $F_1 = F_2 = 2$. A seqüência de números gerada no primeiro caso é exatamente a seqüência de Fibonacci,[1] introduzida no Capítulo 1, enquanto que a seqüência produzida no segundo caso seria exatamente o dobro (termo a termo) da seqüência de Fibonacci. Isto ilustra um ponto muito importante, a saber que a *relação de recorrência* que define a solução do problema é composta de duas partes: um conjunto de condições iniciais e uma fórmula que expresse o valor de um termo da seqüência em função de termos anteriores. Portanto, (6.1) é apenas parte da relação de recorrência que, em sua forma completa, seria, se contássemos a população em termos de número de casais,

$$F_1 = 1, \quad F_2 = 1,$$
$$F_n = F_{n-1} + F_{n-2}, \qquad \text{para } n \geq 3. \tag{6.2}$$

O leitor deveria observar qual a seqüência gerada para condições iniciais diferentes, como, por exemplo, $F_1 = 3$ e $F_2 = 7$. ∎

Note que, uma vez que uma relação de recorrência é estabelecida, podemos calcular termos anteriores aos que definem as condições iniciais usando a fórmula de recorrência, estendendo, portanto, a seqüência. Assim, no Exemplo 6.1, podemos calcular F_0 a partir da equação $F_2 = F_1 + F_0$ e das condições iniciais, obtendo $F_0 = F_2 - F_1 = 1 - 1 = 0$. Neste caso, poderíamos redefinir a relação de recorrência para descrever a seqüência estendida:

$$F_0 = 0, \quad F_1 = 1,$$
$$F_n = F_{n-1} + F_{n-2}, \qquad \text{para } n \geq 2. \tag{6.3}$$

Em muitas ocasiões teremos necessidade de nos referir apenas à(s) *equação(ões) de recorrência*, que é(são) obtida(s) da relação de recorrência retirando-se as condições iniciais. No caso da relação (6.3), a equação de recorrência seria $F_n = F_{n-1} + F_{n-2}$.

---

[1]Este problema foi originalmente formulado e resolvido por Leonardo de Pisa, vulgo Fibonacci, um matemático italiano do século XIII.

Exemplo 6.2 (Divisão do plano por retas.) *Um problema clássico em combinatória é a contagem das regiões criadas no plano por um conjunto de retas. Estudaremos duas variantes do problema.*

(a) *As retas são duas a duas concorrentes e a interseção de qualquer subconjunto de três retas é vazia.*[2]

Chamemos de $f(n)$ o número de regiões quando o conjunto contém n retas. Quando $n = 0$, temos obviamente apenas uma região, designada por I na Figura 6.1(a). Ao introduzirmos uma reta, dividimos o plano em duas regiões, I e II na Figura 6.1(b). O que acontece se acrescentamos uma segunda reta? Se ela estivesse inteiramente contida numa das regiões I ou II, apenas esta região seria subdividida, passando o número de regiões para 3. Mas isto só seria possível se a segunda reta fosse paralela à primeira, fato vedado pela hipótese do enunciado. Portanto, a segunda reta deve cruzar com a primeira e deve atravessar as duas regiões definidas pela primeira. Logo, cada uma dessas regiões será por sua vez subdividida, e o novo número de regiões é 4, como ilustrado na Figura 6.1(c).

Adiantando um pouco o processo, examinemos o que acontece ao acrescentarmos a quinta reta. A Figura 6.1(d) ilustra o plano dividido em 11 regiões por quatro retas (linhas sólidas) e a introdução da quinta reta (linha tracejada). Como o enunciado proíbe retas paralelas, a quinta reta terá interseção com cada uma das anteriores. Escolhendo uma orientação para a quinta reta (por exemplo da esquerda para a direita na Figura 6.1(d)), podemos enumerar estas interseções de acordo com a ordem em que são visitadas quando a reta é percorrida na orientação escolhida. São os pontos 1, 2, 3 e 4 na Figura 6.1(d). O trecho da quinta reta antes do ponto 1 está inteiramente contido numa das regiões do plano (região II da Figura 6.1(d)), pois se atravessasse duas

[2]A primeira solução para este problema foi obtida pelo matemático suíço Jacob Steiner em 1826.

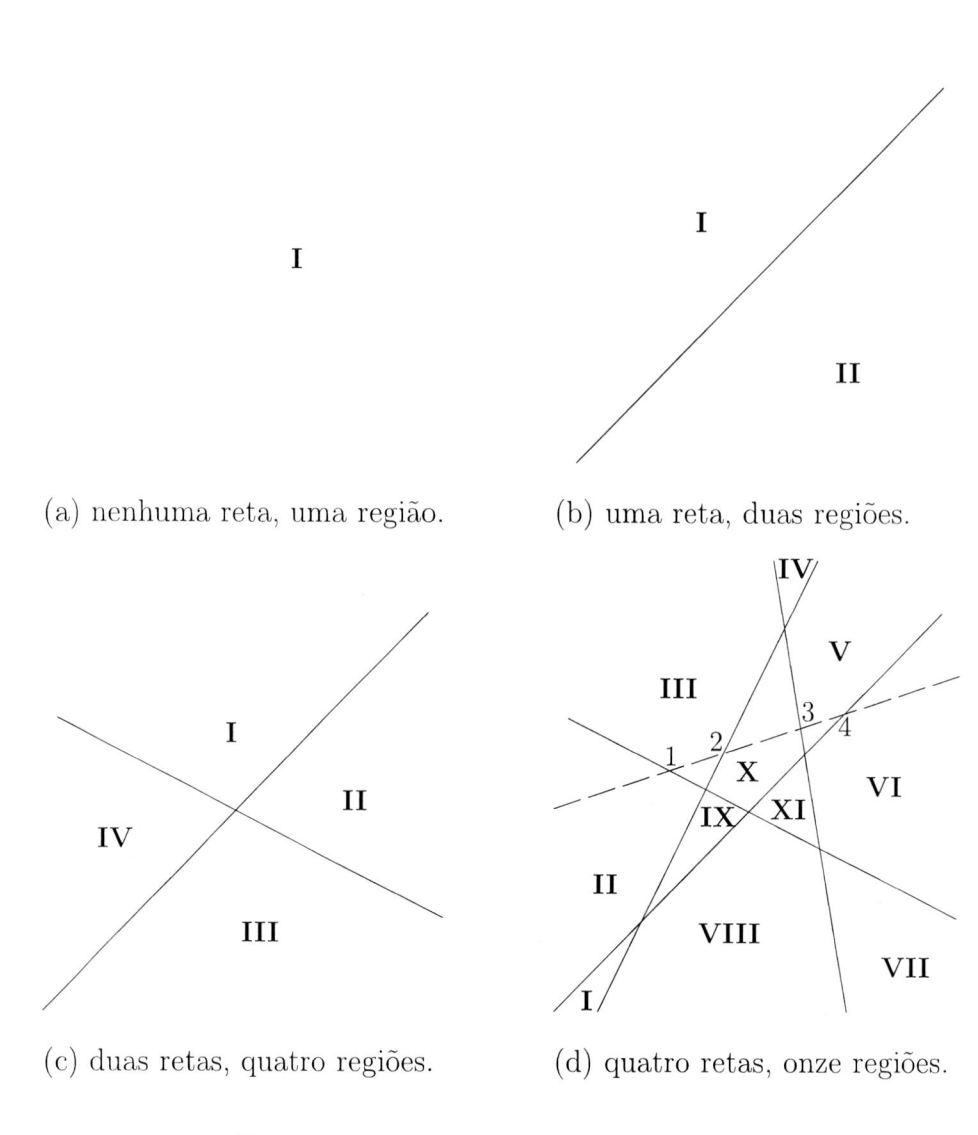

(a) nenhuma reta, uma região.

(b) uma reta, duas regiões.

(c) duas retas, quatro regiões.

(d) quatro retas, onze regiões.

Figura 6.1 Divisão do plano por retas.

ou mais regiões teria que interceptar a fronteira dessas regiões (outra(s) reta(s)), o que implicaria em pontos de interseção que seriam visitados antes do ponto 1 ao percorrer a quinta reta na orientação escolhida, um absurdo. Portanto, o trecho da quinta reta antes do ponto 1 subdivide a (única) região que o contém em duas. Pelo mesmo raciocínio, o trecho de reta entre os pontos 1 e 2 está contido em uma única região (região III da figura), que também é, por sua vez, subdividida. Da mesma forma, as regiões entre os pontos 2 e 3, e 3 e 4 são também subdivididas pelo trecho da quinta reta que as atravessa. Finalmente, o trecho da quinta reta após o ponto 4 também pertence a uma única região (raciocínio análogo ao anterior), que é por ele subdividida. São no total 5 novas regiões criadas pela quinta reta, uma para cada intervalo entre dois pontos consecutivos, uma para o trecho antes do ponto 1 e uma para o trecho depois do ponto 4. Logo, o plano é dividido em $11 + 5 = 16$ regiões pelas cinco retas.

Passemos agora ao caso geral. O plano está dividido em r_{n-1} regiões por $n - 1$ retas, e queremos calcular quantas regiões teremos ao introduzir a $n^{\text{ésima}}$ reta. Pelas hipóteses do problema, esta última reta intercepta todas as $n - 1$ anteriores, e, assumindo uma orientação qualquer para a $n^{\text{ésima}}$ reta, podemos enumerar os pontos de interseção de acordo com esta orientação, como feito acima. Então, o trecho da $n^{\text{ésima}}$ reta antes do ponto 1 (na orientação escolhida) subdivide a região que o contém em duas. O trecho entre os pontos i e $i + 1$, para $i = 1, \ldots,$ $n - 2$, subdivide a região que o contém em duas. Finalmente, o trecho após o $(n - 1)^{\text{ésimo}}$ ponto de interseção também subdivide a região que o contém em duas. Serão, portanto, n regiões adicionais. Denotando por r_n o número de regiões determinadas pelas n retas e levando em conta o caso trivial ($n = 0$), estabelecemos a relação de recorrência

$$\begin{aligned} r_0 &= 1, \\ r_n &= r_{n-1} + n, \qquad \text{para } n \geq 1. \end{aligned} \tag{6.4}$$

A relação de recorrência fornece uma regra para o cálculo de qualquer termo da seqüência e dela conseguimos muitas vezes extrair outras informações sobre a seqüência (taxa de (de)crescimento, alternância ou não de sinal, etc.). No entanto, em algumas situações é desejável e possível ir mais além: deduzir da relação de recorrência uma fórmula fechada (isto é, que não depende de termos anteriores ou outras incógnitas, a informação sobre a ordem do termo dentro da seqüência é suficiente) para o termo geral da seqüência. A simplicidade da relação em (6.4) permite obter facilmente uma fórmula fechada para r_n. Somando as equações $r_i = r_{i-1} + i$, para $i = 1, \ldots, n$, obtemos

$$\sum_{i=1}^{n} r_i = \sum_{i=1}^{n} r_{i-1} + \sum_{i=1}^{n} i.$$

Mas a soma $\sum_{i=1}^{n-1} r_i$ aparece em ambos os lados da igualdade e pode ser cancelada, fornecendo

$$r_n = r_0 + \sum_{i=1}^{n} i.$$

O segundo termo da expressão acima é simplesmente a soma dos n primeiros inteiros positivos, que deduzimos ser igual a $n(n+1)/2$ no Capítulo 1. Portanto,

$$r_n = 1 + \frac{n(n+1)}{2} = \frac{n^2 + n + 2}{2}, \qquad \text{para } n \geq 0. \qquad (6.5)$$

A expressão para r_n em (6.5) é chamada de *solução* da relação de recorrência (6.4). Veremos nas próximas seções técnicas para a obtenção de soluções de diversos tipos (mas não todos!) de relações de recorrência.

(b) *O conjunto de retas é particionado em dois subconjuntos: o primeiro é composto de retas paralelas (as únicas do conjunto) e o segundo é composto de retas que satisfazem as condições do item (a).*

Então, cada reta do segundo conjunto intercepta cada uma das retas paralelas do primeiro conjunto e assim por diante. Veja, por exemplo, a Figura 6.2, onde o primeiro subconjunto possui três retas e o segundo duas.

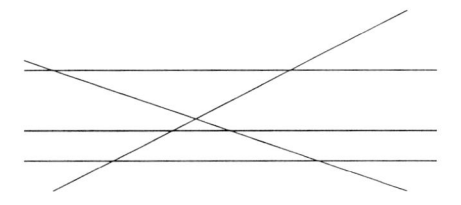

Figura 6.2 Plano dividido por três retas paralelas e duas não-paralelas.

Chamemos de K o conjunto de retas paralelas e de N o outro conjunto de retas. Seja $r_{k,n}$ o número de regiões em que o plano é dividido quando $|K| = k$ e $|N| = n$. Observe que o estudo do problema anterior permite a solução de casos especiais do presente problema, tais como $r_{0,0} = 1$, $r_{1,0} = r_{0,1} = 2$ e $r_{0,n} = (n^2 + n + 2)/2$.

Outro caso de solução trivial é $r_{k,0}$. Dado que $r_{1,0} = 2$ e que, se acrescentarmos uma reta paralela à já existente, ela não vai interceptar a anterior e estará, portanto, inteiramente contida em uma das regiões definidas no plano pela reta anterior, temos que $r_{2,0} = 2 + 1 = 3$, pois apenas uma das regiões é subdividida em duas pela introdução da nova reta. O caso geral é igualmente simples. O plano está dividido em $r_{k,0}$ regiões por k retas paralelas. Se introduzimos mais uma reta paralela às anteriores, ela estará inteiramente contida numa das $r_{k,0}$ regiões, pois do contrário teria que interceptar uma das retas anteriores. Mas então a região que contém a nova reta é a única a ser subdividida pela introdução da mesma. Portanto, obtemos a relação de recorrência

$$r_{0,0} = 1$$
$$r_{k+1,0} = r_{k,0} + 1, \qquad \text{para } k \geq 0,$$

que define a seqüência de números $(r_{0,0}, r_{1,0}, r_{2,0}, \ldots)$. Mas a relação de recorrência acima é justamente a que define uma progressão aritmética de razão 1 e termo inicial 1. É trivial deduzir que $r_{k,0} = r_{0,0} + k = k + 1$.

Considere uma tabela cujas linhas e colunas estão indexadas de 0 em diante. Podemos associar o elemento na linha k e coluna n ao número $r_{k,n}$, estabelecendo uma relação 1–1 entre os valores de interesse e os elementos da tabela. Já calculamos os elementos na coluna 0 e na linha 0. Utilizando nossa experiência com o caso anterior, passemos ao caso genérico do cálculo de $r_{k,n}$.

Considere, inicialmente, a situação em que temos $k-1$ e n retas no primeiro e segundo conjuntos, respectivamente. Acrescenta-se uma reta paralela às retas do primeiro conjunto que interceptará todas as n retas do segundo conjunto (e nenhuma do primeiro). Analogamente ao desenvolvimento feito para o item (a), podemos numerar os n pontos de interseção da nova reta com as retas do segundo conjunto e concluir que ela subdivide $n+1$ regiões, dentre as $r_{k-1,n}$ já definidas no plano. Isto leva à equação abaixo:

$$r_{k,n} = r_{k-1,n} + n + 1, \qquad \text{para } k \geq 1, \, n \geq 0. \tag{6.6}$$

Por outro lado, podemos supor que temos k e $n-1$ retas no primeiro e segundo conjuntos, respectivamente, e acrescentamos uma reta ao segundo conjunto, isto é, uma não-paralela a nenhuma das $k+n-1$ retas já existentes. Esta nova reta interceptará, portanto, todas as anteriores, e estes $k+n-1$ pontos de interseção podem ser numerados como no item (a). É imediato concluir que esta reta subdivide $k+n$ regiões, o que leva à seguinte equação:

$$r_{k,n} = r_{k,n-1} + k + n, \qquad \text{para } k \geq 0, \, n \geq 1. \tag{6.7}$$

Na tabela abaixo, as setas horizontal e vertical colocadas no canto inferior direito são usadas para representar os tipos possíveis de recursão. Aplicando (6.6) ou (6.7) um número finito de vezes, atingiremos a coluna 0 ou a linha 0, cujos elementos já foram calculados. Tomando uma das equações, (6.6) ou (6.7), e a condição inicial $r_{0,n} = \frac{n^2+n+2}{2}$ ou $r_{k,0} = k+1$, respectivamente, temos uma relação de recorrência para o problema. Ou seja, a relação de recorrência que define uma determinada seqüência *não é necessariamente única*.

$$|N|$$

		0	1	2	$\cdots$	$n-2$	$n-1$	n
	0	1	2	4	$\cdots$	$\frac{n^2-3n+4}{2}$	$\frac{n^2-n+2}{2}$	$\frac{n^2+n+2}{2}$
	1	2						
	2	3						
$|K|$	$\vdots$	$\vdots$			$\vdots$			
	$k-2$	$k-1$						
	$k-1$	k						$r_{k-1,n}$
	k	$k+1$					$r_{k,n-1}$	$\leftarrow\ r_{k,n}$

Assim como no item (a), podemos achar uma fórmula fechada para $r_{k,n}$. Somando as equações (6.6) em ordem decrescente de k até 1, cancelando os termos iguais e utilizando a condição inicial $r_{0,n} = \frac{n^2+n+2}{2}$, temos

$$r_{k,n} = \frac{n^2+n+2}{2} + k(n+1), \qquad \text{para } k \geq 0,\ n \geq 0. \tag{6.8}$$

Aplicando procedimento análogo à equação (6.7), isto é, somando em ordem decrescente de n até 0, cancelando os termos que aparecem nos dois lados, utilizando a condição inicial $r_{k,0} = k+1$ e a fórmula para a soma dos n primeiros números positivos, obtemos

$$\begin{aligned} r_{k,n} &= r_{k,0} + nk + \frac{n(n+1)}{2} \\ &= k+1+nk+\frac{n(n+1)}{2}, \qquad \text{para } k \geq 0,\ n \geq 0. \end{aligned}$$

Ambas as expressões se reduzem a

$$r_{k,n} = \frac{n^2+n}{2} + k(n+1) + 1, \qquad \text{para } k \geq 0,\ n \geq 0.\ \blacksquare \tag{6.9}$$

Exemplo 6.3 (A Torre de Hanoi.) *Neste jogo, inventado pelo matemático francês Edouard Lucas em 1883, o objetivo é passar os oito discos colocados em ordem ascendente de tamanho (de cima para baixo) no eixo à esquerda para o eixo à direita (veja ilustração na Figura 6.3), na mesma ordem, e efetuando o menor número de movimentos. Somente um disco pode ser mudado de eixo a cada movimento, e ele não pode ser colocado em cima de um disco menor.*

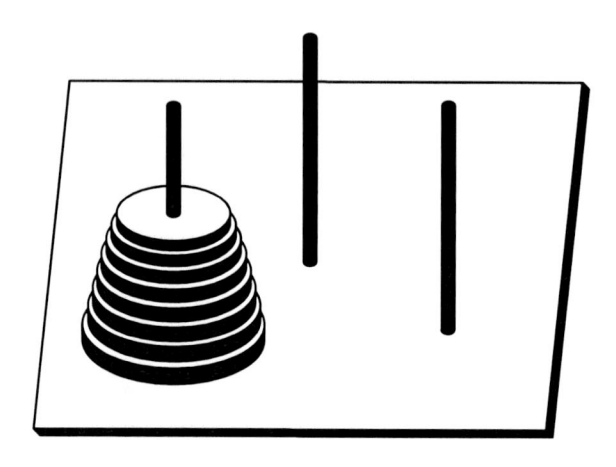

Figura 6.3 A Torre de Hanoi.

Antes de prosseguir a leitura, seria interessante confeccionar uma versão simplificada da Torre de Hanoi e tentar realizar o jogo com um número pequeno de peças.

Como nos exemplos anteriores, a estratégia consiste em resolver o problema para uma torre com n discos. Seja T_n o menor número de movimentos para mudar uma torre de n discos do eixo à esquerda para o eixo à direita. Observe que, em conseqüência das regras do jogo, para que o maior disco possa ser colocado no eixo à direita, é obrigatório que a configuração de discos que precede este movimento seja a que tem todos os discos, com exceção do maior, empilhados no eixo intermediário e o maior disco sozinho no eixo à esquerda. A tarefa de passar os $n-1$

discos menores do eixo à esquerda para o eixo intermediário é equivalente (em termos de número de movimentos necessários) à de passar $n-1$ discos do eixo intermediário para o eixo à direita. Por definição, o menor número de movimentos para se conseguir esta façanha é T_{n-1}. Uma vez que o disco maior seja colocado no eixo à direita (gasta-se neste passo um movimento), resta ainda passar para este último todos os $n-1$ discos que se encontram no eixo intermediário, novamente uma tarefa que requer no mínimo T_{n-1} movimentos. Temos então um total de no mínimo $2T_{n-1}+1$ movimentos. Recapitulando: (i) identificamos uma etapa que é forçosamente atingida no desenrolar do jogo, qualquer que seja a escolha da seqüência de movimentos, (ii) contabilizamos a maneira mais eficiente de chegar nesta etapa, (iii) contabilizamos o movimento, também indispensável, de mover o maior disco, (iv) feito isto, recaímos numa etapa análoga à do item (i) e novamente contabilizamos a maneira mais eficiente de, a partir dela, chegar ao final. O caso trivial é quando existe somente um disco a ser mudado, o que pode ser feito com apenas um movimento. A relação de recorrência que obtivemos é

$$\begin{aligned} T_1 &= 1, \\ T_n &= 2T_{n-1} + 1, \quad \text{para } n \geq 2. \end{aligned} \tag{6.10}$$

A obtenção de uma solução para a relação acima não é difícil, mas torna-se trivial mediante um pequeno truque. Somando 1 em ambos os lados da equação (6.10), obtemos

$$T_n + 1 = 2(T_{n-1} + 1). \tag{6.11}$$

Fazendo a mudança de variáveis $\tau_n = T_n + 1$, (6.11) se reduz a

$$\tau_n = 2\tau_{n-1}, \tag{6.12}$$

que define uma progressão geométrica de razão 2 e termo inicial $\tau_1 = 2$. Portanto $\tau_n = 2^n$, o que implica

$$T_n = 2^n - 1, \qquad \text{para } n \geq 1. \ \blacksquare \tag{6.13}$$

A seguir, voltamos ao tópico de permutações caóticas, introduzido na seção 4 do Capítulo 4. Este é um dos problemas "mascote" de combinatória, pois pode ser utilizado para ilustrar com elegância uma série de técnicas.

Exemplo 6.4 (Permutações caóticas.) *Relembramos que nosso objetivo neste caso é contar o número de permutações dos números positivos de 1 a n, tais que nenhum número ocupa sua posição "natural", isto é, o número i não ocupa a $i^{\text{ésima}}$ posição, para $i = 1, \ldots, n$.*

Seja D_n o número de permutações caóticas de n elementos. É imediato concluir que isto é uma impossibilidade para $n = 1$ (ou seja, $D_1 = 0$) e que $D_2 = 1$. Para $n = 3$, são possíveis duas permutações caóticas: 231 e 312. Já para $n = 4$, temos nove possibilidades: 2341, 3421, 4321, 3412, 3142, 4312, 2413, 4123 e 2143.

Para resolver o caso geral, separemos os casos possíveis de acordo com o elemento na $n^{\text{ésima}}$ posição. O procedimento aqui é, na verdade, uma aplicação engenhosa do princípio aditivo. Para contar o número de elementos de um conjunto, vamos particioná-lo de modo que a cardinalidade de cada subconjunto da partição seja fácil de calcular (em termos de exemplares do problema com menos elementos), e a cardinalidade do conjunto será simplesmente a soma das cardinalidades dos subconjuntos da partição. Neste tipo de abordagem, procuramos tirar o máximo proveito das possíveis simetrias do problema.

A tabela a seguir ilustra o raciocínio empregado. Nesta tabela denotamos por a_i o elemento que ocupa a $i^{\text{ésima}}$ posição na permutação. O conjunto de todas as permutações caóticas é inicialmente particionado de acordo com o elemento na $n^{\text{ésima}}$ posição. Considere como o primeiro subconjunto aquele constituído pelas permutações que têm o 1 na $n^{\text{ésima}}$ posição. Particionamos agora este subconjunto de acordo com o elemento que ocupa a primeira posição. Consideramos dois subconjuntos: o primeiro contém as permutações que têm n na primeira posição e o segundo contém as permutações que têm n em alguma posição que não a primeira. As permutações do primeiro subconjunto têm o $a_1 = n$, $a_n = 1$, e 2, 3, ..., $n-1$ ocupando as posições 2, 3, ..., $n-1$, sendo que nenhum desses números ocupa sua posição natural. Mas então, por definição, este subconjunto contém D_{n-2} permutações. As permutações do segundo subconjunto têm $a_n = 1$ e 2, 3, ..., n ocupando as posições 1, 2, ..., $n-1$, sendo que os números 2, 3, ..., $n-1$ não ocupam sua posição natural e o número n não ocupa a primeira posição. Ou seja, cada um dos números tem uma posição que lhe é proibido ocupar. A primeira posição está fazendo o papel da $n^{\text{ésima}}$ posição (aquela que número n não ocupa), e, portanto, este conjunto deve conter D_{n-1} permutações.

Conjunto de permutações caóticas

$a_n = 1$		$a_n = 2$		$\cdots$	$a_n = n-1$	
$a_1 = n$	$a_1 \neq n$	$a_2 = n$	$a_2 \neq n$	$\cdots$	$a_{n-1} = n$	$a_{n-1} \neq n$
D_{n-2}	D_{n-1}	D_{n-2}	D_{n-1}	$\cdots$	D_{n-2}	D_{n-1}

Somando as cardinalidades de todos os subconjuntos e lembrando os casos especiais já resolvidos, temos a relação de recorrência

$$
\begin{aligned}
D_1 &= 0, \quad D_2 = 1, \\
D_n &= (n-1)(D_{n-2} + D_{n-1}), \qquad \text{para } n \geq 3.
\end{aligned}
\tag{6.14}
$$

Reescrevendo a equação acima, temos

$$
D_n - nD_{n-1} = (-1)(D_{n-1} - (n-1)D_{n-2}).
$$

Definindo

$$
d_n = D_n - nD_{n-1},
\tag{6.15}
$$

a equação acima pode ser reescrita como

$$
d_n = (-1)d_{n-1},
$$

que define uma progressão geométrica de razão -1 e segundo termo igual a 1. Portanto, $d_n = (-1)^n$. Substituindo este valor em (6.15), temos uma outra relação de recorrência para o problema, que será mais útil para obtenção de uma solução na seção 2.2 adiante:

$$D_1 = 0,$$
$$D_n = nD_{n-1} + (-1)^n, \qquad \text{para } n \geq 2. \ \blacksquare \qquad (6.16)$$

Exemplo 6.5 (Divisão de um polígono.) *Neste exemplo queremos calcular de quantas maneiras é possível dividir um polígono convexo em triângulos por meio de diagonais que não se interceptam. A posição do polígono é fixada, de modo que todas as partições diferentes com respeito à posição considerada são contabilizadas, mesmo que algumas delas possam resultar em configurações iguais mediante rotação.*

A Figura 6.4 ilustra as duas maneiras possíveis de dividir um quadrilátero e as cinco maneiras de dividir um pentágono.

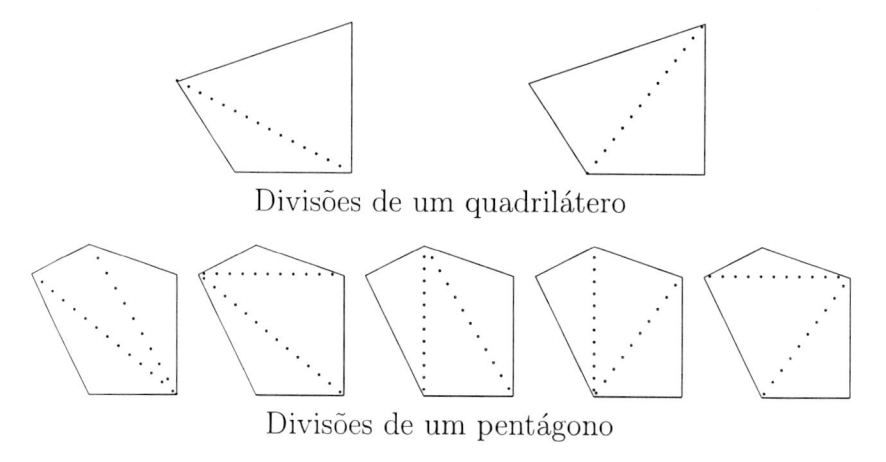

Divisões de um quadrilátero

Divisões de um pentágono

Figura 6.4 Divisão de polígonos em triângulos.

Denotando por P_n o número de maneiras de dividir um polígono de n lados, temos, então, que $P_4 = 2$ e $P_5 = 5$. Além disso, temos obviamente que $P_3 = 1$. O raciocínio para a construção da relação de recorrência guarda semelhança com o utilizado no Exemplo 6.4. Fixamos um dos lados do polígono de n lados, que chamaremos de *base*, e particionamos o conjunto de divisões do polígono de acordo com o triângulo que contém a base. Na Figura 6.5, o lado do octógono escolhido como base é representado por uma linha em negrito. O triângulo, cujos lados são a base e as duas linhas tracejadas, identifica todas as divisões de um dos subconjuntos da partição. À esquerda deste triângulo temos um polígono de k lados e à direita um polígono de ℓ lados. O total $k+\ell$ de lados dos dois polígonos é o número de lados do polígono original menos a base e mais os dois lados tracejados, ou seja, $n-1+2 = n+1$. Portanto, $\ell = n + 1 - k$.

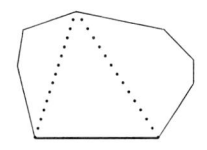

Figura 6.5 Triângulo que contém base.

Agora observe que o polígono à esquerda admite P_k divisões em triângulos e o polígono à direita P_{n+1-k}. Logo, temos $P_k P_{n+1-k}$ divisões do polígono original em que a base pertence ao triângulo em questão. Cabe agora verificar quantos triângulos podemos ter. Para isso, basta fazer o vértice oposto à base percorrer os vértices do polígono. Dois casos extremos chamam atenção ao efetuarmos esta operação, conforme ilustrado na Figura 6.6. No primeiro e último vértices (percorrendo os vértices no sentido horário), o triângulo que contém a base tem apenas um dos lados tracejados. Na primeira situação não temos mais o polígono à esquerda do triângulo, e o da direita tem $n - 1$ lados. Na segunda não temos o polígono à direita, e o da esquerda também tem $n - 1$ lados. Isso implica que

$$P_n = P_{n-1} + P_3 P_{n-2} + \ldots + P_{n-2} P_3 + P_{n-1}.$$

Com o objetivo de ter uma fórmula mais simétrica, definimos $P_2 = 1$, o que, além disso, evita a necessidade de definir P_3 separadamente. A relação de recorrência para a seqüência (P_n) fica, portanto,

$$P_2 = 1,$$
$$P_n = \sum_{k=2}^{n-1} P_k P_{n+1-k}, \qquad \text{para } n \geq 3. \tag{6.17}$$

Figura 6.6 Casos extremos para o triângulo que contém a base.

Voltaremos a este exemplo mais adiante, quando obteremos uma solução fechada para P_n usando técnica baseada em funções geradoras. ∎

Alguns problemas levam à formulação de relações de recorrência que envolvem mais de uma seqüência, como nos exemplos a seguir.

Exemplo 6.6 (Seqüências ternárias.) *Seqüências ternárias são aquelas compostas pelos dígitos 0, 1 e 2. Queremos calcular a_n, o número de seqüências ternárias de n dígitos que possuem um número par de 0's e número par de 1's.*

Claramente, $a_1 = 1$ e $a_2 = 3$ (00, 11 e 22). Seguindo a mesma abordagem dos Exemplos 6.4 e 6.5, estabelecemos um critério para particionar o conjunto de seqüências ternárias: o valor do $n^{\underline{\text{ésimo}}}$ elemento da seqüência. Se o $n^{\underline{\text{ésimo}}}$ elemento é um 2, então este elemento não influencia na quantidade de 0's e 1's que a seqüência contém. Portanto, o número de seqüências ternárias com n dígitos, que terminam em 2 e possuem número par de 0's e par de 1's, é igual ao número de seqüências ternárias com $n - 1$ dígitos que possuem número par de 0's e par de 1's. Se o $n^{\text{ésimo}}$ é um 1, então é necessário que dentre os $n - 1$ elementos que o antecedem exista um número ímpar de 1's (pois o número total de 1's deve ser par). Estes $n - 1$ elementos devem também conter um número par de 0's. Mas, então, torna-se conveniente definir a quantidade b_{n-1} de seqüências ternárias de $n - 1$ dígitos com estas características. Por outro lado, se o $n^{\text{ésimo}}$ elemento é um 0, caímos na situação oposta, sendo então conveniente definir a quantidade c_{n-1} de seqüências ternárias de $n - 1$ dígitos que possuem número ímpar de 0's e par de 1's. Claramente, temos que $b_1 = c_1 = 1$. Estabelecemos também que

$$a_n = a_{n-1} + b_{n-1} + c_{n-1}. \tag{6.18}$$

Mas a relação (6.18) e os casos triviais identificados não são suficientes para determinar a seqüência (a_n), visto que, para calcular a_n, temos que ter os valores de b_{n-1} e c_{n-1}, além de a_{n-1}. É necessário estabelecer equações de recorrência também para b_n e c_n. Particionamos o conjunto de seqüências ternárias de n dígitos com número par de 0's e ímpar de 1's de acordo com o $n^{\text{ésimo}}$ elemento. Se este é um 2, então os $n - 1$ primeiros elementos devem conter um número par de 0's e ímpar de 1's, mas, por definição, o número de seqüências ternárias de $n - 1$ dígitos com estas características é b_{n-1}. Se o $n^{\text{ésimo}}$ elemento é um 0, então os $n - 1$ primeiros elementos devem conter um número ímpar de 0's e ímpar de 1's, que constitui um tipo novo de seqüência. Podemos chamar de d_n a quantidade de seqüências ternárias de n dígitos com número ímpar de 0's e ímpar de 1's, no entanto, não precisamos considerá-las explicitamente. Observe que o número total de seqüências ternárias de n dígitos é 3^n, donde $d_n = 3^n - (a_n + b_n + c_n)$. Se o $n^{\text{ésimo}}$ elemento for um 1, os $n - 1$ primeiros elementos devem conter um número par de 0's e par de 1's, sendo, portanto, a_{n-1} o número de seqüências neste subconjunto. Logo, $b_n = b_{n-1} + d_{n-1} + a_{n-1} =$

$b_{n-1} + 3^{n-1} - a_{n-1} - b_{n-1} - c_{n-1} + a_{n-1} = 3^{n-1} - c_{n-1}$. Empregando esta mesma técnica obtemos uma equação de recorrência para c_n. Portanto, a relação de recorrência completa é

$$a_1 = 1, \quad b_1 = 1, \quad c_1 = 1,$$
$$\left. \begin{array}{l} a_n = a_{n-1} + b_{n-1} + c_{n-1} \\ b_n = 3^{n-1} - c_{n-1} \\ c_n = 3^{n-1} - b_{n-1} \end{array} \right\} \text{ para } n \geq 2. \tag{6.19}$$

Este exemplo será novamente comentado na seção 2.3, onde abordamos a utilização de funções geradoras na obtenção de soluções para relações de recorrência. ∎

Voltamos a seguir a um dos exemplos discutidos no Capítulo 4:

Exemplo 6.7 (Cavaleiros da távola redonda.) *Doze cavaleiros do rei Arthur foram convocados para uma reunião no castelo para desenvolverem juntos um plano de combate. Estes doze cavaleiros podem ser divididos em seis pares de cavaleiros que são mutuamente hostis. O rei não participará da reunião, de modo que o mordomo chefe do rei deve ser especialmente cuidadoso na alocação dos cavaleiros em seus assentos, no sentido de evitar brigas. Ele decidiu então alocar os cavaleiros em torno da Távola Redonda, de tal maneira que nenhum par de cavaleiros mutuamente hostis sente em lugares adjacentes. Quantas alocações deste tipo existem? (Obs.: não fazemos distinção entre alocações que sejam apenas um rearranjo cíclico de outras, isto é, que possam ser obtidas pelo deslocamento de cada cavaleiro um número fixo de lugares no sentido horário.)*

Se apenas dois cavaleiros fossem convocados e eles fossem mutuamente hostis, a tarefa do mordomo chefe seria naturalmente impossível. Denotando por M_n o número de alocações distintas de n pares de cavaleiros (cada par mutuamente hostil) na mesa, tais que nenhum par é colocado em lugares adjacentes, temos então que $M_1 = 0$. Quando

$n = 2$, temos as seguintes possibilidades (denotando por H_i, K_i o $i^{\text{ésimo}}$ par de "inimigos"):

Portanto, $M_2 = 2$. Quando $n = 3$, o número de possibilidades já é bem maior e a tarefa de enumerá-las, mais complicada. Desenvolvemos a seguir uma relação de recorrência para M_n usando novamente a técnica de particionar o conjunto de alocações distintas e contar a cardinalidade de cada subconjunto da partição. Assim como no Exemplo 6.6, veremos a necessidade de definir outras seqüências.

O critério escolhido para particionar o conjunto de alocações distintas de n pares de cavaleiros hostis será o número de pares de cavaleiros hostis que ficam em posições adjacentes com a retirada de um dos pares, o $n^{\text{ésimo}}$ par, digamos. A Figura 6.7 ilustra os casos possíveis, após a retirada de H_n, K_n: nenhum par hostil adjacente, ou um, ou dois.

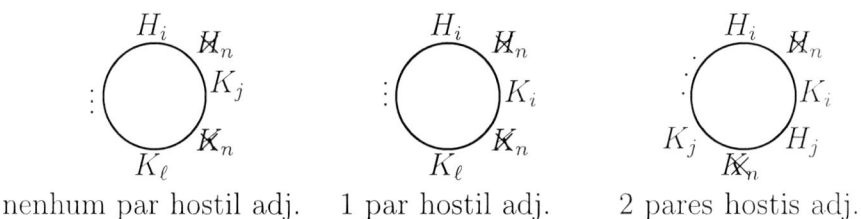

nenhum par hostil adj. 1 par hostil adj. 2 pares hostis adj.

Figura 6.7 Possíveis configurações após retirada do par hostil H_n, K_n.

Examinemos o número de alocações no primeiro subconjunto, no qual nenhum par de cavaleiros hostis fica adjacente após a retirada H_n, K_n. Este conjunto contém pelo menos M_{n-1} alocações distintas. Note, no entanto, que, embora todas as alocações de n pares de cavaleiros deste subconjunto sejam distintas, as alocações resultantes da retirada do $n^{\text{ésimo}}$ par não o são necessariamente. A Figura 6.8 ilustra este fenômeno. Note que as 12 alocações distintas de 3 pares de cavaleiros resultam na mesma alocação dos 2 pares restantes, se o terceiro é retirado.

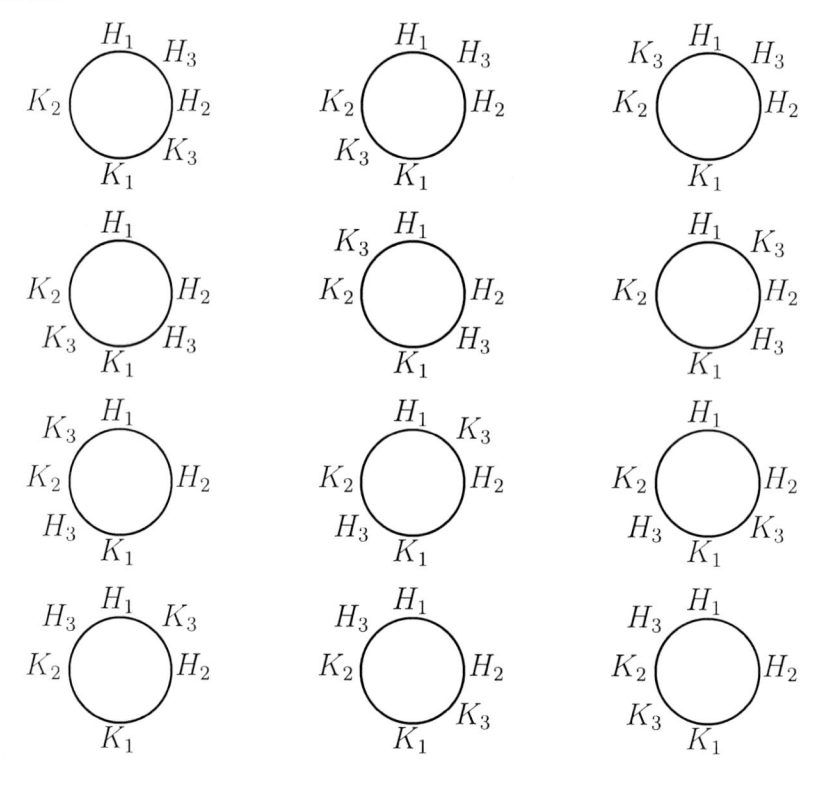

Figura 6.8 Retirada de $\{H_3, K_3\}$ reduz as 12 alocações distintas dos 3 pares à mesma alocação dos 2 pares restantes.

Generalizando, temos que, dada uma alocação de $n-1$ pares de cavaleiros hostis não-adjacentes, podemos criar uma alocação de n pares não-adjacentes, como segue:

(i) um dos cavaleiros (fixe um arbitrariamente) é sentado entre dois cavaleiros já sentados; $\quad\left.\right\}$ $2(n-1)$ possibilidades

(ii) o cavaleiro que falta é sentado entre dois cavaleiros, contanto que nenhum deles seja o seu inimigo. $\quad\left.\right\}$ $2(n-1)-1$ possibilidades

Portanto, $2(n-1)(2(n-1)-1)M_{n-1}$ é o número de elementos no primeiro subconjunto da partição.

Da mesma forma, uma alocação de $n-1$ pares com exatamente um par de cavaleiros hostis em posições adjacentes dá origem a várias alocações distintas no segundo subconjunto da partição (aquele no qual a retirada do $n^{\underline{\text{ésimo}}}$ par produz um par hostil adjacente), como segue:

(i) um dos cavaleiros é selecionado para desfazer o par de cavaleiros hostis adjacentes; $\Big\}$ 2 possibilidades

(ii) o cavaleiro que falta é sentado entre dois cavaleiros, contanto que nenhum deles seja o seu inimigo. $\Big\}$ $2(n-1)-1$ possibilidades

Denotando por N_n o número de alocações de n pares de cavaleiros distintos com exatamente um par hostil adjacente, temos que o número de elementos no segundo subconjunto da partição é $2(2(n-1)-1)N_{n-1}$.

O terceiro subconjunto da partição constitui o caso mais simples. Neste caso, cada alocação de $n-1$ pares com exatamente dois pares adjacentes dá origem a duas alocações distintas apenas. As posições que o par de cavaleiros deve ocupar já estão pré-determinadas, pois os dois pares hostis devem ser desfeitos. Portanto, há duas escolhas para o cavaleiro que ocupará uma destas posições, ficando, por exclusão, determinado o que ocupará a outra. Denotando por O_n o número de alocações de n pares com extamente dois pares hostis, temos que o número de elementos no terceiro subconjunto da partição é $2O_{n-1}$. Reunindo as expressões para os três subconjuntos, temos:

$$
\begin{aligned}
M_n &= 2(n-1)(2(n-1)-1)M_{n-1} + 2(2(n-1)-1)N_{n-1} + 2O_{n-1} \\
&= 2(2n-3)[(n-1)M_{n-1} + N_{n-1}] + 2O_{n-1}. \tag{6.20}
\end{aligned}
$$

Já estabelecemos os valores iniciais M_1 e M_2 da seqüência (M_n). A relação acima envolve, no entanto, duas novas seqüências para as quais precisamos também estabelecer valores iniciais. Se existe apenas um par de cavaleiros hostis na reunião, eles serão adjacentes na (única) disposição possível, logo $N_1 = 1$. Neste caso, é impossível ter exatamente dois pares hostis adjacentes; assim, $O_1 = 0$. Temos, outrossim, que $N_2 = 0$, pois se um dos pares é adjacente o outro também deverá ser. Já $O_2 = 4$, uma vez que cada par adjacente pode assumir duas posições relativas (veja Figura 6.9). Além disso, é necessário estabelecer fórmulas semelhantes a (6.20) para estas seqüências. Para tal, usaremos a mesma técnica de particionamento. *Supomos, no desenvolvimento abaixo, que n é maior do que ou igual a 3.*

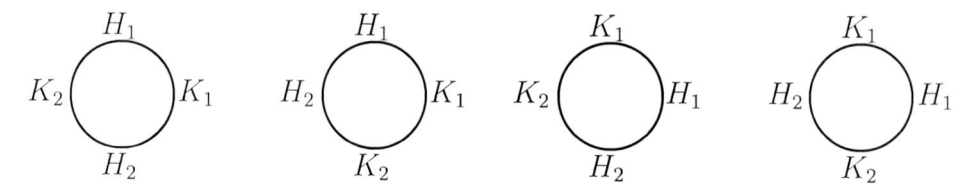

Figura 6.9 Alocações possíveis com dois pares hostis adjacentes.

As alocações de n pares de cavaleiros com exatamente um par hostil adjacente podem ser inicialmente particionadas de acordo com o par hostil que é adjacente. Isto produz n subconjuntos. Por simetria, cada um deles contém o mesmo número de elementos.

Considere o subconjunto de alocações no qual o par hostil adjacente é o $n^{\text{ésimo}}$. Particionamos este subconjunto de acordo com o que acontece se retiramos o $n^{\text{ésimo}}$ par. Existem duas possibilidades para a alocação dos $n - 1$ pares restantes: (i) não contém nenhum par hostil adjacente, ou (ii) contém exatamente um par hostil adjacente. Não é possível ter dois ou mais pares hostis adjacentes, pois a reintrodução do $n^{\text{ésimo}}$ par deve ser feita de modo que eles fiquem adjacentes e só pode, portanto, desfazer um par hostil adjacente.

Assim como nos casos anteriores, algumas alocações distintas dos n pares dão origem a alocações idênticas após a retirada do $n^{\text{ésimo}}$ par. Partimos, portanto, das alocações distintas de $n - 1$ pares em cada item ((i) e (ii)) e contamos quantas alocações distintas de n pares com as características do subconjunto sob consideração ela dá origem. Se a alocação dos $n-1$ pares não contém nenhum par adjacente hostil, então o $n^{\text{ésimo}}$ par pode ser colocado entre quaisquer dois cavaleiros, num total de $2(n-1)$ possibilidades. Além disso, há duas possibilidades para a posição relativa do $n^{\text{ésimo}}$ par (considerando o sentido horário): (H_n, K_n) e (K_n, H_n). Temos, portanto, um total de $4(n-1)M_{n-1}$ elementos neste subconjunto. Por outro lado, se a alocação de $n-1$ pares contém um par adjacente hostil, então só há uma posição para colocar o $n^{\text{ésimo}}$ par: entre os dois cavaleiros hostis adjacentes. Temos ainda duas possibilidades para a posição relativa do $n^{\text{ésimo}}$ par, do que resulta termos $2N_{n-1}$ elementos neste subconjunto. A tabela abaixo resume os cálculos efetuados (o par indicado no alto de cada coluna é o par hostil adjacente do subconjunto em questão da partição). A relação resultante é

$$N_n = 2n[2(n-1)M_{n-1} + N_{n-1}].\qquad(6.21)$$

Alocações com exatamente um par hostil adjacente

$\{H_1, K_1\}$	$\{H_2, K_2\}$	$\{H_3, K_3\}$	$\cdots$	$\{H_n, K_n\}$	
				retirada não produz nenhum par hostil adjacente	retirada produz 1 par hostil adjacente
				$4(n-1)M_{n-1}$	$2N_{n-1}$

Particionemos agora o conjunto de alocações de n pares com exatamente dois pares hostis adjacentes de acordo com os pares que são adjacentes. Há $\binom{n}{2}$ escolhas para os dois pares. Por simetria, cada um destes subconjuntos contém o mesmo número de elementos. Considere o subconjunto da partição no qual os dois pares adjacentes são $\{H_{n-1}, K_{n-1}\}$ e $\{H_n, K_n\}$. Particionemos agora este conjunto em dois subconjuntos: (i) as alocações nas quais não há nenhum cavaleiro entre os pares $\{H_{n-1}, K_{n-1}\}$ e $\{H_n, K_n\}$, e (ii) aquelas em que há pelo menos um cavaleiro entre os referidos pares. Substitua temporariamente estes dois pares por um novo par de cavaleiros hostis, digamos $\{H'_{n-1}, K'_{n-1}\}$ — H'_{n-1} corresponde ao par $\{H_{n-1}, K_{n-1}\}$, enquanto K'_{n-1} corresponde ao par $\{H_n, K_n\}$.

Com a substituição, o subconjunto obtido das alocações em (i) passa a ter $\frac{N_{n-1}}{n-1}$ alocações distintas. Este é o número de elementos em um dos subconjuntos obtidos particionando-se o conjunto de alocações de $n-1$ pares com exatamente um par hostil adjacente de acordo com o par hostil que é adjacente. No entanto, cada uma destas dá origem a 4 alocações distintas dos n pares, quando substituímos os "cavaleiros" H'_{n-1} e K'_{n-1} pelos pares correspondentes, pois há duas escolhas para a posição relativa dos cavaleiros em cada par. No subconjunto correspondente às alocações em (ii), temos M_{n-1} alocações distintas, cada uma das quais dá origem a 4 alocações distintas quando desfazemos a substituição. Temos, portanto, que

$$
\begin{aligned}
O_n &= 4\frac{n(n-1)}{2}\left[M_{n-1} + \frac{N_{n-1}}{n-1}\right] \\
&= 2n[(n-1)M_{n-1} + N_{n-1}].
\end{aligned}
\tag{6.22}
$$

Podemos agora montar a relação de recorrência completa para o problema, reunindo (6.20), (6.21) e (6.22), e as condições iniciais já obtidas:

$$
\left.
\begin{aligned}
&M_1 = 0, \quad N_1 = 1, \quad O_1 = 0, \quad M_2 = 2, \quad N_2 = 0, \quad O_2 = 4, \\
&M_n = 2(2n-3)[(n-1)M_{n-1} + N_{n-1}] + 2O_{n-1} \\
&N_n = 2n[2(n-1)M_{n-1} + N_{n-1}] \\
&O_n = 2n[(n-1)M_{n-1} + N_{n-1}]
\end{aligned}
\right\} \text{ para } n \geq 3.
\tag{6.23}
$$

A partir de (6.23), calculamos os valores das seqüências para n de 3 a 6, tabelados abaixo.

n	M_n	N_n	O_n
3	32	48	24
4	1.488	1.920	1.152
5	112.512	138.240	78.720
6	12.771.840	15.160.320	8.409.600

∎

Os próximos dois exemplos desta seção ilustram o fato de que nem sempre a análise de um problema leva à formulação de uma relação de recorrência com apenas uma equação. Ao considerarmos determinados casos separadamente, somos naturalmente levados à construção de equações de recorrência distintas, uma para cada caso. É claro que sempre poderíamos reduzir *a posteriori* estas equações a uma só por intermédio da utilização de funções não-lineares. Por exemplo, as equações

$$a_n = 1, \quad \text{para } n \text{ ímpar, } n \geq 1,$$
$$a_n = 3, \quad \text{para } n \text{ par, } n \geq 2,$$

definem a seqüência $(a_n) = (1, 3, 1, 3, \ldots)$. Definindo

$$\delta(n) = \begin{cases} 1, & \text{se } n \text{ é ímpar,} \\ 0, & \text{caso contrário,} \end{cases}$$

podemos expressar as duas equações anteriores em uma só, como segue:

$$a_n = \delta(n)1 + (1 - \delta(n))3, \quad \text{para } n \geq 1.$$

O problema a seguir foi abordado via funções geradoras no Capítulo 5, Exemplo 5.32. Uma fórmula fechada para a solução será obtida nas seções 2.2 e 2.3.

Exemplo 6.8 (Triângulos não-semelhantes de perímetro constante.) *Calcular o número t_n de triângulos não-semelhantes de lados inteiros e perímetro inteiro n.*

Cada triângulo é identificado por uma tripla (a, b, c) que indica os comprimentos dos seus lados. Como o perímetro do triângulo é n, a tripla deve satisfazer

$$a + b + c = n. \tag{6.24}$$

Para evitar a contagem de triângulos semelhantes basta exigir, como no Capítulo 5, que

$$a \leq b \leq c. \tag{6.25}$$

As condições necessárias e suficientes para que exista um triângulo cujos lados são dados por uma tripla (a, b, c) de números inteiros satisfazendo (6.25) são

$$a \geq 1, \tag{6.26}$$

$$a + b > c. \tag{6.27}$$

A desigualdade (6.26) garante que os lados sejam não-nulos e (6.27) evita que o vértice na interseção dos lados a e b colapse sobre o lado c. Veja ilustração abaixo.

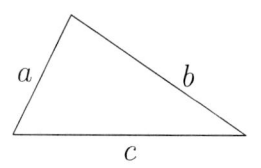

Figura 6.10 Triângulo de lados a, b e c.

Quando $n < 3$, é obviamente impossível satisfazer (6.25) com números inteiros a, b e c, portanto $t_0 = t_1 = t_2 = 0$. Quando $n = 3$, a única possibilidade é $(a, b, c) = (1, 1, 1)$, ou seja, todos os lados têm comprimento mínimo. Logo, $t_3 = 1$. Se $n = 4$, a única tripla que satisfaz (6.24), (6.25) e (6.26) é $(1, 1, 2)$, logo (6.27) não é satisfeita e $t_4 = 0$. Quando $n = 5$, o menor lado deve ser 1, caso contrário (6.25) implica que $a + b + c \geq 6$, o que viola (6.24). Se $b = 1$, então, necessa-riamente, temos $c = 3$, violando (6.27). Se $b = 2$, então $c = 2$ e todas as condições estão satisfeitas. Se $b > 2$, a soma $a + b + c$ é estritamente maior do que 5. Portanto, a única possibilidade é $(a, b, c) = (1, 2, 2)$, donde $t_5 = 1$.

Passando agora ao caso genérico, particionamos o conjunto de tri-plas (a, b, c) satisfazendo (6.24), (6.25), (6.26) e (6.27), em três sub-conjuntos: (i) as que têm $a + b = c + 1$, (ii) as que têm $a + b = c + 2k$, para $k \geq 1$ e (iii) as que têm $a + b = c + 2k + 1$, para $k \geq 1$.

As triplas do primeiro subconjunto satisfazem, então, $a + b + c = 2(a + b) - 1 = n$. Portanto, este subconjunto é vazio quando n é par. Se n é ímpar, o número de triplas neste subconjunto é $\lfloor \frac{n+1}{4} \rfloor$, o número de partições de $\frac{n+1}{2}$ em exatamente duas partes (ver Exemplo 5.30 do Capítulo 5).[3]

No segundo subconjunto, as triplas satisfazem $2(a + b) - 2k = n$, portanto, este subconjunto é vazio para n ímpar. Quando n é par, para cada tripla (a, b, c) do segundo subconjunto temos uma tripla $(a - 1, b - 1, c - 1)$ que satisfaz

$$(a - 1) + (b - 1) + (c - 1) = n - 3,$$
$$(a - 1) \leq (b - 1) \leq (c - 1),$$
$$(a - 1) = c - b + 2k - 1 \geq 2k - 1 \geq 1,$$
$$(a - 1) + (b - 1) = (c - 1) + 2k - 1 > (c - 1),$$

e corresponde, portanto, a um triângulo de lados inteiros e de perímetro (ímpar) $n - 3$. Reciprocamente, é fácil mostrar que, dada uma tripla (a', b', c') correspondente a um triângulo de perímetro $n' = n - 3$, podemos definir a tripla $(a, b, c) = (a' + 1, b' + 1, c' + 1)$ correspondente a um triângulo de perímetro $n' + 3 = n$ satisfazendo (6.24)–(6.27) e

---

[3]Ou, diretamente, podemos ver que o número de maneiras de expressar $\frac{n+1}{2}$ como $a + b$ onde $1 \leq a \leq b$ é igual ao número de valores que a pode assumir, ou seja: 1, 2, 3, ..., $\lfloor \frac{n+1}{4} \rfloor$.

$a + b = c + 2k$, para algum $k \geq 1$. Assim, o número de elementos deste subconjunto é t_{n-3}.

O terceiro subconjunto é vazio para n par, pois neste subconjunto as triplas satisfazem $2(a + b) - 2k - 1 = n$. Quando n é ímpar, mostra-se de maneira análoga à do parágrafo anterior que, para cada tripla (a, b, c) neste subconjunto, existe a tripla $(a', b', c') = (a - 1, b - 1, c - 1)$ correspondente no conjunto de triângulos de perímetro $n - 3$. Portanto, este subconjunto contém t_{n-3} triplas. A tabela abaixo resume o raciocínio empregado.

$t_n = \#$ triângulos não-semelhantes de perímetro n

	$a + b = c + 1$	$a + b = c + 2k,\ k \geq 1$	$a + b = c + 2k + 1,\ k \geq 1$
n par	0	t_{n-3}	0
n ímpar	$\left\lfloor \dfrac{n+1}{4} \right\rfloor$	0	t_{n-3}

A relação de recorrência resultante para a seqüência (t_n) é

$$t_0 = 0, \quad t_1 = 0, \quad t_2 = 0$$

$$t_n = \begin{cases} t_{n-3}, & \text{se } n \text{ é par}, n \geq 3 \\ \left\lfloor \dfrac{n+1}{4} \right\rfloor + t_{n-3}, & \text{se } n \text{ é ímpar}, n \geq 3. \end{cases} \blacksquare \qquad (6.28)$$

Exemplo 6.9 (O problema de Josephus.) *Este problema é uma variante de um problema que teria sido enfrentado e resolvido pelo historiador judeu do século I, Flavius Josephus.[4] Decide-se eliminar $n - 1$ pessoas de um grupo de n pessoas da seguinte forma: (i) as pessoas são colocadas em um círculo com lugares marcados em ordem crescente no sentido horário, (1, 2, 3, ..., n), (ii) este círculo é percorrido no sentido horário, tantas vezes quanto necessário, começando com a pessoa no lugar 1, e toda segunda pessoa viva nesta visitação é*

---

[4]A descrição completa encontra-se em Graham, Knuth e Patashnik [16].

eliminada até que só uma sobreviva. Qual a posição que a sobrevivente ocupa?

A Figura 6.11 ilustra o que acontece com valores pequenos de n, a primeira linha de números abaixo de cada círculo corresponde às pessoas que são eliminadas (na ordem em que isto ocorre), e a segunda linha corresponde à que sobrevive. Para facilitar a discussão, podemos supor que associamos a cada pessoa um índice, que é a posição que ela ocupa no círculo. Denotemos ainda por J_n o índice da pessoa sobrevivente. É óbvio que $J_1 = 1$.

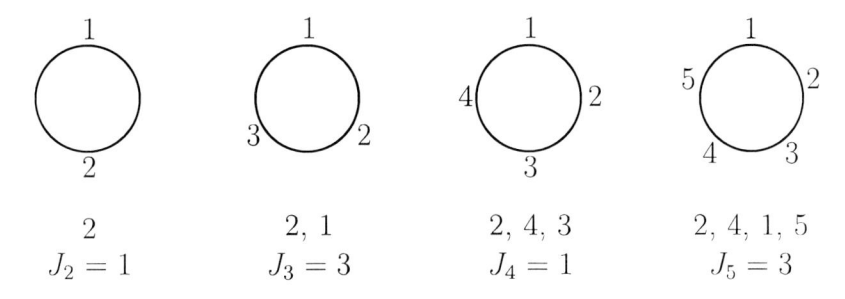

$$2 \qquad 2,1 \qquad 2,4,3 \qquad 2,4,1,5$$
$$J_2 = 1 \qquad J_3 = 3 \qquad J_4 = 1 \qquad J_5 = 3$$

Figura 6.11 Pessoas eliminadas e sobreviventes para valores pequenos de n.

É fácil concluir que na primeira rodada as pessoas pares são eliminadas. O que acontece daí por diante depende da paridade de n. Se n é par, digamos $n = 2k$ para algum k, a segunda rodada começa como a primeira (a pessoa na posição 1 é poupada), com a diferença de que os índices das pessoas no círculo não correspondem mais às suas posições respectivas. Assim, a pessoa na posição i tem índice $2i - 1$, veja Figura 6.12 a seguir. Recaímos num problema similar ao original, só que com $k = \frac{n}{2}$ pessoas ao invés de $2k$, e no qual os índices das pessoas não correspondem exatamente às posições que elas ocupam. Por definição, a pessoa sobrevivente num problema com k pessoas é J_k; portanto, se levarmos em conta a regra diferente para atribuição dos índices, temos que a pessoa sobrevivente do problema original (com $2k$

pessoas) é $2J_k - 1$. Ou seja, estabelecemos a seguinte equação entre os termos pares da seqüência (J_i):

$$J_{2k} = 2J_k - 1, \quad \text{para } k \geq 1. \tag{6.29}$$

Figura 6.12 Situação após primeira rodada para $n = 2k$ e para $n = 2k + 1$.

Por outro lado, se n é ímpar, digamos $n = 2k+1$, a pessoa de índice 1 é eliminada ao fim da primeira rodada, onde são eliminadas $k + 1$ pessoas, a situação resultante está ilustrada à direita, na Figura 6.12. Então, ficamos reduzidos a um problema com k pessoas, tal que o índice da pessoa na $i^{\text{ésima}}$ posição é $2i + 1$. Assim, o índice da pessoa sobrevivente neste caso é

$$J_{2k+1} = 2J_k + 1, \quad \text{para } k \geq 1. \tag{6.30}$$

Dessa feita, a relação de recorrência para a seqüência (J_i) é

$$\left. \begin{array}{l} J_1 = 1, \\ J_{2k} \quad = \quad 2J_k - 1 \\ J_{2k+1} \quad = \quad 2J_k + 1 \end{array} \right\} \quad \text{para } k \geq 1. \tag{6.31}$$

A solução da relação de recorrência (6.31) será obtida na próxima seção. ∎

Finalizamos a seção apresentando as relações de recorrência para duas seqüências de números famosas em combinatória: os números de Stirling do primeiro tipo e do segundo tipo, definidos pelo matemático inglês James Stirling (1692–1770). Os do segundo tipo já foram vistos no Capítulo 5 (Teorema 5.5). Veremos que estes números satisfazem relações semelhantes às satisfeitas pelos números binomiais.

Exemplo 6.10 (Números de Stirling.) *Dedução das relações de recorrência para os números de Stirling do primeiro e segundo tipos.*

(a) *Achar a relação de recorrência satisfeita por $S_{n,k}$, o número de maneiras de distribuir n objetos distintos dentre k caixas idênticas, com nenhuma caixa vazia. O número $S_{n,k}$ é conhecido como um número de Stirling do segundo tipo.*

Se $k = 1$ ou $k = n$, temos apenas uma maneira de distribuir os objetos, todos na única caixa ou um por caixa, respectivamente. Além disso, a tarefa é claramente impossível quando $k > n$ (pois alguma caixa teria que ficar vazia), e quando $k \leq 0$ e $n > 0$ (não podemos distribuir um número positivo de objetos dentre zero caixas). Quando, por exemplo, $n = 5$ e $k = 2$, temos duas possibilidades para o número de objetos por caixa: 1 e 4, ou, 2 e 3. No primeiro caso, temos 5 escolhas possíveis para o objeto que ficará sozinho; o restante fica junto na outra caixa. No segundo caso, temos $\binom{5}{2} = 10$ escolhas para os dois elementos que ficam na caixa com dois, e o restante fica na outra caixa. Portanto, $S_{5,2} = 5 + 10 = 15$.

Repetir o procedimento acima para valores grandes de n e k é claramente impraticável. Uma solução é a construção de uma relação de recorrência. Com o objetivo de facilitar a discussão, supomos que os n objetos distintos são bolas numeradas de 1 a n. Particionamos o conjunto de maneiras de distribuir as n bolas em k caixas em dois subconjuntos: as distribuições no primeiro subconjunto são tais que a bola de número 1 encontra-se sozinha numa caixa e, nas do segundo subconjunto, a bola de número 1 está numa caixa que contém mais de uma bola. O número de elementos no primeiro subconjunto é igual ao número de maneiras de distribuir as $n - 1$ bolas restantes em $k - 1$ caixas, ou seja, $S_{n-1,k-1}$. Para contar o número de elementos do segundo subconjunto, observe que, para construir um elemento qualquer neste subconjunto, podemos partir de uma distribuição qualquer das $n-1$ bolas, 2, 3, ..., n, em k caixas e depois colocar a bola 1 em qualquer das k caixas. Então, cada distribuição de $n-1$ objetos em k caixas dá origem a k distribuições diferentes no segundo subconjunto, dependendo da caixa escolhida para colocar a bola 1 (no sentido de qual a "companhia" escolhida para a bola 1). Por exemplo, quando $n=5$ e $k=2$, para construir as distribuições no segundo subconjunto consideramos todas as distribuições das bolas 2, 3, 4 e 5, em duas caixas não-vazias:

| 2 | 3, 4, 5 | | 3 | 2, 4, 5 | | 4 | 2, 3, 5 |

| 5 | 2, 3, 4 |

| 2, 3 | 4, 5 | | 2, 4 | 3, 5 | | 2, 5 | 3, 4 |

e cada distribuição destas dá origem a duas distribuições distintas contendo a bola 1. A distribuição no extremo esquerdo, na primeira linha acima, fornece as distribuições

| 1, 2 | 3, 4, 5 | e | 2 | 1, 3, 4, 5 |,

onde na primeira a bola 1 fica na companhia da bola 2, e na segunda fica na companhia das bolas 3, 4 e 5.

Resumindo, a relação de recorrência satisfeita por $S_{n,k}$ é

$$S_{n,1} = 1, \quad S_{n,n} = 1,$$
$$S_{n,k} = S_{n-1,k-1} + k S_{n-1,k}, \qquad \text{para } 1 < k < n \text{ e } n > 2. \tag{6.32}$$

(b) *Achar a relação de recorrência satisfeita por $S_{n,k}$, o número de maneiras de arranjar n objetos distintos em k ciclos. Este é um número de Stirling do primeiro tipo.*

Este é o problema do anfitrião que tem que distribuir seus n convidados em k mesas idênticas (nenhuma vazia). Uma vez que ele decida colocar os convidados 1, 3, 5 e 6 em uma mesa, o número de maneiras distintas que ele tem de fazê-lo é o número de permutações circulares de quatro objetos.

Alternativamente, este problema pode ser formulado como calcular o número de permutações de n elementos com k ciclos. De fato, qualquer permutação pode ser descrita como um conjunto de ciclos. Para melhor visualizar como isto se dá, pensemos numa permutação de n números como uma função que leva cada posição ao número que a ocupa na permutação. Assim, por exemplo, a permutação 13542 dos números de 1 a 5 poderia ser representada pela função f tal que $f(1) = 1$, $f(2) = 3$, $f(3) = 5$, $f(4) = 4$ e $f(5) = 2$. Graficamente, f pode ser indicada pelo diagrama:

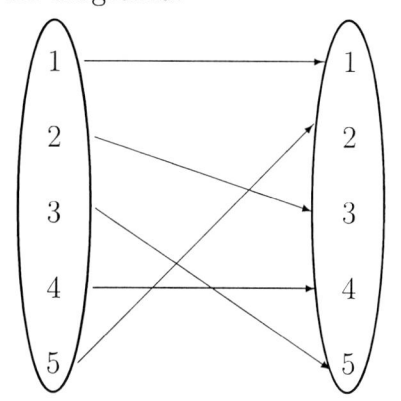

Mas como o domínio e a imagem são iguais, podemos simplificar a representação acima usando apenas um símbolo para representar tanto o elemento do domínio como o da imagem:

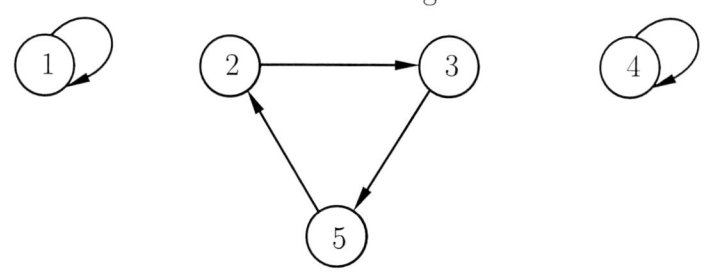

Nesta representação, é fácil perceber que a permutação em questão contém três *ciclos*: (1), (2, 3, 5) e (4). Como nas permutações circulares, (2, 3, 5), (3, 5, 2) e (5, 2, 3) são representações equivalentes do mesmo ciclo. Um bônus desta interpretação de $S_{n,k}$ é que de imediato obtemos a igualdade

$$\sum_{k=1}^{n} S_{n,k} = n!,$$

pois se somamos sobre todos os possíveis números de ciclos, temos todas as permutações de n elementos.

Para alguns valores de n e k podemos determinar $S_{n,k}$ sem problemas. Se $k = 1$, todos os elementos devem pertencer a um único ciclo. Recaímos num problema equivalente ao de arrumar n convidados em torno de uma mesa redonda. A ordem relativa é a única que importa. Mas já vimos que este é exatamente o número de permutações circulares de n elementos, logo $S_{n,1} = (n-1)!$. Por outro lado, quando $k = n$, cada elemento constitui um ciclo isolado. Este caso corresponde à permutação identidade, ou seja, $f(i) = i$, para $i = 1, \ldots, n$, portanto $S_{n,n} = 1$.

Para montar a equação de recorrência para $S_{n,k}$, particionamos as permutações de n elementos com k ciclos em dois subconjuntos: no primeiro, o elemento 1 constitui um ciclo isolado, e, no segundo, o elemento 1 pertence a um ciclo com mais de um elemento. O número de elementos no primeiro subconjunto é $S_{n-1,k-1}$, ou seja, a quantidade de maneiras de organizar os $n-1$ elementos restantes em $k-1$ ciclos. Quanto ao segundo subconjunto, podemos fazer um raciocínio análogo ao do item anterior, isto é, construir inicialmente uma permutação dos elementos 2 a n com k ciclos e depois escolher em que posição introduzir o elemento 1. Temos $n-1$ escolhas possíveis: introduzir 1 em seguida do 2, ou do 3, ou do 4, ... ou do n. Logo, $S_{n,k}$ satisfaz

$$S_{n,1} = (n-1)!, \quad S_{n,n} = 1,$$
$$S_{n,k} = S_{n-1,k-1} + (n-1)S_{n-1,k}, \quad \text{para } 1 < k < n. \ \blacksquare \tag{6.33}$$

2 Resolução de relações de recorrência

Apresentamos a seguir algumas técnicas para a obtenção de soluções de relações de recorrência. Determinados tipos de relação de recorrência admitem métodos de obtenção de solução muito eficientes. Estas técnicas são apresentadas nas seções 2.1 e 2.2, a seguir. Existem, por outro lado, técnicas que se aplicam de um modo genérico a qualquer relação de recorrência, mas que não têm, no entanto, sucesso garantido. Dentre estas se destaca o método baseado em funções geradoras, assunto da última seção do capítulo. Aliás, esta situação é similar à encontrada no tratamento de equações diferenciais, que podem ser vistas como parentes das relações de recorrência no mundo contínuo.

Antes disso, no entanto, convém notar que, enquanto que a *dedução* de uma solução pode ser tarefa extremamente complicada ou mesmo impossível, a *verificação* de que uma determinada expressão seja de fato uma solução de uma relação de recorrência específica é, em geral, tarefa simples. Isto porque a própria formulação se presta à aplicação direta do princípio da indução matemática. De fato, no Capítulo 1, Exemplo 1.19, fizemos exatamente isso quando comprovamos ser

$$\frac{1}{\sqrt{5}} \left(\frac{1 + \sqrt{5}}{2} \right)^n - \frac{1}{\sqrt{5}} \left(\frac{1 - \sqrt{5}}{2} \right)^n,$$

a fórmula geral para F_n, o $n^{\underline{ésimo}}$ termo da seqüência de Fibonacci, que é definida pela relação de recorrência (6.3). Esta é, então, a técnica a ser adotada se uma fórmula tentativa é fornecida ou se, a partir do estudo de alguns termos da seqüência sob consideração, conseguimos fazer uma conjectura sobre uma fórmula para a solução. Retornamos ao Exemplo 6.9 para ilustrar este fato.

Exemplo 6.11 (O problema de Josephus — cont.) *Suposição e constatação de solução para o Problema de Josephus.*

Da relação de recorrência (6.31) obtida para a seqüência (J_n), podemos deduzir com facilidade a solução de alguns casos especiais. Considere, por exemplo, os elementos da seqüência cujos índices são potências de 2. Substituindo em (6.31), temos:

$$J_1 = 1,$$
$$J_{2^n} = 2J_{2^{n-1}} - 1, \quad \text{para } n \geq 1.$$

Então $J_2 = 2J_1 - 1 = 2 - 1 = 1$, $J_4 = 2J_2 - 1 = 1$, $J_8 = 2J_4 - 1 = 1$, o que nos leva a suspeitar (e que podemos trivialmente provar por indução) que $J_{2^n} = 1$ para todo n.

Considere agora um valor de n que se situe estritamente entre duas potências de 2, por exemplo $n = 2^k + \ell$, onde $1 \leq \ell \leq 2^k - 1$. Se interrompemos o procedimento após ℓ eliminações (nas posições 2, 4, ..., 2ℓ), temos um problema similar ao original, tendo 2^k pessoas no círculo, e no qual o índice da pessoa na "primeira" posição é $2\ell+1$, como exemplificado na Figura 6.13 para $n = 10 = 2^3 + 2$. Prosseguindo com o procedimento a partir deste ponto, temos que a pessoa sobrevivente será aquela que ocupa a "primeira" posição — visto que $J_{2^k} = 1$ —, portanto $J_n = J_{2^k + \ell} = 2\ell + 1$, para $1 \leq \ell \leq 2^k - 1$.

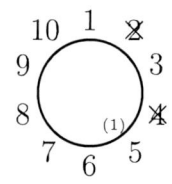

Figura 6.13 Situação após 2 eliminações para grupo de 10 pessoas.

Para facilitar a aplicação do princípio de indução matemática na verificação da fórmula obtida para J_n, expressamos os parâmetros k e ℓ em função de n. Temos que $\ell = n - 2^k$ e $k = \lfloor \log_2 n \rfloor$, segue que $\ell = n - 2^{\lfloor \log_2 n \rfloor}$. Portanto,

$$J_n = 2(n - 2^{\lfloor \log_2 n \rfloor}) + 1, \quad \text{para } n \geq 1. \quad (6.34)$$

Substituindo $n = 1$ em (6.34), obtemos $J_1 = 1$; portanto, a condição inicial está satisfeita. Suponha agora n par. Então:

$$
\begin{aligned}
J_n &= 2J_{\frac{n}{2}} - 1 \\
&= 2\left[2\left(\frac{n}{2} - 2^{\lfloor \log_2 \frac{n}{2} \rfloor}\right) + 1\right] - 1 \\
&= 2\left[2\left(\frac{n}{2} - 2^{\lfloor \log_2 n - \log_2 2 \rfloor}\right) + 1\right] - 1 \\
&= 2\left[2\left(\frac{n}{2} - 2^{\lfloor \log_2 n \rfloor - 1}\right) + 1\right] - 1 \\
&= 2\left[n - 2^{\lfloor \log_2 n \rfloor} + 1\right] - 1 \\
&= 2(n - 2^{\lfloor \log_2 n \rfloor}) + 2 - 1 \\
&= 2(n - 2^{\lfloor \log_2 n \rfloor}) + 1,
\end{aligned}
$$

onde a primeira equação é obtida de (6.31) e a segunda decorre de supor verdadeira a fórmula (6.34), usando o princípio de indução matemática. Por outro lado, se n é ímpar, temos o seguinte desenvolvimento análogo:

$$
\begin{aligned}
J_n &= 2J_{\frac{n-1}{2}} + 1 \\
&= 2\left[2\left(\frac{n-1}{2} - 2^{\lfloor \log_2 \frac{n-1}{2} \rfloor}\right) + 1\right] + 1 \\
&= 2\left[2\left(\frac{n-1}{2} - 2^{\lfloor \log_2 (n-1) \rfloor - 1}\right) + 1\right] + 1 \\
&= 2\left[n - 1 - 2^{\lfloor \log_2 (n-1) \rfloor} + 1\right] + 1 \\
&= 2(n - 2^{\lfloor \log_2 n \rfloor}) + 1,
\end{aligned}
$$

onde usamos o fato de que $2^{\lfloor \log_2 (n-1) \rfloor} = 2^{\lfloor \log_2 n \rfloor}$, para n ímpar. Portanto, a fórmula (6.34) foi comprovada por indução. ∎

A forma geral da equação de recorrência de uma *relação de recorrência linear de ordem k com coeficientes constantes em uma variável* é

$$
f_n = c_1 f_{n-1} + c_2 f_{n-2} + \cdots + c_k f_{n-k} + g(n), \qquad (6.35)
$$

onde c_1, c_2, c_3, ..., e c_k são constantes, e $g(n)$ é uma função de n. A relação de recorrência linear (6.35) é chamada *homogênea* se $g(n) \equiv 0$, e *não-homogênea*, no caso contrário. As relações de recorrência obtidas nos Exemplos 6.1, 6.2(a) e 6.3 constituem exemplos de relações de recorrência lineares com coeficientes constantes em uma variável. A única homogênea é a que define a seqüência de Fibonacci, do Exemplo 6.1. Com exceção da seção sobre a técnica baseada em funções geradoras, concentraremos nosso estudo nas relações de recorrência lineares (em uma variável) com coeficientes constantes.

Uma relação de recorrência linear de ordem k bem definida consiste em uma equação de recorrência do tipo (6.35) e k condições iniciais para k índices consecutivos. Um número menor do que k destas condições não é, em geral, suficiente para determinar a seqüência, como, por exemplo, na relação $f_n = 9f_{n-2}, f_0 = 0$. Esta relação seria satisfeita por qualquer seqüência do tipo $f_n = \alpha(3^n - (-3)^n)$, para α qualquer, como pode ser facilmente verificado por substituição. Além disso, esta família de soluções continua válida quando mudamos a relação para $f_n = 9f_{n-2}$, $f_0 = 0$, $f_2 = 0$, ou seja, fornecendo duas condições iniciais para índices não-consecutivos. Finalmente, a especificação de condições iniciais para índices não-consecutivos pode ocasionar um problema insolúvel como as condições $f_0 = 4$ e $f_2 = 6$ juntamente com a equação $f_n = 9f_{n-2}$.

2.1 Resolução de relações de recorrência lineares homogêneas

A técnica que apresentaremos para a obtenção de relações de recorrência lineares com coeficientes constantes é similar à utilizada para equações diferenciais lineares. Tratamos inicialmente do caso homogêneo. Se a solução da equação de recorrência é uma função exponencial, digamos $f_n = \alpha^n$ (α é uma incógnita), então, substituindo em (6.35), temos

$$\alpha^n = c_1\alpha^{n-1} + c_2\alpha^{n-2} + \cdots + c_k\alpha^{n-k},$$

ou, passando todos os membros para o lado esquerdo,

$$\alpha^n - c_1\alpha^{n-1} - c_2\alpha^{n-2} - \cdots - c_k\alpha^{n-k} = 0. \qquad (6.36)$$

Esta é a chamada *equação característica* associada à equação de recorrência (6.35). Assumindo que $\alpha \neq 0$ (convenhamos que o caso em que a seqüência é toda nula, com exceção possivelmente do termo f_0, não desperta muito interesse), podemos dividir (6.36) por α^{n-k} para obter

$$\alpha^k - c_1\alpha^{k-1} - c_2\alpha^{k-2} - \cdots - c_k = 0. \qquad (6.37)$$

Mas (6.37) é um polinômio de grau k em α. Sabemos do teorema fundamental da álgebra que um polinômio de grau k tem exatamente k raízes, não necessariamente distintas. Ou seja, existem números α_1, α_2, α_3, ..., α_k, tais que

$$\alpha^k - c_1\alpha^{k-1} - c_1\alpha^{k-2} - \cdots - c_k = (\alpha - \alpha_1)(\alpha - \alpha_2)(\alpha - \alpha_3) \cdots (\alpha - \alpha_k). \qquad (6.38)$$

Podemos ter raízes repetidas, como em

$$\alpha^2 - 4\alpha + 4 = (\alpha - 2)^2,$$

e raízes complexas (mesmo que as constantes c_1, c_2, c_3, ..., c_k, sejam números reais), como em

$$\alpha^3 - \alpha^2 + 2\alpha - 2 = (\alpha - i\sqrt{2})(\alpha + i\sqrt{2})(\alpha - 1),$$

onde $i = \sqrt{-1}$.

O caso mais simples ocorre quando todas as raízes são distintas. Neste caso, a cada raiz α_j está associada uma solução — $f_n = \alpha_j^n$. Por exemplo, a equação de recorrência

$$f_n = 2f_{n-1} - 3f_{n-2} + 6f_{n-3} \qquad (6.39)$$

dá origem à equação característica

$$\alpha^3 - 2\alpha^2 + 3\alpha - 6 = 0,$$

cujas raízes são

$$\alpha_1 = i\sqrt{3}$$
$$\alpha_2 = -i\sqrt{3}$$
$$\alpha_3 = 2.$$

Portanto, as funções α_1^n, α_2^n e α_3^n satisfazem (6.39), como pode ser facilmente verificado substituindo seus valores respectivos nas equações abaixo. (Verifique!)

$$\alpha_1^n = 2\alpha_1^{n-1} - 3\alpha_1^{n-2} + 6\alpha_1^{n-3} \tag{6.40}$$

$$\alpha_2^n = 2\alpha_2^{n-1} - 3\alpha_2^{n-2} + 6\alpha_2^{n-3} \tag{6.41}$$

$$\alpha_3^n = 2\alpha_3^{n-1} - 3\alpha_3^{n-2} + 6\alpha_3^{n-3}. \tag{6.42}$$

Observe agora que, se uma função $f_n = h(n)$ satisfaz uma determinada equação de recorrência linear homogênea, então qualquer múltiplo desta função também satisfaz esta equação. Por exemplo, $A\alpha_1^n$, $B\alpha_2^n$ e $C\alpha_3^n$, onde A, B e C são constantes, também satisfazem (6.39):

$$A\alpha_1^n = 2A\alpha_1^{n-1} - 3A\alpha_1^{n-2} + 6A\alpha_1^{n-3} \tag{6.43}$$

$$B\alpha_2^n = 2B\alpha_2^{n-1} - 3B\alpha_2^{n-2} + 6B\alpha_2^{n-3} \tag{6.44}$$

$$C\alpha_3^n = 2C\alpha_3^{n-1} - 3C\alpha_3^{n-2} + 6C\alpha_3^{n-3}, \tag{6.45}$$

pois as equações (6.43), (6.44) e (6.45) são obtidas de (6.40), (6.41) e (6.42), respectivamente, multiplicando-se ambos os lados pela constante apropriada. Somando (6.43), (6.44) e (6.45) obtemos

$$
\begin{aligned}
A\alpha_1^n + B\alpha_2^n + C\alpha_3^n = {}& 2(A\alpha_1^{n-1} + B\alpha_2^{n-1} + C\alpha_3^{n-1}) \\
& -3(A\alpha_1^{n-2} + B\alpha_2^{n-2} + C\alpha_3^{n-2}) \\
& +6(A\alpha_1^{n-3} + B\alpha_2^{n-3} + C\alpha_3^{n-3}),
\end{aligned} \tag{6.46}
$$

o que implica que $f_n = A\alpha_1^n + B\alpha_2^n + C\alpha_3^n$ também é uma solução de (6.39). Este desenvolvimento constatou, para o exemplo específico em

questão, um fato verdadeiro de maneira mais geral: se $h_1(n)$, $h_2(n)$, ...,
e $h_j(n)$ são soluções de uma equação de recorrência linear homogênea,
então qualquer *combinação linear* destas funções (isto é, uma função
do tipo $A_1h_1(n) + A_2h_2(n) + A_3h_3(n) + \cdots + A_j(n)$, onde A_1, A_2, A_3,
..., e A_j são constantes) também é solução. A demonstração deste fato
segue os mesmos passos realizados para o exemplo acima. Este fato é
uma versão simplificada do chamado *princípio da superposição*.

Continuando o exemplo, chamamos atenção para o fato de que
$A\alpha_1^n + B\alpha_2^n + C\alpha_3^n$ é solução da *equação de recorrência* (6.39), mas não
necessariamente de uma *relação de recorrência* cuja parte de equação
é (6.39). Isto porque, para cada conjunto de valores para as constantes
A, B e C, temos uma seqüência diferente. Por outro lado, espera-se que
apenas uma seqüência seja solução de uma relação de recorrência bem
definida. Neste ponto entram em cena as condições iniciais. Exigir que
cada uma delas seja satisfeita pela seqüência corresponde a formular
equações (uma para cada condição inicial) que as constantes A, B e
C devem satisfazer. Supondo que as condições iniciais sejam $f_0 = 4$,
$f_1 = 2$ e $f_2 = 2$, as constantes A, B e C devem satisfazer o seguinte
sistema linear:

$$\begin{cases} A + B + C = 4 \\ i\sqrt{3}A - i\sqrt{3}B + 2C = 2 \\ -3A - 3B + 4C = 2. \end{cases} \tag{6.47}$$

É fácil verificar que $A = (3 + i\sqrt{3})/3$, $B = (3 - i\sqrt{3})/3$ e $C = 2$
constituem uma solução. Portanto, a solução deste exemplo é a função
$f_n = \left(\frac{3+i\sqrt{3}}{3}\right)(\sqrt{3}i)^n + \left(\frac{3-i\sqrt{3}}{3}\right)(-\sqrt{3}i)^n + 2(2)^n$. É possível mostrar
que sistemas lineares como o acima têm sempre solução única.

Assim concluímos o caso de raízes distintas. Temos um roteiro
garantido a seguir para achar a solução de uma relação de recorrência
linear homogênea de ordem k (ou seja, equação do tipo (6.35) mais
condições iniciais), supondo que as condições iniciais sejam fornecidas
para índices consecutivos:

(1) achar as raízes α_1, α_2, ..., α_k da equação característica (assumimos que as raízes encontradas são distintas);

(2) para cada condição inicial $f_\ell = \beta_\ell$ montar a equação

$$A_1\alpha_1^\ell + A_2\alpha_2^\ell + A_3\alpha_3^\ell + \cdots + A_k\alpha_k^\ell = \beta_\ell;$$

(3) resolver o sistema linear formado pelas equações acima, obtendo assim valores para as constantes A_1, A_2, ..., A_k.

Exemplo 6.12 (Uma fila de blocos coloridos.) *Dispomos de uma quantidade ilimitada de blocos coloridos nas cores branca, amarela e verde. Os blocos amarelos são quadrados e medem 1 dm de lado. Os blocos brancos e vermelhos são retangulares e medem 1 dm×2 dm. De quantas maneiras podemos arrumá-los em uma fila que ocupe n dm, com os lados menores em contato?*

Quando $n = 1$, existe apenas uma possibilidade, a fila constituída por exatamente um bloco amarelo. Quando $n = 2$, são três as possibilidades: 2 blocos amarelos ou 1 branco ou 1 vermelho. As onze possibilidades para $n = 4$ estão ilustradas na Figura 6.14 abaixo, onde as cores estão representadas por suas iniciais.

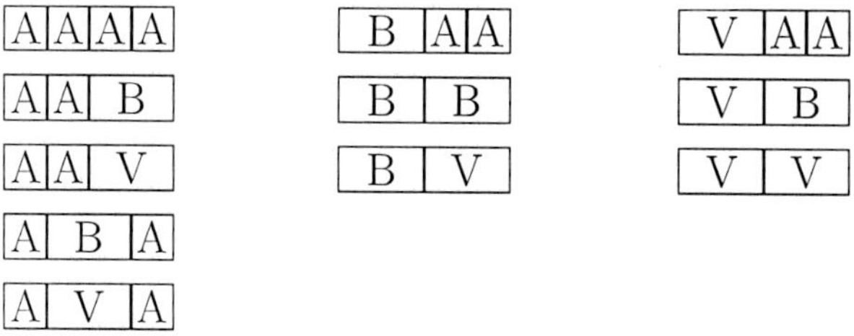

| A | A | A | A |

| A | A | B |

| A | A | V |

| A | B | A |

| A | V | A |

| B | A | A |

| B | B |

| B | V |

| V | A | A |

| V | B |

| V | V |

Figura 6.14 Configurações possíveis para filas de comprimento 4 dm.

Montaremos agora uma relação de recorrência para o número b_n de configurações diferentes para uma fila de comprimento n dm, usando a já familiar técnica de particionamento. As filas de comprimento

n dm são particionadas em três subconjuntos de acordo com a cor do primeiro bloco. Na Figura 6.14, os subconjuntos da partição das filas de comprimento 4 dm estão listados por coluna. Se o primeiro bloco é amarelo, nas $n-1$ posições restantes são possíveis b_{n-1} configurações. Se o primeiro bloco é branco ou vermelho, nas $n-2$ posições restantes são possíveis b_{n-2} configurações. A seqüência (b_n) satisfaz, portanto, a seguinte relação de recorrência:

$$\begin{aligned} b_1 &= 1, \quad b_2 = 3, \\ b_n &= b_{n-1} + 2b_{n-2}, \qquad \text{para } n \geq 3. \end{aligned} \tag{6.48}$$

A equação característica associada é

$$\alpha^2 - \alpha - 2 = 0,$$

cujas raízes são

$$\alpha_1 = -1 \quad \text{e} \quad \alpha_2 = 2.$$

As constantes A e B da solução geral $A(-1)^n + B2^n$ devem ser tais que as condições iniciais em (6.48) sejam satisfeitas. Ou seja, A e B devem ser solução do sistema abaixo:

$$\begin{cases} -A &+& 2B &=& 1 \\ A &+& 4B &=& 3. \end{cases}$$

Resolvendo-o, obtemos $A = \frac{1}{3}$ e $B = \frac{2}{3}$. Portanto,

$$b_n = \frac{1}{3}(-1)^n + \frac{2}{3}2^n, \quad \text{para } n \geq 1. \ \blacksquare$$

Podemos também obter a solução do primeiro exemplo apresentado:

Exemplo 6.13 (Cálculo do tamanho de uma população de coelhos — cont.) *Resolução da relação de recorrência (6.3).*

A equação característica associada à equação em questão ($F_n = F_{n-1} + F_{n-2}$) é

$$\alpha^2 - \alpha - 1 = 0,$$

cujas raízes são

$$\alpha_1 = \frac{1 + \sqrt{5}}{2} \quad \text{e} \quad \alpha_2 = \frac{1 - \sqrt{5}}{2}.$$

As condições iniciais ($F_0 = 0$ e $F_1 = 1$) implicam no sistema:

$$\begin{cases} A + B = 0 \\ \frac{1+\sqrt{5}}{2}A + \frac{1-\sqrt{5}}{2}B = 1, \end{cases}$$

cuja solução é $A = \frac{1}{\sqrt{5}}$ e $B = -\frac{1}{\sqrt{5}}$. Obtemos, portanto, a conhecida fórmula para F_n:

$$F_n = \frac{1}{\sqrt{5}}\left(\frac{1+\sqrt{5}}{2}\right)^n - \frac{1}{\sqrt{5}}\left(\frac{1-\sqrt{5}}{2}\right)^n, \qquad \text{para } n \geq 0. \ \blacksquare$$

Quando existem raízes repetidas podemos reescrever (6.38), agrupando as raízes iguais como segue:

$$\alpha^k - c_1\alpha^{k-1} - c_2\alpha^{k-2} - \cdots - c_k =$$
$$= (\alpha - \alpha_1)^{m_1}(\alpha - \alpha_2)^{m_2}(\alpha - \alpha_3)^{m_3}\cdots(\alpha - \alpha_j)^{m_j}. \quad (6.49)$$

Neste caso, m_ℓ é a *multiplicidade* da raiz α_ℓ. A uma raiz α_ℓ de multiplicidade m_ℓ temos então associadas m_ℓ soluções: α_ℓ^n, $n\alpha_\ell^n$, $n^2\alpha_\ell^n$, ..., $n^{m_\ell-1}\alpha_\ell^n$. O resto do procedimento é análogo ao anterior: montamos uma solução geral que é a combinação linear das soluções associadas às raízes em (6.49), e, ao exigir que esta solução geral satisfaça às condições iniciais, geramos um sistema linear cuja solução fornece os valores apropriados das constantes que aparecem na combinação linear. Este caso é ilustrado no exemplo a seguir:

Exemplo 6.14 (População de coelhos — variante.) *Voltamos ao Exemplo 6.1, supondo agora que apenas os casais com exatamente um mês de idade produzam um casal de recém-nascidos. Quantos casais conterá a ilha após n meses?*

Chamando de q_n o número de casais após n meses, temos que $q_1 = 1$, visto que inicialmente é colocado na ilha um casal de recém-nascidos. Portanto, no início do segundo mês este casal produz um segundo casal e $q_2 = 2$, sendo que um dos casais é recém-nascido e o outro tem um mês de idade. A população do $n^{\text{ésimo}}$ mês pode ser particionada em casais recém-nascidos e casais com pelo menos um mês de idade. O número de casais recém-nascidos é igual ao número de casais com exatamente um mês no $n^{\text{ésimo}}$ mês, o que corresponde à parte da população que era recém-nascida no $(n-1)^{\text{ésimo}}$ mês, o que por sua vez é igual à diferença entre as populações no $(n-1)^{\text{ésimo}}$ e $(n-2)^{\text{ésimo}}$ meses, $q_{n-1} - q_{n-2}$. Já o número de casais com pelo menos um mês é o número de casais no $(n-1)^{\text{ésimo}}$ mês. Logo, a relação de recorrência que q_n satisfaz é:

$$q_1 = 1, \quad q_2 = 2$$
$$q_n = (q_{n-1} - q_{n-2}) + q_{n-1} = 2q_{n-1} - q_{n-2}.$$

A equação característica associada é

$$\alpha^2 - 2\alpha + 1 = (\alpha - 1)^2 = 0,$$

ou seja, uma equação de segundo grau com uma única raiz (1) de multiplicidade 2. Portanto, a solução geral é $A(1)^n + Bn(1)^n$, e usando as condições iniciais obtemos o sistema linear:

$$\begin{cases} A + B = 1 \\ A + 2B = 2, \end{cases}$$

cuja solução é $A = 0$ e $B = 1$, o que implica $q_n = n$. ∎

Encerramos a seção com mais um exemplo envolvendo raízes múltiplas.

Exemplo 6.15 *Ache a solução da relação de recorrência (6.50) abaixo:*

$$f_0 = 4, \quad f_1 = 0, \quad f_2 = 8, \quad f_3 = 0$$
$$f_n = -6f_{n-2} - 9f_{n-4}. \tag{6.50}$$

A equação característica é

$$\begin{aligned}
\alpha^4 + 6\alpha^2 + 9 &= (\alpha^2 + 3)^2 \\
&= (\alpha - \sqrt{3}i)^2(\alpha + \sqrt{3}i)^2 \\
&= 0.
\end{aligned}$$

Temos, portanto, duas raízes, $\sqrt{3}i$ e $-\sqrt{3}i$, com multiplicidade 2. A solução geral é $A(\sqrt{3}i)^n + Bn(\sqrt{3}i)^n + C(-\sqrt{3}i)^n + Dn(-\sqrt{3}i)^n$. As condições iniciais em (6.50) implicam no sistema:

$$\begin{cases}
A & & + & C & & = 4 \\
\sqrt{3}iA & + \sqrt{3}iB & - \sqrt{3}iC & - \sqrt{3}iD & = 0 \\
-3A & - 6B & - 3C & - 6D & = 8 \\
-3\sqrt{3}iA & - 6\sqrt{3}iB & + 3\sqrt{3}iC & + 6\sqrt{3}iD & = 0.
\end{cases}$$

Pode-se verificar por substituição que $A = 2 = C$ e $B = -5/3 = D$ constituem a solução do sistema acima. Logo, a solução de (6.50) é

$$f_n = 2(i\sqrt{3})^n - \frac{5}{3}n(i\sqrt{3})^n + 2(-i\sqrt{3})^n - \frac{5}{3}n(-i\sqrt{3})^n, \quad \text{para } n \geq 0. \ \blacksquare$$

2.2 Resolução de relações de recorrência lineares não-homogêneas

Continuamos com o estudo das relações de recorrência cuja equação é do tipo (6.35), que repetimos abaixo:

$$f_n = c_1 f_{n-1} + c_2 f_{n-2} + \cdots + c_k f_{n-k} + g(n),$$

supondo agora que $g(n)$ não é identicamente nula. Sempre que tivermos uma equação de recorrência como acima, nos referimos à equação obtida fazendo-se $g(n) = 0$ como equação de recorrência homogênea associada. O estudo do caso homogêneo será útil com o aprimoramento do fato que chamamos de versão simplificada do princípio da superposição na página 247. Isto é, se $p(n)$ é uma solução da equação acima e $h(n)$ é uma solução da equação homogênea associada, temos que:

$$\begin{aligned} p(n) &= c_1 p(n-1) + c_2 p(n-2) + \cdots + c_k p(n-k) + g(n), \\ h(n) &= c_1 h(n-1) + c_2 h(n-2) + \cdots + c_k h(n-k). \end{aligned}$$

Somando as duas equações acima, obtemos

$$\begin{aligned} p(n) + h(n) &= c_1(p(n-1) + h(n-1)) + c_2(p(n-2) + h(n-2)) \\ &\quad + \cdots + c_k(p(n-k) + h(n-k)) + g(n). \end{aligned}$$

Ou seja, a soma $p(n) + h(n)$ de uma *solução particular* $p(n)$ de uma equação de recorrência não-homogênea e de uma solução geral $h(n)$ da equação homogênea associada é uma solução da equação não-homogênea. Para que $p(n) + h(n)$ satisfaça a relação de recorrência em pauta, é ainda necessário exigir que as condições iniciais sejam atendidas.

Exemplo 6.16 (Divisão do plano por retas — cont.) *Segunda solução da relação de recorrência (6.4).*

A relação (6.4) foi obtida no caso (a), em que procurava-se determinar o número de regiões criadas no plano por um conjunto de retas, duas a duas concorrentes (ver desenvolvimento iniciado à página 209). A equação homogênea associada a (6.4) é $r_n = r_{n-1}$, cuja equação característica é $\alpha - 1 = 0$. Portanto, a solução da equação homogênea associada é $h(n) = A \cdot 1^n = A$. Uma solução particular para a equação completa é dada por $Bn + Cn^2$, onde B e C são obtidos substituindo esta expressão na equação:

$$\begin{aligned} Bn + Cn^2 &= B(n-1) + C(n-1)^2 + n \\ &= Bn + Cn^2 - B + C + n(1 - 2C). \end{aligned}$$

Para que a equação acima seja verdadeira para qualquer $n \geq 0$, B e C devem satisfazer

$$\begin{cases} -B & + & C & = & 0 \\ & & 2C & = & 1, \end{cases}$$

o que implica $B = C = \frac{1}{2}$. A solução então é $h(n) + p(n) = A + \frac{n+n^2}{2}$. Aplicando condição inicial $r_0 = 1$, concluímos que $A = 1$. Portanto, obtemos novamente a solução (6.5):

$$r_n = \frac{n^2 + n + 2}{2}, \quad \text{para } n \geq 0. \blacksquare$$

O ponto essencial do exemplo anterior foi "adivinhar" a forma para a solução particular. Esta é a grande dificuldade do caso não-homogêneo, pois, ao contrário da situação no caso homogêneo, não temos regras gerais que sirvam para identificar soluções particulares para qualquer tipo de função $g(n)$. Os dois casos especiais que sabemos resolver são:

1. $g(n) = c \cdot q^n$, onde c e q são constantes. Temos, então, duas possibilidades. Se q não é uma raiz da equação característica da equação homogênea associada, então a solução particular é $A \cdot q^n$. O valor da constante A é obtido substituindo-se a solução na equação de recorrência de modo que esta seja satisfeita para todo n sob consideração. Se q é uma raiz de multiplicidade m da equação característica, a solução particular é $A \cdot n^m \cdot q^n$, onde A deve ser obtido como no caso anterior.

2. $g(n) = c \cdot n^\ell$, onde c e k são constantes. Se 1 não é raiz da equação característica, a solução particular é o polinômio $A_0 + A_1 n + A_2 n^2 + \cdots + A_k n^\ell$. Se 1 é uma raiz de multiplicidade m, a solução particular é o polinômio $A_0 n^m + A_1 n^{m+1} + A_2 n^2 + \cdots + A_k n^{m+\ell}$. As constantes são obtidas como no item 1.

É claro que, se $g(n)$ for uma soma de funções dos tipos nos itens 1 e 2 anteriores, a solução particular é a soma das soluções particulares para as parcelas. Por exemplo, se $g(n) = 3q^n + n^4$ e $p_1(n)$ é a solução para $g_1(n) = 3q^n$ e $p_2(n)$ é a solução para $g_2(n) = n^4$, então $p_1(n) + p_2(n)$ é a solução particular para $g(n)$. (Verifique!)

Exemplo 6.17 (A Torre de Hanoi — cont.) *Segunda solução da relação de recorrência (6.10).*

A equação em questão, $T_n = 2T_{n-1} + 1$, se encaixa no item 2 acima, com $c = 1$ e $\ell = 0$. Como 1 não é raiz da equação característica $\alpha - 2 = 0$, a solução particular a ser adotada é o polinômio de grau zero A. Substituindo, temos a equação

$$A = 2A + 1,$$

o que implica $A = -1$. Lembrando que a solução da equação homogênea associada é $B \cdot 2^n$, a soma das soluções fornece $p(n) + h(n) = -1 + B \cdot 2^n$. Utilizando a condição inicial $T_1 = 1$, temos que

$$-1 + 2B = 1,$$

logo $B = 1$, o que leva à solução (6.13), $T_n = 2^n - 1$, já obtida anteriormente. ∎

Outro problema que podemos resolver, após algumas manipulações, usando as técnicas recém-descritas é o exposto no Exemplo 6.8.

Exemplo 6.18 (Triângulos não-semelhantes — cont.) *Obter fórmula fechada para t_{6j}, o número de triângulos não-semelhantes de lados inteiros e perímetro $6j$.*

Inicialmente reformulamos a relação de recorrência (6.28), obtida à página 234. Para tal, observamos que, se n é par (resp., ímpar), então

$n - 3$ é ímpar (resp., par). Aplicando a equação de recorrência a t_{n-3} e usando a informação já adquirida sobre o valor de t_n para $n = 3, 4$ e 5, reformulamos (6.28) como segue:

$$t_0 = 0, \quad t_1 = 0, \quad t_2 = 0, \quad t_3 = 1, \quad t_4 = 0, \quad t_5 = 1$$

$$t_n = \begin{cases} \lfloor \frac{n-2}{4} \rfloor + t_{n-6}, & \text{se } n \text{ é par}, n \geq 6. \\ \lfloor \frac{n+1}{4} \rfloor + t_{n-6}, & \text{se } n \text{ é ímpar}, n \geq 6. \end{cases} \qquad (6.51)$$

Torna-se claro pela relação acima que a seqüência (t_n) é na verdade composta por 6 seqüências independentes: (i) $(t_0, t_6, t_{12}, \ldots)$, (ii) $(t_1, t_7, t_{13}, \ldots)$, (iii) $(t_2, t_8, t_{14}, \ldots)$, (iv) $(t_3, t_9, t_{15}, \ldots)$, (v) $(t_4, t_{10}, t_{16}, \ldots)$ e (vi) $(t_5, t_{11}, t_{17}, \ldots)$. Introduzindo a notação $t_{\ell+6j} = \triangle_j$, temos que a $\ell^{\underline{\text{ésima}}}$ seqüência especificada é igual à seqüência $(\triangle_0, \triangle_1, \triangle_3, \ldots)$. Reduzimos, então, o problema de calcular uma fórmula fechada para t_n a calcular fórmulas fechadas para cada uma das seis seqüências. A vantagem dessa abordagem é que cada uma das novas seqüências tem uma relação de recorrência mais simples que (6.28) e que pode, portanto, ser resolvida com facilidade, tanto pelas técnicas da presente seção, quanto pelas da próxima seção. Ilustramos o procedimento calculando uma fórmula fechada para $\triangle_j = t_{0+6j} = t_{6j}$. Substituindo os valores apropriados em (6.51), obtemos a seguinte relação de recorrência:

$$\begin{aligned} \triangle_0 &= 0, \\ \triangle_j &= \left\lfloor \frac{6j-2}{4} \right\rfloor + \triangle_{j-1} \\ &= \frac{3j}{2} - \frac{3}{4} - \frac{1}{4}(-1)^j + \triangle_{j-1}, \quad \text{para } j \geq 1. \end{aligned} \qquad (6.52)$$

Calculamos agora as funções particulares $f(j)$, $d(j)$ e $b(j)$, associadas aos termos $\frac{3j}{2}$, $-\frac{3}{4}$ e $-\frac{1}{4}(-1)^j$, respectivamente. Para tal, observamos que 1 é a única raiz da equação característica da equação homogênea associada a (6.52).

O primeiro termo, $\frac{3j}{2}$, se encaixa no caso 2 descrito acima. A forma da solução particular adequada é, então, $f(j) = A_0 j + A_1 j^2$. Substituindo na equação, temos

$$A_0 j + A_1 j^2 = \frac{3j}{2} + A_0(j-1) + A_1(j-1)^2,$$

que, simplificando, fornece

$$A_0 - A_1 + \left(2A_1 - \frac{3}{2}\right) j = 0.$$

A equação acima deve ser válida para todo j, ou seja, o polinômio de primeiro grau em j deve ser identicamente nulo. Isto ocorre se, e somente se, os coeficientes dos termos do polinômio são nulos. Logo

$$\begin{cases} A_0 & - & A_1 & = & 0 \\ & & 2A_1 & = & \dfrac{3}{2}. \end{cases}$$

Resolvendo, concluímos que $f(j) = \frac{3}{4}(j + j^2)$.

O segundo termo, $-\frac{3}{4}$, também se encaixa no caso 2 e a forma da solução adequada neste caso é $A_0 j$. Substituindo, temos

$$A_0 j = -\frac{3}{4} + A_0(j-1),$$

o que implica $A_0 = -\frac{3}{4}$. Portanto, $d(j) = -\frac{3}{4}j$.

O terceiro termo, $-\frac{1}{4}(-1)^j$, se encaixa no caso 1. Procuramos, então, solução particular da forma $A(-1)^j$. Substituindo, temos

$$A(-1)^j = -\frac{1}{4}(-1)^j + A(-1)^{j-1}.$$

Logo, $A = -\frac{1}{8}$ e $b(j) = -\frac{1}{8}(-1)^j$.

Como 1 é a única raiz da equação característica da equação homogênea associada, a solução da equação homogênea é da forma $h(j) = A \cdot 1^j = A$. A solução geral de (6.52) é a soma da solução homogênea e das soluções particulares obtidas:

$$
\begin{aligned}
h(j) + f(j) + d(j) + b(j) &= A + \frac{3}{4}(j + j^2) - \frac{3}{4}j - \frac{1}{8}(-1)^j \\
&= A + \frac{3}{4}j^2 - \frac{1}{8}(-1)^j.
\end{aligned}
$$

O valor de A é obtido usando a condição inicial $\triangle_0 = 0$:

$$
h(0) + f(0) + d(0) + b(0) = A - \frac{1}{8} = 0.
$$

Portanto, $A = \frac{1}{8}$ e a fórmula fechada desejada é

$$
\triangle_j = \frac{3}{4}j^2 + \frac{1}{8}(1 - (-1)^j). \tag{6.53}
$$

Na próxima seção utilizamos o método baseado em funções geradoras para obter uma fórmula fechada para $\triangle_j$. As fórmulas para as seqüências restantes são deixadas como exercício. O Apêndice B traz ainda uma outra solução do problema, baseada na teoria das partições. ∎

Para finalizar a seção, examinamos ainda um caso especial, onde a relação de recorrência é do tipo

$$
\begin{aligned}
f_0 &= c, \\
f_n &= p(n)f_{n-1} + g(n), \quad \text{para } n \geq 1,
\end{aligned} \tag{6.54}
$$

onde $p(n)$ é um polinômio.

Quando $p(n) = 1$, (6.54) se reduz a

$$
\begin{aligned}
f_0 &= c \\
f_n &= f_{n-1} + g(n), \quad \text{para } n \geq 1,
\end{aligned} \tag{6.55}
$$

e a solução pode ser facilmente obtida por substituição como segue:[5]

$$
f_0 = c
$$

---

[5] A rigor, os três pontinhos no desenvolvimento "escondem" uma prova por indução que, em virtude de sua simplicidade, é em geral omitida.

$$\begin{aligned}
f_1 &= c + g(1) \\
f_2 &= (c + g(1)) + g(2) \\
f_3 &= (c + g(1) + g(2)) + g(3) \\
&\vdots \\
f_n &= (c + g(1) + \cdots + g(n-1)) + g(n) \\
&= c + \sum_{i=1}^{n} g(i),
\end{aligned}$$

(6.56)

e muitas vezes é possível obter uma expressão fechada para o somatório.

Quando o polinômio $p(n)$ não é igual a 1, a solução será da forma $h(n)q(n)$, onde $h(n)$ satisfaz

$$h(0) = 1 \tag{6.57}$$

$$h(n) = p(n)h(n-1), \quad \text{para } n \geq 1. \tag{6.58}$$

A relação (6.58) também é fácil de resolver por substituição como segue:

$$\begin{aligned}
h(0) &= 1 \\
h(1) &= p(1) \\
h(2) &= (p(1))p(2) \\
h(3) &= (p(1)p(2))p(3) \\
&\vdots \\
h(n) &= (p(1) \cdots p(n-1))p(n) \\
&= \prod_{i=1}^{n} p(i),
\end{aligned}$$

(6.59)

onde eventualmente é possível obter uma expressão fechada para o produtório. Então, $q(n)$ deve satisfazer

$$h(0)q(0) = c \tag{6.60}$$

$$h(n)q(n) = p(n)h(n-1)q(n-1) + g(n), \quad \text{para } n \geq 1. \tag{6.61}$$

De (6.57) e (6.60) segue que $q(0) = c$. Utilizando (6.58), podemos reescrever (6.61) como

$$h(n)q(n) = h(n)q(n-1) + g(n), \quad \text{para } n \geq 1. \qquad (6.62)$$

Da expressão $h(n) = \prod_{i=1}^{n} p(i)$ vemos que, se nenhum dos números naturais é raiz de $p(n)$, ou seja, se $p(i) \neq 0$ para todo $i \geq 1$, então $h(n) \neq 0$ para $n \geq 1$, e podemos dividir (6.62) por $h(n)$ para obter uma relação do tipo (6.55):

$$\begin{aligned} q(0) &= c, \\ q(n) &= q(n-1) + \tfrac{g(n)}{h(n)}, \quad \text{para } n \geq 1, \end{aligned} \qquad (6.63)$$

que já sabemos resolver. A seguir, utilizamos esta técnica para resolver o problema das permutações caóticas.

Exemplo 6.19 (Permutações caóticas — cont.) *Solução da relação de recorrência (6.16).*

Antes de aplicar o procedimento, reformulamos (6.16) de modo que a condição inicial seja expressa em termos de D_0, para ficar de acordo com (6.54). De (6.16) temos que D_0 satisfaz a $0 = D_1 = D_0 + (-1)^1$, portanto $D_0 = 1$.

Aplicando o procedimento acima à relação (6.16), temos que $h(n)$ deve satisfazer

$$\begin{aligned} h(0) &= 1 \\ h(n) &= nh(n-1), \quad \text{para } n \geq 1, \end{aligned} \qquad (6.64)$$

cuja solução, de acordo com (6.59), é

$$h(n) = \prod_{i=1}^{n} i = n!.$$

O segundo passo é resolver (6.63), que no presente caso consiste em

$$\begin{aligned} q(0) &= 1 \\ q(n) &= q(n-1) + \tfrac{(-1)^n}{n!}, \quad \text{para } n \geq 1, \end{aligned} \qquad (6.65)$$

cuja solução podemos obter de (6.56) fazendo as substituições adequadas:

$$q(n) = 1 + \sum_{i=1}^{n} \frac{(-1)^i}{i!}.$$

Portanto,

$$D_n = h(n)q(n)$$
$$= n! \left(1 - \frac{1}{1!} + \frac{1}{2!} - \frac{1}{3!} + \cdots + \frac{(-1)^n}{n!}\right), \quad \text{para } n \geq 0. \;\blacksquare \; (6.66)$$

2.3 Resolução de relações de recorrência baseada em funções geradoras

Nesta técnica, a relação de recorrência é utilizada para a obtenção de uma equação para a função geradora ordinária da seqüência. Esclarecemos que o único tipo de função geradora utilizada na seção é a ordinária e, portanto, torna-se desnecessário o uso do adjetivo, que suprimimos até o final do capítulo. Para tal, multiplicamos por x^n cada membro da equação de recorrência que exprime o $n^{\underline{\text{ésimo}}}$ termo da seqüência em função dos anteriores e somamos a equação obtida para todo $n \geq k$, onde $n - k$ é o menor índice de termo da seqüência que aparece no lado direito da equação de recorrência. O passo seguinte consiste em resolver a equação resultante para encontrar uma expressão para a função geradora. Algumas vezes temos mais de uma solução, e a escolha da solução que realmente corresponde à seqüência em questão é feita utilizando-se as condições iniciais. A expansão em série da função obtida fornece, então, uma fórmula para os termos da seqüência. Ilustramos este procedimento resolvendo a relação de recorrência da seqüência (6.3) de Fibonacci, obtida no Exemplo 6.1.

Exemplo 6.20 (Cálculo do tamanho de uma população de coelhos — cont.) *Segunda resolução da relação de recorrência (6.3).*

Multiplicando cada membro da equação de recorrência em (6.3) por x^n, temos

$$F_n x^n = F_{n-1} x^n + F_{n-2} x^n.$$

Somando a equação acima para $n \geq 2$ resulta em

$$
\begin{aligned}
\sum_{n=2}^{\infty} F_n x^n &= \sum_{n=2}^{\infty} F_{n-1} x^n + \sum_{n=2}^{\infty} F_{n-2} x^n \\
&= x \sum_{n=2}^{\infty} F_{n-1} x^{n-1} + x^2 \sum_{n=2}^{\infty} F_{n-2} x^{n-2} \\
&= x \sum_{n=1}^{\infty} F_n x^n + x^2 \sum_{n=0}^{\infty} F_n x^n.
\end{aligned}
$$

Denotando por $f(x)$ a função geradora para a seqüência (F_0, F_1, F_2, ...), podemos reescrever a equação acima como

$$f(x) - F_0 - F_1 x = x(f(x) - F_0) + x^2 f(x).$$

Substituindo os valores, especificados em (6.3), de F_0 e F_1, e colocando $f(x)$ em evidência, obtemos

$$(1 - x - x^2) f(x) = x.$$

Portanto,

$$f(x) = \frac{x}{1 - x - x^2}. \tag{6.67}$$

O último passo consiste em desenvolver (6.67) em uma série de potências, o coeficiente de x^n nesta série será então F_n. Uma maneira de fazê-lo seria expandindo $f(x)$ em série de Taylor em torno de zero. Como se mostra nas disciplinas de cálculo, a expressão para o coeficiente de x^n na série é $\frac{f^{(n)}(0)}{n!}$. Alguns softwares com capacidade para cálculos simbólicos são capazes de fornecer a expressão para um número finito (mas em geral grande) de termos da série. Mas isto não é suficiente se o objetivo é achar uma fórmula fechada para o coeficiente de uma potência genérica. Neste caso, poderíamos tentar detectar um padrão ao calcular os primeiros coeficientes e depois provar por indução a validade da fórmula "adivinhada", um método de sucesso duvidoso. A outra (em geral mais fácil) alternativa é manipular (6.67) de modo a transformá-la numa soma de termos que tenham expansão conhecida ou de fácil dedução. O método conhecido para fazer isto é chamado *expansão em frações parciais*, e é visto em cálculo quando se estuda a resolução de integrais de funções racionais.[6] Ilustramos o método neste e nos próximos exemplos; sua descrição completa pode ser encontrada nos livros de cálculo.

Calculando as raízes do polinômio no denominador de (6.67), e lembrando que $(x - a) = -a(1 - \frac{x}{a})$, podemos reescrever a equação como

$$f(x) \;=\; \frac{x}{\left(1 - \frac{x}{\frac{-1+\sqrt{5}}{2}}\right)\left(1 - \frac{x}{\frac{-1-\sqrt{5}}{2}}\right)} \tag{6.68}$$

$$=\; \frac{x}{\left(1 - \frac{1+\sqrt{5}}{2}x\right)\left(1 - \frac{1-\sqrt{5}}{2}x\right)} \tag{6.69}$$

$$=\; \frac{A}{1 - \frac{1+\sqrt{5}}{2}x} + \frac{B}{1 - \frac{1-\sqrt{5}}{2}x}. \tag{6.70}$$

As constantes A e B são calculadas de modo que a igualdade entre (6.68) e (6.70) seja verdadeira. Reescrevendo (6.70), temos

$$\frac{A}{1 - \frac{1+\sqrt{5}}{2}x} + \frac{B}{1 - \frac{1-\sqrt{5}}{2}x} = \frac{A\left(1 - \frac{1-\sqrt{5}}{2}x\right) + B\left(1 - \frac{1+\sqrt{5}}{2}x\right)}{\left(1 - \frac{1+\sqrt{5}}{2}x\right)\left(1 - \frac{1-\sqrt{5}}{2}x\right)}$$

$$=\; \frac{\left(-\frac{1-\sqrt{5}}{2}A - \frac{1+\sqrt{5}}{2}B\right)x + A + B}{1 - x - x^2}. \tag{6.71}$$

Para que os polinômios nos numeradores de (6.71) e (6.68) sejam iguais para todo x, é necessário e suficiente que os coeficientes das potências

---

[6] *Função racional* é uma função que pode ser expressa como o quociente de dois polinômios.

de x nos polinômios sejam iguais, o que é equivalente ao sistema

$$\begin{cases} -\frac{1-\sqrt{5}}{2}A & - & \frac{1+\sqrt{5}}{2}B & = & 1 \\ A & + & B & = & 0, \end{cases}$$

cuja solução é

$$A = \frac{1}{\sqrt{5}} \quad \text{e} \quad B = -\frac{1}{\sqrt{5}}.$$

Substituindo os valores de A e B em (6.70) e desenvolvendo os termos, obtemos

$$\begin{aligned} f(x) &= \frac{1}{\sqrt{5}}\frac{1}{1 - \frac{1+\sqrt{5}}{2}x} - \frac{1}{\sqrt{5}}\frac{1}{1 - \frac{1-\sqrt{5}}{2}x} \\ &= \frac{1}{\sqrt{5}}\sum_{n=0}^{\infty}\left(\frac{1+\sqrt{5}}{2}\right)^n x^n - \frac{1}{\sqrt{5}}\sum_{n=0}^{\infty}\left(\frac{1-\sqrt{5}}{2}\right)^n x^n. \quad (6.72) \end{aligned}$$

Colocando x^n em evidência, obtemos a fórmula desejada:

$$F_n = \frac{1}{\sqrt{5}}\left(\frac{1+\sqrt{5}}{2}\right)^n - \frac{1}{\sqrt{5}}\left(\frac{1-\sqrt{5}}{2}\right)^n, \quad n \geq 0. \quad \blacksquare$$

Embora o método baseado em funções geradoras seja mais abrangente e, portanto, mais poderoso que os anteriores, seu êxito depende de uma manipulação habilidosa de funções geradoras e de um bom estoque de funções conhecidas. No Exemplo 6.20 usamos que $\frac{1}{1-x} = \sum_{n=0}^{\infty} x^n$, donde $\frac{1}{1-ax} = \sum_{n=0}^{\infty} a^n x^n$. Resumimos nas tabelas a seguir as funções geradoras e operações vistas no Capítulo 5.

Exemplo 6.21 (Permutações caóticas — cont.) *Segunda solução da relação de recorrência (6.16).*

Se tentarmos aplicar diretamente o método baseado em funções geradoras à equação de recorrência (6.16) obtida à página 220, cairemos numa equação diferencial de difícil solução. Isto é conseqüência do fator n multiplicando D_{n-1}. Torna-se interessante, então, tentar alguma mudança de variáveis que elimine este fator. A simples divisão

Função geradora	Expansão em série
$\dfrac{1}{1-x}$	$\displaystyle\sum_{n=0}^{\infty} x^n$
$\dfrac{1}{1-x^k}$	$\displaystyle\sum_{n=0}^{\infty} x^{kn}$
$\dfrac{1}{(1-x)^2}$	$\displaystyle\sum_{n=1}^{\infty} nx^{n-1}$
$\dfrac{x}{(1-x)^2}$	$\displaystyle\sum_{n=1}^{\infty} nx^n$
$\dfrac{1}{(1-x)^u}$	$\displaystyle\sum_{k=0}^{\infty} \binom{u+k-1}{k} x^k$
$(1+x)^u$	$\displaystyle\sum_{k=0}^{\infty} \binom{u}{k} x^k$
e^x	$\displaystyle\sum_{n=0}^{\infty} \frac{x^n}{n!}$
$-\ln(1-x)$	$\displaystyle\sum_{n=1}^{\infty} \frac{x^n}{n}$

Tabela 6.1 Resumo de funções geradoras e suas expansões.

Operações sobre $f(x) = \sum_{n=0}^{\infty} a_n x^n$ e $g(x) = \sum_{n=0}^{\infty} b_n x^n$
$f(cx) = \displaystyle\sum_{n=0}^{\infty} a_n c^n x^n$
$x^k f(x) = \displaystyle\sum_{n=k}^{\infty} a_{n-k} x^n$
$Af(x) + Bg(x) = \displaystyle\sum_{n=0}^{\infty} (Aa_n + Bb_n) x^n$
$\dfrac{f(x)}{1-x} = \displaystyle\sum_{n=0}^{\infty} \left(\sum_{k=0}^{n} a_k \right) x^n$
$xf'(x) = \displaystyle\sum_{n=0}^{\infty} n a_n x^n$
$\displaystyle\int f(x)dx = \sum_{n=0}^{\infty} \frac{a_n}{n+1} x^{n+1}$
$f(x)g(x) = \displaystyle\sum_{n=0}^{\infty} \left(\sum_{k=0}^{n} a_k b_{n-k} \right) x^n$

Tabela 6.2 Operações sobre funções geradoras.

por n não funciona, pois no lado esquerdo temos $\frac{D_n}{n}$, que pode ser a nova variável, digamos q_n, mas no lado esquerdo temos D_{n-1}, que é $(n-1)q_{n-1}$, e, portanto, volta a aparecer um fator n multiplicando o termo da seqüência. Além disso, embora tenhamos dito que não precisamos nos preocupar com a convergência da série de potências que é a expansão da função geradora, em geral temos dificuldade de obter uma expressão simples para a série quando os coeficientes crescem muito rapidamente (como é o caso de D_n, o que poderia ser verificado calculando um bom trecho inicial da seqüência e verificando o seu comportamento), em particular mais rápido do que as potências de x (para $|x| < 1$) decrescem. A situação em geral se simplifica quando a série converge para algum valor não-nulo de x. Um truque útil neste caso é dividir os termos da seqüência por algum fator que também cresça rapidamente, por exemplo $n!$. Dividindo a equação de recorrência por $n!$, obtemos

$$
\begin{aligned}
\frac{D_n}{n!} &= n\frac{D_{n-1}}{n!} + \frac{(-1)^n}{n!} \\
&= \frac{D_{n-1}}{(n-1)!} + \frac{(-1)^n}{n!},
\end{aligned}
$$

e, neste caso, se definirmos $p_n = \frac{D_n}{n!}$, podemos reescrever a equação de recorrência em (6.16) como

$$
p_n = p_{n-1} + \frac{(-1)^n}{n!}.
$$

Multiplicando por x^n e somando, obtemos

$$
\sum_{n=1}^{\infty} p_n x^n = \sum_{n=1}^{\infty} p_{n-1} x^n + \sum_{n=1}^{\infty} \frac{(-1)^n}{n!} x^n.
$$

Denotando por $g(x)$ a função geradora da seqüência (p_n) e usando a expansão de e^x na Tabela 6.1, reescrevemos a última equação como segue:

$$
g(x) - p_0 = xg(x) + e^{-x} - e^0 = xg(x) + e^{-x} - 1,
$$

e usando que $p_0 = \frac{D_0}{0!} = 1$ (veja desenvolvimento à página 260), concluímos que

$$g(x) = \frac{e^{-x}}{1-x}.$$

Recorremos agora à Tabela 6.2 para deduzir que

$$p_n = \sum_{k=0}^{n} \frac{(-1)^k}{k!}$$

e, portanto,

$$D_n = n!p_n = n! \sum_{k=0}^{n} \frac{(-1)^k}{k!},$$

o que confere com a solução (6.66) obtida à página 261.[7] ∎

Outro problema que podemos resolver com o auxílio de funções geradoras é o formulado no Exemplo 6.5.

Exemplo 6.22 (Divisão de um polígono — cont.) *Solução da relação de recorrência (6.17).*

Examinando o lado direito da equação de recorrência em (6.17):

$$P_n = \sum_{k=2}^{n-1} P_k P_{n+1-k}, \quad n \geq 3,$$

vemos que é extremamente similar à expressão na última linha da Tabela 6.2 no caso em que $a_k = b_k$ para todo k. De fato, se definirmos $P_0 = 0$ e $P_1 = 0$ podemos estender o somatório de $k = 0$ a $n + 1$ e a expressão resultante

$$\sum_{k=0}^{n+1} P_k P_{n+1-k}$$

é exatamente a expressão do coeficiente do termo de x^{n+1} na função $f^2(x) = f(x)f(x)$, onde $f(x)$ é a função geradora da seqüência (P_n).

---

[7]Alternativamente, poderíamos pensar que neste exemplo estamos usando disfarçadamente a função geradora exponencial da seqüência (D_n).

Com esta definição, a relação de recorrência pode ser reescrita como segue:

$$P_0 = 0, \quad P_1 = 0, \quad P_2 = 1$$
$$P_n = \sum_{k=0}^{n+1} P_k P_{n+1-k}, \quad \text{para } n \geq 3. \tag{6.73}$$

Multiplicando então a equação de recorrência em (6.73) acima por x^n e somando para $n \geq 3$, obtemos

$$\sum_{n=3}^{\infty} P_n x^n = \sum_{n=3}^{\infty} \left(\sum_{k=0}^{n+1} P_k P_{n+1-k} \right) x^n,$$

logo

$$f(x) - P_0 - P_1 x - P_2 x^2 = \frac{\sum_{n=3}^{\infty} \left(\sum_{k=0}^{n+1} P_k P_{n+1-k} \right) x^{n+1}}{x},$$

e

$$f(x) - x^2 = \frac{f^2(x)}{x}.$$

Portanto, a função geradora da seqüência (P_n) satisfaz

$$f^2(x) - x f(x) + x^3 = 0.$$

As raízes do polinômio acima são

$$f(x) = \frac{x \pm \sqrt{x^2 - 4x^3}}{2}$$
$$= \frac{x}{2}(1 \pm \sqrt{1 - 4x}). \tag{6.74}$$

Encontramos agora uma dificuldade mencionada no início da seção: qual raiz escolher? Afirmamos que as condições iniciais indicariam a escolha correta, mas como fazer isto? Vejamos (utilizando a Tabela 6.1) qual a expansão em série do termo $\sqrt{1 - 4x}$:

$$\sqrt{1 - 4x} = \sum_{n=0}^{\infty} \binom{\frac{1}{2}}{n} (-4)^n x^n$$
$$= 1 + \frac{\left(\frac{1}{2}\right)}{1!}(-4)x + \frac{\left(\frac{1}{2}\right)\left(\frac{1}{2} - 1\right)}{2!}(-4)^2 x^2 + \cdots +$$
$$+ \frac{\left(\frac{1}{2}\right)\left(\frac{1}{2} - 1\right)\cdots\left(\frac{1}{2} - (n-1)\right)}{n!}(-4)^n x^n + \cdots. \tag{6.75}$$

Portanto, se utilizarmos o sinal "+" em (6.74), a função geradora será

$$\frac{x}{2}(1 + \sqrt{1 - 4x}) \;=\; \frac{x}{2}\left[1 + (1 + \cdots)\right]$$

$$=\; \frac{x}{2}\left(2 + \cdots\right),$$

onde todos os termos subentendidos por "$\cdots$" contêm potência de x. Mas, então, o coeficiente de x na expansão acima é $\frac{2}{2} = 1$, logo não confere com a condição inicial $P_1 = 0$. A conclusão é que o sinal que fornece a função correta deve ser o "-".

Simplificando a expressão obtida para $f(x)$:

$$f(x) \;=\; \frac{x}{2}\left[1 - \left(1 + \frac{\left(\frac{1}{2}\right)}{1!}(-1)^0(-4)x + \frac{\left(\frac{1}{2}\right)\left(\frac{1}{2}\right)}{2!}(-1)^1(-4)^2x^2 + \cdots + \right.\right.$$

$$\left.\left. + \frac{\left(\frac{1}{2}\right)\left(\frac{1}{2}\right)\cdots\left(\frac{2n-3}{2}\right)}{n!}(-1)^{n-1}(-4)^n x^n + \cdots\right)\right]$$

$$=\; \frac{x}{2}\left(\frac{\left(\frac{1}{2}\right)}{1!}(-1)^1(-4)x + \frac{\left(\frac{1}{2}\right)\left(\frac{1}{2}\right)}{2!}(-1)^2(-4)^2x^2 + \cdots + \right.$$

$$\left. + \frac{\left(\frac{1}{2}\right)\left(\frac{1}{2}\right)\cdots\left(\frac{2n-3}{2}\right)}{n!}(-1)^n(-4)^n x^n + \cdots\right)$$

$$=\; \frac{x}{2}\left(\frac{1}{2\cdot 1!}2^2 x + \frac{1}{2^2\cdot 2!}2^4 x^2 + \cdots + \right.$$

$$\left. + \frac{1\cdot 3\cdot 5\cdots(2n-3)}{2^n\cdot n!}2^{2n}x^n + \cdots\right)$$

$$=\; \frac{1}{1!}x^2 + \frac{1}{2!}2^1 x^3 + \cdots + \frac{1\cdot 3\cdot 5\cdots(2n-3)}{n!}2^{n-1}x^{n+1} + \cdots$$

$$=\; \frac{1}{1!}x^2 + \frac{2!}{2!\cdot 2}2^1 x^3 + \cdots +$$

$$+ \frac{(2n-2)!}{n!\cdot 2\cdot 4\cdot 6\cdots(2n-2)}2^{n-1}x^{n+1} + \cdots$$

$$=\; \frac{1}{1!}x^2 + \frac{2!}{2!}x^3 + \cdots + \frac{(2n-2)!}{n!(n-1)!}x^{n+1} + \cdots.$$

Portanto, P_n, o coeficiente de x^n na expansão em série de $f(x)$, é:

$$P_n = \frac{(2(n-1)-2)!}{(n-1)!(n-2)!} = \frac{1}{n-1}\binom{2n-4}{n-2}.\ \blacksquare$$

A técnica de funções geradoras pode ser usada inclusive para problemas cuja relação de recorrência envolve mais de uma seqüência, como no exemplo abaixo.

Exemplo 6.23 (Seqüências ternárias — cont.) *Solução da relação de recorrência (6.19).*

Chamemos de $f(x)$, $g(x)$ e $h(x)$ as funções geradoras das seqüências (a_n), (b_n) e (c_n), respectivamente. As condições iniciais foram dadas em termos de a_1, b_1 e c_1, mas podemos calcular a_0, b_0 e c_0 usando as condições iniciais e as equações de recorrência. Isto se reduz a resolver o sistema:

$$\begin{cases} a_1 &= a_0 + b_0 + c_0 \\ b_1 &= 1 - c_0 \\ c_1 &= 1 - b_0, \end{cases}$$

cuja solução é $a_0 = 1$, $b_0 = 0$ e $c_0 = 0$.

Multiplicando as equações de recorrência em (6.19) por x^n e somando, obtemos o sistema abaixo:

$$\begin{aligned}
f(x) - 1 &= \sum_{n=1}^{\infty} a_n x^n = \sum_{n=1}^{\infty} a_{n-1} x^n + \sum_{n=1}^{\infty} b_{n-1} x^n + \sum_{n=1}^{\infty} c_{n-1} x^n \\
&= x f(x) + x g(x) + x h(x) \\
g(x) &= \sum_{n=1}^{\infty} b_n x^n = \sum_{n=1}^{\infty} 3^{n-1} x^n - \sum_{n=1}^{\infty} c_{n-1} x^n \\
&= \frac{x}{1-3x} - x h(x) \\
h(x) &= \sum_{n=1}^{\infty} c_n x^n = \sum_{n=1}^{\infty} 3^{n-1} x^n - \sum_{n=1}^{\infty} b_{n-1} x^n \\
&= \frac{x}{1-3x} - x g(x).
\end{aligned} \tag{6.76}$$

Podemos resolver de imediato as duas últimas equações, pois só envolvem $g(x)$ e $h(x)$. Multiplicando a terceira equação por x e subtraindo da segunda, obtemos

$$g(x) - xh(x) = \frac{x}{1 - 3x} - xh(x) - \frac{x^2}{1 - 3x} + x^2 g(x).$$

Cancelando o termo $xh(x)$ e simplificando, encontramos a seguinte equação para $g(x)$

$$\begin{aligned} g(x) &= \frac{1}{1 - x^2} \left(\frac{x}{1 - 3x} - \frac{x^2}{1 - 3x} \right) \\ &= \frac{x(1 - x)}{(1 - x)(1 + x)(1 - 3x)} \\ &= \frac{A}{1 + x} + \frac{B}{1 - 3x}, \end{aligned}$$

onde a última linha mostra a expansão em frações parciais. Para que a igualdade seja válida, as constantes A e B devem satisfazer ao sistema:

$$\begin{cases} A + B = 0 \\ -3A + B = 1. \end{cases}$$

É fácil verificar que $A = -\frac{1}{4}$ e $B = \frac{1}{4}$ constituem a solução do sistema. Portanto,

$$\begin{aligned} g(x) &= -\frac{1}{4} \left(\frac{1}{1 + x} \right) + \frac{1}{4} \left(\frac{1}{1 - 3x} \right) \\ &= -\frac{1}{4} \sum_{n=0}^{\infty} (-x)^n + \frac{1}{4} \sum_{n=1}^{\infty} 3^n x^n. \end{aligned} \tag{6.77}$$

De (6.77) obtemos a expressão para b_n, o coeficiente de x^n:

$$b_n = \frac{1}{4} \left(-(-1)^n + 3^n \right) = \frac{1}{4} \left((-1)^{n-1} + 3^n \right). \tag{6.78}$$

Substituindo a expressão obtida para $g(x)$ na terceira equação de (6.76), calculamos $h(x)$:

$$h(x) = \frac{x}{1 - 3x} - x \left(-\frac{1}{4} \left(\frac{1}{1 + x} \right) + \frac{1}{4} \left(\frac{1}{1 - 3x} \right) \right)$$

$$\begin{aligned} &= \frac{x}{1-3x} + \frac{1}{4}\left(\frac{x}{1+x}\right) - \frac{1}{4}\left(\frac{x}{1-3x}\right) \\ &= \frac{1}{4}\left(\frac{x}{1+x}\right) + \frac{3}{4}\left(\frac{x}{1-3x}\right) \\ &= \frac{1}{4}\sum_{n=0}^{\infty}(-1)^n x^{n+1} + \frac{3}{4}\sum_{n=0}^{\infty} 3^n x^{n+1}. \end{aligned} \tag{6.79}$$

O termo c_n é o coeficiente de x^n na série em (6.79):

$$c_n = \frac{1}{4}(-1)^{n-1} + \frac{3}{4}3^{n-1} = \frac{1}{4}\left((-1)^{n-1} + 3^n\right), \tag{6.80}$$

portanto, $b_n = c_n$, e, por conseguinte, $g(x) = h(x)$.

Da primeira equação em (6.76) deduzimos uma equação para $f(x)$ em função de $g(x)$ e $h(x)$:

$$f(x) = \frac{1 + xg(x) + xh(x)}{1-x} = \frac{\tilde{g}(x)}{1-x}, \tag{6.81}$$

onde $\tilde{g}(x) = 1 + 2xg(x) = 1 + \sum_{n=0}^{\infty} 2b_n x^{n+1} = \sum_{n=0}^{\infty} \tilde{b}_n x^n$, onde $\tilde{b}_0 = 1$ e $\tilde{b}_n = 2b_{n-1}$ para $n \geq 1$. Utilizando a igualdade na quarta linha da Tabela 6.2 e (6.78), podemos deduzir a expressão para a_n:

$$\begin{aligned} a_n &= \sum_{k=0}^{n} \tilde{b}_k = 1 + \sum_{k=1}^{n} \frac{(-1)^k + 3^{k-1}}{2} \\ &= 1 + \frac{1}{2}\left(\frac{-1-(-1)^{n+1}}{1-(-1)} + \frac{1-3^n}{1-3}\right) \\ &= 1 + \frac{1}{4}\left(-2 + (-1)^n + 3^n\right) \\ &= \frac{2 + (-1)^n + 3^n}{4}. \quad\blacksquare \end{aligned}$$

O Exemplo 6.8 sobre triângulos não-sememelhantes, já parcialmente resolvido na seção 2.2, é agora abordado por meio de funções geradoras.

Exemplo 6.24 (Triângulos não-semelhantes — cont.) *Obter fórmula fechada para t_{1+6j}, o número de triângulos não-semelhantes de lados inteiros e perímetro $1 + 6j$.*

Utilizamos a reformulação da relação de recorrência original (6.28) obtida no Exemplo 6.18 à página 256. Introduzimos naquele exemplo a notação $t_{\ell+6j} = \triangle_j$. O objetivo do presente exemplo, usando esta notação, é obter uma fórmula fechada para o termo genérico da seqüência $(\triangle_j)$. Reescrevendo a relação de recorrência (6.51) para esta seqüência, temos

$$
\begin{aligned}
\triangle_0 &= 0 \\
\triangle_j &= \left\lfloor \frac{1+6j+1}{4} \right\rfloor + \triangle_{j-1} \\
&= \frac{3j}{2} + \frac{1}{4} - \frac{1}{4}(-1)^j + \triangle_{j-1}, \qquad \text{para } j \geq 1.
\end{aligned}
\tag{6.82}
$$

Multiplicando por x^j e somando, obtemos uma equação para a função geradora $f(x)$ da seqüência $(\triangle_j)$, que é simplificada com o auxílio das Tabelas 6.1 e 6.2:

$$
\begin{aligned}
f(x) - \triangle_0 &= \sum_{j=1}^{\infty} \triangle_j x^j \\
&= \frac{3}{2}\sum_{j=1}^{\infty} j x^j + \frac{1}{4}\sum_{j=1}^{\infty} x^j - \frac{1}{4}\sum_{j=1}^{\infty}(-1)^j x^j + \sum_{j=1}^{\infty} \triangle_{j-1} x^j \\
&= \frac{3}{2}\frac{x}{(1-x)^2} + \frac{1}{4}\frac{x}{1-x} - \frac{1}{4}\left(\frac{1}{1+x} - 1\right) + x f(x) \\
&= \frac{3}{2}\frac{x}{(1-x)^2} + \frac{1}{4}\frac{x}{1-x} + \frac{1}{4}\frac{x}{1+x} + x f(x).
\end{aligned}
$$

Resolvendo a equação para $f(x)$ (observe a expansão em frações parciais da última parcela na terceira linha):

$$
\begin{aligned}
f(x) &= \frac{1}{1-x}\left(\frac{3}{2}\frac{x}{(1-x)^2} + \frac{1}{4}\frac{x}{1-x} + \frac{1}{4}\frac{x}{1+x}\right) \\
&= \frac{3}{2}\frac{x}{(1-x)^3} + \frac{1}{4}\frac{x}{(1-x)^2} + \frac{1}{4}\frac{x}{(1-x)(1+x)} \\
&= \frac{3}{2}\frac{x}{(1-x)^3} + \frac{1}{4}\frac{x}{(1-x)^2} + \frac{1}{4}\left(\frac{\frac{1}{2}}{1-x} - \frac{\frac{1}{2}}{1+x}\right)
\end{aligned}
$$

$$= \frac{3}{2}\frac{x}{(1-x)^3} + \frac{1}{4}\frac{x}{(1-x)^2} + \frac{1}{8}\frac{1}{1-x} - \frac{1}{8}\frac{1}{1+x}$$

$$= \frac{3}{2}x\sum_{j=0}^{\infty}\binom{3+j-1}{j}x^j + \frac{1}{4}x\sum_{j=0}^{\infty}jx^{j-1} + \frac{1}{8}\sum_{j=0}^{\infty}x^j - \frac{1}{8}\sum_{j=0}^{\infty}(-x)^j$$

$$= \frac{3}{2}\sum_{j=0}^{\infty}\binom{2+j}{j}x^{j+1} + \frac{1}{4}\sum_{j=0}^{\infty}jx^j + \frac{1}{8}\sum_{j=0}^{\infty}x^j - \frac{1}{8}\sum_{j=0}^{\infty}(-x)^j. \quad (6.83)$$

O termo procurado é o coeficiente de x^j em (6.83), a expansão em série de $f(x)$:

$$t_{1+6j} = \triangle_j = \frac{3}{2}\binom{2+(j-1)}{j-1} + \frac{j}{4} + \frac{1}{8} - \frac{1}{8}(-1)^j$$

$$= \frac{3j^2 + 4j}{4} + \frac{1}{8}(1 - (-1)^j), \quad \text{para } j \geq 0. \ \blacksquare$$

Exercícios

1. Uma quantia depositada no dia 1º do mês i numa caderneta de poupança é corrigida monetariamente pela taxa t_i e acrescida de 1% de juros no dia 1º do mês $i + 1$. Supondo que o primeiro (e único) depósito de R\$ 200,00 é feito no dia 1º de março (= mês 1), monte a relação de recorrência para Q_n, a quantia disponível no dia 1º do mês n, e utilize-a para calcular Q_5, supondo que $t_1 = 30\%$, $t_2 = 35\%$, $t_3 = 32\%$ e $t_4 = 40\%$.

2. Resolver as seguintes relações de recorrência:

   (a) $a_n = 4a_{n-1} - 3a_{n-2}$, para $n \geq 2$, $a_0 = 8$ e $a_1 = 10$;

   (b) $a_n = 3a_{n-1} - a_{n-2} + 3a_{n-3}$, para $n \geq 3$, $a_0 = 3$, $a_1 = 3$ e $a_2 = 7$;

   (c) $a_n = 3a_{n-2} - 2a_{n-3}$, para $n \geq 4$, $a_1 = \alpha$, $a_2 = \beta$ e $a_3 = \gamma$;

   (d) $a_n = 2(\cos\alpha)a_{n-1} - a_{n-2}$, para $n \geq 3$, $a_1 = \cos\alpha$ e $a_2 = \cos 2\alpha$.

3. Resolver as seguintes relações de recorrência:

   (a) $a_n = 2a_{n-1} + n^2$, para $n \geq 1$, $a_0 = 1$;

   (b) $a_n = 5a_{n-1} - 6a_{n-2} + 2n + 1$, para $n \geq 2$, $a_0 = 1$, $a_1 = 2$;

   (c) $a_n = -2a_{n-1} + 8a_{n-2} + \dfrac{27}{25}5^n$, para $n \geq 2$, $a_0 = 0$ e $a_1 = -9$;

   (d) $a_n = 6a_{n-1} - 11a_{n-2} + 6a_{n-3} + 6n^2 - 40n + 49$, para $n \geq 4$, $a_1 = 3$, $a_2 = 15$ e $a_3 = 41$.

4. Seja a_n o número de regiões ilimitadas em que um plano é dividido por n retas tais que a interseção de qualquer subconjunto de k retas ($k \geq 2$) só é diferente de vazio para $k = 2$. Monte e resolva uma relação de recorrência para a_n.

5. Ache uma relação de recorrência e a solução correspondente para a_n, o número de seqüências quinárias que contêm pelo menos um 2 e este 2 ocorre antes do primeiro 0, se houver 0's na seqüência.

6. Se a equação de recorrência $a_n = c_1 a_{n-1} + c_2 a_{n-2}$ tem solução da forma $A3^n + B6^n$, ache as constantes c_1 e c_2.

7. Monte uma relação de recorrência e resolva-a para C_n, o número de regiões em que o plano é dividido por n círculos que se interceptam dois a dois, tais que a interseção de três ou mais círculos é vazia.

8. Será possível representar os 16 subconjuntos que podem ser obtidos da combinação de quatro conjuntos A, B, C e D (cada subconjunto é definido estabelecendo-se quatro condições para seus elementos: pertencer ou não a cada um dos quatro conjuntos, daí termos 16 subconjuntos) por meio de um diagrama de Venn em que cada um dos quatro conjuntos é representado pela região no interior de um círculo? Por quê?

9. Considere o experimento de lançar uma moeda repetidamente até se obter duas caras seguidas. Obtenha e resolva uma relação de recorrência para a_n, o número de experimentos para os quais duas caras sucessivas são obtidas até o $n^{\underline{ésimo}}$ lançamento.

10. Em quantas regiões o plano é dividido por n linhas que se cruzam num mesmo ponto?

11. Monte e resolva uma relação de recorrência para a_n, o número de regiões em que uma esfera é dividida por n planos que se interceptam no centro da esfera. (Use o resultado do exercício anterior.)

12. Monte e resolva uma relação de recorrência para e_n, o número máximo de regiões em que o espaço (tridimensional) pode ser

dividido por n planos. Suponha que não exista nenhum grupo de três planos com uma reta em comum.

13. Seja a_n o número de permutações dos n primeiros números naturais tais que cada elemento difere de uma unidade de algum elemento à sua esquerda na permutação. Construa e resolva uma relação de recorrência para a_n.

14. Uma Torre de Hanoi dupla contém $2n$ discos de n tamanhos diferentes, dois de cada tamanho. As regras de movimentação dos discos são as mesmas: um disco de cada vez e nunca colocar um disco sobre outro menor.

   (a) Quantos movimentos são necessários para transferir a torre dupla de um eixo para outro, supondo que discos de mesmo tamanho sejam idênticos? Monte e resolva a relação de recorrência apropriada.

   (b) Suponha agora que discos de mesmo tamanho são pintados com cores diferentes e o objetivo é transferir a torre mantendo a ordem de cores. (Dica: utilize os resultados do item anterior.)

15. Ache fórmulas fechadas para $\triangle_j$ para $\ell = 2, 3, 4$ e 5 (ver notação à página 256), usando, em todos os casos, dois métodos: o da seção 2.2 e o da seção 2.3.

16. Monte uma relação de recorrência para o número de amostras de k elementos dos dígitos $1, 2, \ldots, n$, nas quais os números pares ocupam as posições pares, os números ímpares ocupam as posições ímpares e todos os números estão em ordem crescente. Verifique que $b_{k,n} = \binom{\lfloor (n+k)/2 \rfloor}{k}$ é solução do problema.

17. Resolva o sistema de relações de recorrência:

$$a_1 = b_1 = c_1 = 1,$$
$$\begin{cases} a_n &= a_{n-1} + b_{n-1} + c_{n-1}, \\ b_n &= 4^{n-1} - c_{n-1}, \\ c_n &= 4^{n-1} - b_{n-1}, \end{cases} \qquad \text{para } n \geq 2$$

18. Resolva o sistema de relações de recorrência:

$$a_0 = -1, \ b_0 = 2$$
$$\begin{cases} a_n &= 3a_{n-1} + 2b_{n-1}, \\ b_n &= a_{n-1} + 2b_{n-1}, \end{cases} \qquad \text{para } n \geq 1.$$

19. Os tíquetes de loteria da Eslovênia são identificados por números de 6 dígitos (de 000.000 a 999.999). Há uma crença popular de que os tíquetes cuja soma dos dígitos nas posições pares é igual à dos dígitos nas posições ímpares têm mais chance de serem sorteados. Calcule quantos tíquetes existem satisfazendo esta propriedade. (Dica: estabeleça uma relação de recorrência para $a_{k,n}$, o número de maneiras de escrever n como a soma de k parcelas, onde cada parcela é um número entre 0 e 9. O número de tíquetes "sortudos" é então $\sum_{n=0}^{27} a_{3,n}^2$.)

20. Ache uma relação de recorrência para a_n, o número de maneiras de formar n pares de $2n$ jogadores de tênis. Ache uma fórmula para a_n resolvendo a relação. (Sugestão: use substituição para calcular a_n para valores pequenos de n, identifique um padrão e demonstre que é válido usando o princípio de indução.)

21. Uma seqüência binária é examinada para detecção de certos padrões. Cada vez que um padrão é detectado, a pesquisa é reiniciada. Então, por exemplo, o padrão 0110 é detectado duas vezes (nas posições 4 e 15) na seqüência 0110110100101 1011 1100. Deduza e resolva uma relação de recorrência para a_n, o número

de seqüências binárias de n dígitos que contêm o padrão 010 ocorrendo no $n^{\text{ésimo}}$ dígito.

22. Monte uma relação de recorrência para o número a_n de seqüências ternárias com n dígitos para as quais o padrão 012 ocorre só uma vez, no final da seqüência.

23. Ache uma relação de recorrência para $a_{n,k}$, o número de maneiras de escolher k objetos dentre n tipos de objetos, admitindo-se que existe um estoque ilimitado de cada tipo de objeto. Ache uma equação para $f_n(x) = \sum_{k=0}^{\infty} a_{n,k} x^k$ e resolva-a, identificando um padrão e aplicando indução. Obtenha $a_{n,k}$ a partir da expansão em série de $f_n(x)$.

24. Seja Y_t a renda nacional no tempo t. A seguinte equação de recorrência foi obtida para Y_t a partir de teorias econômicas:

$$Y_t = \alpha(1 + \beta)Y_{t-1} - \alpha\beta Y_{t-2} + 1, \qquad \text{para } t \geq 2,$$

onde α e β são constantes positivas. Supondo $Y_0 = 2$, $Y_1 = 3$, $\alpha = \frac{1}{2}$ e $\beta = 1$, ache a função geradora da seqüência (Y_t).

25. Mostre que os números de Fibonacci satisfazem à igualdade abaixo para $n \geq 1$:

$$F_n = \sum_{k=0}^{\lfloor \frac{n-1}{2} \rfloor} \binom{n-k-1}{k}.$$

(Dica: use a fórmula para a função geradora mas não calcule a expansão em frações parciais.)

26. Deseja-se calcular o produto $a_1 a_2 a_3 \cdots a_n$. Trata-se, no entanto, de um tipo especial de produto, no qual a ordem importa, ou seja, não temos necessariamente que $a_1 a_2 = a_2 a_1$. Isto ocorre, por exemplo, quando os a_i's são matrizes. Neste caso, dependendo da dimensão das matrizes, é até possível que o produto

a_2a_1 não esteja definido. Existem várias maneiras de calcular este produto, determinadas pela ordem de cálculos escolhida. Esta ordem pode ser indicada por meio de parênteses. Para $n = 3$ temos, por exemplo, as seguintes possibilidades: $((a_1a_2)a_3)$ e $(a_1(a_2a_3))$. Monte e resolva uma relação de recorrência para p_n, o número de maneiras de calcular o produto de n termos mencionado no início do enunciado.

27. Seja a_n o número de maneiras de distribuir n casais em torno de uma mesa redonda, de maneira que homens e mulheres se alternem na distribuição e marido e mulher não sejam vizinhos. Deduza um sistema de relações de recorrência apropriado para a_n, definindo as outras seqüências que forem necessárias.

28. Seja M_n o número de maneiras de arrumar n casais em fila de modo que nenhum casal ocupe posições adjacentes. Estabeleça um sistema de relações de recorrência para M_n e outras seqüências que se mostrem necessárias.

Capítulo 7

O princípio da casa dos pombos

1 Introdução

Em combinatória existem, basicamente, dois tipos de problemas: os de contagem e os de existência. Nos capítulos anteriores fornecemos várias ferramentas simples que são muito úteis na resolução de problemas de contagem.

A ferramenta que introduzimos neste capítulo, embora com um enunciado muito simples, é de fundamental importância na resolução de vários problemas de existência. Em sua forma mais simples este princípio pode, assim, ser enunciado:

Teorema 7.1 (O princípio da casa dos pombos.) *Se $n + 1$ pombos são colocados em n gaiolas, então pelo menos uma gaiola deverá conter 2 ou mais pombos.*

Demonstração. Isto é óbvio, pois se nenhuma contiver "2 ou mais", isto é, se o número máximo for 1 teremos distribuído no máximo n pombos, o que é uma contradição. ∎

Este princípio costuma, também, ser chamado de princípio das gavetas de Dirichlet, pelo fato de ser usualmente enunciado como: se colocarmos n objetos em um número r de gavetas $(r < n)$, então pelo menos uma gaveta deverá conter pelo menos dois objetos.

Usando esta simples idéia, podemos concluir que, numa festa com mais de 12 crianças, existirão, necessariamente, pelo menos duas que nasceram no mesmo mês. Basta olharmos para as crianças como sendo pombos e para os meses do ano como sendo as gaiolas.

Nesta mesma festa, claramente, existirão duas nascidas no mesmo dia da semana. Se o número de crianças superar 365, então duas, pelo menos, aniversariam no mesmo dia.

Nos exemplos seguintes fornecemos várias aplicações deste princípio.

Exemplo 7.1 *Mostrar que qualquer subconjunto S de $\{1,\ 2,\ 3,\ \ldots,12\}$ contendo sete elementos possui dois subconjuntos cuja soma dos elementos é a mesma.*

Um subconjunto com 7 elementos terá soma no máximo igual a $6 + 7 + 8 + 9 + 10 + 11 + 12 = 63$ para os seus elementos. Disto concluímos que os possíveis valores para a soma dos elementos de um subconjunto de um conjunto contendo 7 dos elementos de $\{1,\ 2,\ 3,\ \ldots,\ 12\}$ vão de 1 a 63, ou seja, temos 63 valores possíveis. Mas um conjunto com 7 elementos possui $2^7 - 1$ subconjuntos não vazios. Logo, como $2^7 - 1 > 63$, pelo menos dois deles terão a mesma soma para os seus elementos. ∎

Exemplo 7.2 *Mostrar que todo subconjunto de $\{1,\ 2,\ 3,\ \ldots,\ 2n\}$, contendo $n+1$ elementos, possui um par de elementos primos entre si.*

É fácil observar que os únicos subconjuntos de $\{1,\ 2,\ \ldots,\ 2n\}$ contendo n elementos, não consecutivos, são $\{1,\ 3,\ 5,\ \ldots,\ 2n-1\}$ e $\{2,\ 4,\ 6,\ \ldots,\ 2n\}$. Portanto, ao tomarmos um subconjunto com $n+1$ elementos teremos, necessariamente, dois elementos consecutivos. Finalmente, o fato de que dois números consecutivos são primos entre si garante o resultado. ∎

Exemplo 7.3 *Mostrar que o subconjunto considerado no exemplo anterior também contém um par de elementos tais que um é múltiplo do outro.*

Sabemos que todo inteiro n pode ser escrito na forma $n = 2^r m$, onde $r \geq 0$ e m ímpar. Como em $\{1, 2, 3, \ldots, 2n\}$ existem apenas n ímpares distintos, quando tomarmos $n + 1$ deste números, pelo menos dois deles terão o mesmo m quando representados na forma $2^r m$. Um deles será $2^s m$ e o outro $2^r m$. E é claro que um destes divide o outro. ∎

Exemplo 7.4 *Mostrar que, dentre 9 pontos quaisquer de um cubo de aresta 2, existem pelo menos dois pontos que se encontram a uma distância menor do que ou igual a $\sqrt{3}$ um do outro.*

Dividimos este cubo em oito cubos menores seccionando cada aresta ao meio, conforme ilustrado abaixo. Cada um dos 8 cubos, assim gerados, tendo aresta 1, terá diâmetro igual a $\sqrt{3}$. Como temos 9 pontos, pelo menos um dos 8 cubos conterá 2 ou mais pontos, o que conclui a demonstração. ∎

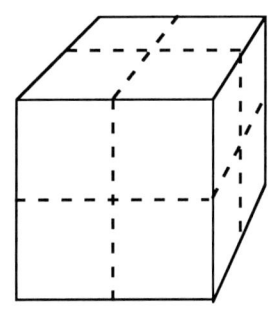

2 Generalizações

O princípio da casa dos pombos pode ser, de maneira mais geral, enunciado como:

Teorema 7.2 *Se n gaiolas são ocupadas por $nk + 1$ pombos, então pelo menos uma gaiola deverá conter pelo menos $k + 1$ pombos.*

Demonstração. Isto também é óbvio, pois se cada uma contiver no máximo k, como são n gaiolas, no máximo nk terão sido distribuídos, o que é uma contradição.

Exemplo 7.5 *Numa festa de aniversário com 37 crianças, pelo menos 4 nasceram no mesmo mês.*

Como $37 = 3 \cdot 12 + 1$, o resultado segue pelo Teorema 7.2 com $n = 12$ e $k = 3$. ∎

Exemplo 7.6 *Se uma urna contém 4 bolas vermelhas, 7 bolas verdes, 9 bolas azuis e 6 bolas amarelas, qual é o menor número de bolas que devemos retirar (sem olhar) para que possamos ter certeza de termos tirado pelo menos 3 de uma mesma cor?*

Consideramos como gaiolas as 4 cores diferentes e, portanto, tomando $k = 2$ e $n = 4$ no Teorema 7.2, temos $4 \cdot 2 + 1 = 9$ para a resposta do nosso problema. ∎

Exemplo 7.7 *Suponhamos que os números de 1 até 15 sejam distribuídos de modo aleatório em torno de um círculo. Mostrar que a soma dos elementos de pelo menos um conjunto de 5 elementos consecutivos tem que ser maior do que ou igual a 40.*

Observe que, se somarmos os elementos de todos os possíveis conjuntos de 5 elementos consecutivos (são 15), cada um dos números de 1 a 15 terá sido somado 5 vezes e que, portanto, a soma total será $5(1 + 2 + 3 + \ldots + 15) = 5(15 + 1)15/2 = 600$. Como são 15 conjuntos distintos de 5 elementos consecutivos, se cada um tiver soma inferior a 40, o total será no máximo $15 \cdot 39 = 585$. Logo, pelo menos um deve ter soma maior do que ou igual a 40. ∎

Exemplo 7.8 *Num grupo de n pessoas ($n \geq 2$) existem pelo menos duas pessoas com o mesmo número de conhecidos. Neste e nos exemplos seguintes assumimos que a relação de conhecimento é simétrica, isto é, se a conhece b, então b conhece a.*

Vamos particionar estas n pessoas em subconjuntos A_0, A_1, ..., A_{n-1}, onde A_i é o subconjunto que contém as pessoas que conhecem i pessoas no grupo de n. Logo, se uma pessoa não conhece nenhuma outra das $n-1$ pessoas, ela estará no grupo A_0, se tem somente um conhecido estará em A_1 e assim por diante, até A_{n-1}, caso ela conheça todas as outras $n-1$ pessoas. Mas se o subconjunto A_0 possui alguém, A_{n-1} não possui ninguém, e vice-versa. Isto porque se alguém não conhece ninguém é porque ninguém conhece todos e se alguém conhece todos os outros, não há ninguém que seja desconhecido de todos. Logo, as n pessoas estão particionadas em $n-1$ subconjuntos e, portanto, algum subconjunto contém pelo menos duas pessoas, o que conclui a demonstração. ∎

No enunciado a seguir utilizamos a notação $\lfloor x \rfloor$ para designar o maior inteiro menor do que ou igual a x, introduzida no Capítulo 4, à página 120. Podemos ver o teorema como uma reformulação do princípio da casa dos pombos.

Teorema 7.3 *Se colocarmos em n gaiolas k pombos, então pelo menos uma gaiola deverá conter pelo menos $\left\lfloor \dfrac{(k-1)}{n} \right\rfloor + 1$ pombos.*

Demonstração. Como

$$\left\lfloor \frac{k-1}{n} \right\rfloor \leq \frac{k-1}{n},$$

se cada gaiola contiver no máximo $\left\lfloor \dfrac{(k-1)}{n} \right\rfloor$ pombos, teremos no máximo $n \left\lfloor \dfrac{(k-1)}{n} \right\rfloor$ pombos no total. Mas

$$n \left\lfloor \frac{k-1}{n} \right\rfloor \leq n \left(\frac{k-1}{n} \right) = k - 1 < k,$$

o que é uma contradição. ∎

Exemplo 7.9 *Em qualquer grupo de 20 pessoas, pelo menos 3 nasceram no mesmo dia da semana.*

No Teorema 7.3, tomamos $n = 7$ e $k = 20$. Logo, como

$$\left\lfloor \frac{20-1}{7} \right\rfloor + 1 = \left\lfloor \frac{19}{7} \right\rfloor + 1 = 2 + 1 = 3,$$

pelo menos 3 terão nascido no mesmo dia da semana. ∎

Exemplo 7.10 *Suponhamos 6 pontos no espaço, não havendo 3 numa mesma linha. Cada dois pontos ligados por um segmento de reta e cada um desses 15 segmentos pintado de uma cor dentre duas, azul e vermelho. Provar que qualquer que seja a escolha destas duas cores na pintura dos segmentos sempre existirá um triângulo com todos os lados de uma mesma cor.*

Qualquer ponto A está ligado a 5 outros por 5 segmentos de reta. Existem duas cores disponíveis para estes 5 segmentos, logo devemos ter pelo menos 3 segmentos com a mesma cor.

Desta forma, temos a figura

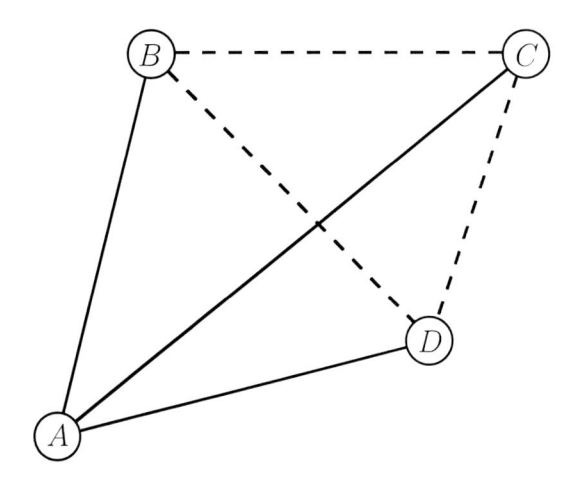

onde os três segmentos partindo de A que são da mesma cor, suponhamos azul (representada pela linha sólida), vão para B, C e D. Considere o triângulo BCD. Se qualquer um de seus lados, BC por exemplo, é azul, então existe um triângulo azul, ABC. Se nenhum é azul, então BCD é um triângulo vermelho. ∎

Exemplo 7.11 *Em qualquer grupo de 6 pessoas existe, necessariamente, um conjunto de 3 pessoas que se conhecem ou que são totalmente estranhos.*

Este problema é idêntico ao anterior, apenas se encontra com uma roupagem diferente. Basta identificarmos as pessoas com os pontos, a relação de conhecimento com os segmentos de uma das cores e o não-conhecimento recíproco com os segmentos da outra cor. ∎

Vamos introduzir o conceito de congruência para que possamos fornecer algumas importantes aplicações do princípio da casa dos pombos. Faremos isto por meio de um exemplo. Consideremos os três conjuntos:

$$C_0 = \{\ldots, -9, -6, -3, 0, 3, 6, 9, 12, \ldots\};$$
$$C_1 = \{\ldots, -8, -5, -2, 1, 4, 7, 10, 13, \ldots\};$$
$$C_2 = \{\ldots, -7, -4, -1, 2, 5, 8, 11, 14, \ldots\}.$$

No primeiro deles, C_0, estão todos os inteiros múltiplos de 3, em C_1 estão os inteiros que quando divididos por 3 deixam resto 1, e em C_2 os que divididos por 3 deixam resto 2. É fácil ver que a união dos três conjuntos acima é o próprio conjunto Z dos inteiros. Isto é uma consequência imediata do conhecido fato de que quando um inteiro qualquer é dividido por 3 só existem três possíveis restos que são 0, 1 e 2. Em C_0 temos os números da forma $3k$, em C_1 os da forma $3k+1$ e em C_2 os da forma $3k+2$. Estes três conjuntos são chamados de classes de congruência módulo 3, os elementos de C_i são ditos congruentes a i módulo 3. Outro fato elementar é que a diferença entre dois números quaisquer em qualquer um dos conjuntos acima é sempre divisível por 3. Destes fatos podemos concluir, pelo princípio da casa dos pombos, que dados 4 ou mais números inteiros existirão, necessariamente, pelo menos 2 cuja diferença é divisível por 3.

O que acabamos de fazer com o número 3 pode ser feito com qualquer inteiro positivo n. Devemos, neste caso, considerar os n conjuntos C_0, C_1, C_2, ..., C_{n-1}, onde em C_i colocamos todos os inteiros que deixam resto i quando divididos por n. Dizemos que os elementos de C_i são congruentes a i módulo n. Dois elementos são congruentes módulo n se a diferença entre eles for um múltiplo de n. Logo, como cada inteiro se encontra em exatamente um dos C_i's, se tomarmos um número m, $m \geq n+1$, pelo menos 2 deles estarão na mesma classe de congruência módulo n. Prosseguimos, agora, com os nossos exemplos.

Exemplo 7.12 *Mostrar que todo inteiro positivo n possui um múltiplo que se escreve na base 10, somente com os dígitos 0 e 1.*

Basta considerarmos a seqüência dos $n+1$ números

$$1, 11, 111, 1111, \ldots, 11\ldots 1,$$

onde o último contém $n+1$ 1's. Como temos mais números nesta lista do que o número de classes de congruência módulo n, pelo menos dois deles estarão na mesma classe. Logo, a diferença será divisível por n. É fácil ver que a diferença de elementos da seqüência acima contém somente 0's e 1's. ∎

No teorema seguinte apresentamos mais uma importante aplicação do princípio da casa dos pombos, dada por Erdös e Szekeres [12].

Teorema 7.4 *Toda seqüência de n^2+1 inteiros diferentes possui uma subseqüência crescente de $n+1$ termos ou uma subseqüência decrescente de $n+1$ termos.*

Demonstração. Consideremos a seqüência

$$a_1, \ a_2, \ a_3, \ \ldots, \ a_{n^2+1}.$$

Seja t_i o número de termos na mais longa subseqüência crescente começando em a_i. Se algum t_i for pelo menos $n+1$, o teorema estará demonstrado. Vamos, pois, assumir que $1 \le t_i \le n$, para todo i. Logo, como temos n^2+1 t_i's (pombos) para apenas n gaiolas (os números 1, 2, ..., n), pelo Teorema 7.3 existe pelo menos uma gaiola contendo pelo menos

$$\left\lfloor \frac{n^2+1-1}{n} \right\rfloor + 1 = n+1$$

pombos. Isto é, existem pelo menos $n+1$ t_i's que são iguais. Vamos mostrar que os a_i's aos quais os t_i's iguais estão associados formam uma subseqüência decrescente. Suponhamos $t_i = t_j$ com $i < j$. Devemos mostrar que $a_i > a_j$. Se $a_i \le a_j$, teremos $a_i < a_j$, pois, por hipótese, todos os a_i's são diferentes. Logo, a_i seguido pela maior subseqüência que começa em a_j forma uma subseqüência crescente de comprimento $t_j + 1$. Isto implica $t_i \ge t_j + 1$, o que é uma contradição. ∎

Como uma aplicação deste teorema vamos encontrar a subseqüência de comprimento 4 para a seqüência

$$9, \ 8, \ 4, \ 3, \ 2, \ 7, \ 6, \ 5, \ 10, \ 1.$$

Os t_i's são:

$$t_1 = 2, \quad t_2 = 2, \quad t_3 = 3, \quad t_4 = 3, \quad t_5 = 3,$$
$$t_6 = 2, \quad t_7 = 2, \quad t_8 = 2, \quad t_9 = 1, \quad t_{10} = 1.$$

Existem 5 t_i's iguais a 2 (o teorema nos garante pelo menos 4) e quaisquer 4 (por exemplo t_1, t_2, t_6 e t_7) nos fornecem uma seqüência decrescente, neste caso 9, 8, 7, 6.

Exemplo 7.13 *Um indivíduo estuda pelo menos uma hora por dia durante 5 semanas, mas nunca estuda mais do que 11 horas em 7 dias consecutivos. Mostrar que, em algum período de dias sucessivos, ele estuda um total de exatamente 20 horas. (Admita que ele estude um número inteiro de horas por dia.)*

Seja d_i o número de horas que ele estudou no dia i. São 35 dias. Consideremos a seqüência

$$b_1 = d_1,$$
$$b_2 = d_1 + d_2,$$
$$b_3 = d_1 + d_2 + d_3,$$
$$\vdots$$
$$b_{21} = d_1 + d_2 + d_3 + \cdots + d_{21}.$$

Por termos 21 números distintos, dois deles, pelo menos, estarão na mesma classe de congruência módulo 20. Logo, a diferença entre eles deve ser múltipla de 20. Como, num período de 21 dias, ele poderá ter estudado no máximo 33 horas ($3 \cdot 11$), esta diferença, não sendo nula, terá que ser exatamente igual a 20, o que conclui a demonstração. ∎

Exemplo 7.14 *Seja S um conjunto contendo k inteiros tais que nenhum deles é múltiplo de m. Para $k > m/2$, mostrar que existem dois inteiros em S cuja soma ou diferença é divisível por m.*

Observe que, se m for par ou ímpar, isto é, $m = 2n$ ou $m = 2n+1$, temos, em ambos os casos, que $k \geq n+1$. Consideremos agora os n conjuntos S_1, S_2, ..., S_n, onde S_i contém todos os elementos de S congruentes a i ou $-i$ módulo m. Como temos n conjuntos e $k \geq n+1$, pelo menos um deles deverá conter pelo menos 2 dos elementos de S. Portanto, a soma ou diferença destes dois elementos será múltipla de m. ∎

Exemplo 7.15 *Provar que 7 divide infinitos números da forma* $252525\ldots25$.

Consideremos primeiramente os oito números abaixo:

$$25$$
$$2525$$
$$252525$$
$$25252525$$
$$2525252525$$
$$252525252525$$
$$25252525252525$$
$$2525252525252525$$

Como temos mais do que 7 números, pelo menos dois deles estão na mesma classe de congruência módulo 7. Logo, a diferença entre eles é divisível por 7. Mas esta diferença é da forma

$$2525\ldots25\ldots0000 = 2525\ldots25 \cdot 10^{2k},$$

o que nos fornece um número divisível por 7 da forma desejada, uma vez que o primo 7 não é um divisor de 10^{2k}.

A obtenção de um conjunto infinito pode ser facilmente obtida pela repetição do que foi feito, utilizando-se seqüências suficientemente grandes para se evitar repetições. ∎

No exemplo seguinte mostramos que o conjunto $\mathbb{Q}$ dos números racionais é *denso* no conjunto dos números reais.[1]

Exemplo 7.16 *Mostrar que, dados $\alpha \in \mathbb{R}$ e $n > 1$, um inteiro, existe um racional $\frac{p}{q}$, onde $1 \le q \le n$, tal que*

$$\left| \alpha - \frac{p}{q} \right| \le \frac{1}{nq}.$$

Consideremos os $n+1$ números $0,\ \alpha - \lfloor \alpha \rfloor,\ 2\alpha - \lfloor 2\alpha \rfloor,\ \ldots,\ n\alpha - \lfloor n\alpha \rfloor$, e a seguinte divisão do intervalo $[0,1]$:

$$0 \quad \frac{1}{n} \quad \frac{2}{n} \quad \frac{3}{n} \qquad \cdots \qquad \frac{n-2}{n} \quad \frac{n-1}{n} \quad \frac{n}{n}$$

Como cada um dos $n + 1$ números pertence ao intervalo $[0,1]$ e este intervalo foi dividido em n subintervalos de comprimento $\frac{1}{n}$, podemos concluir que existem s e t, $0 \le s < t \le n$, tais que $s\alpha - \lfloor s\alpha \rfloor$ e $t\alpha - \lfloor t\alpha \rfloor$ pertencem a um mesmo subintervalo.

Sejam $q = t - s$ e $p = \lfloor t\alpha \rfloor - \lfloor s\alpha \rfloor$. Temos, portanto,

$$
\begin{aligned}
|q\alpha - p| &= |(t - s)\alpha - (\lfloor t\alpha \rfloor - \lfloor s\alpha \rfloor)| \\
&= |(t\alpha - \lfloor t\alpha \rfloor) - (s\alpha - \lfloor s\alpha \rfloor)| \\
&\le \frac{1}{n}.
\end{aligned}
$$

Logo,

$$\left| \alpha - \frac{p}{q} \right| \le \frac{1}{nq}. \quad \blacksquare$$

---

[1] Isto significa que dado qualquer real, x, por exemplo, existe um racional tão próximo de x quanto quisermos.

Exercícios

1. Quantos estudantes uma turma precisa conter, no mínimo, para que pelo menos dois estudantes tirem notas iguais no exame final, dado que as notas variam de 0 a 10 e apenas uma casa decimal é utilizada quando necessário?

2. Suponha agora que as notas possíveis são conceitos A, B, C, D e F. Qual o número mínimo de estudantes para que pelo menos 5 tenham conceito igual?

3. Existem 25 milhões de linhas telefônicas em um determinado estado, identificadas por uma seqüência de 10 dígitos da forma $NXX - NXX - XXXX$, onde N é um dígito entre 2 e 9 inclusive, X é um dígito qualquer e os primeiros 3 dígitos constituem o código de DDD. Quantos códigos distintos de DDD o estado deve admitir para que a cada linha telefônica, corresponda uma seqüência de 10 dígitos distinta das demais?

4. Existem 83 casas em uma rua. As casas são numeradas com números entre 100 e 262 inclusive. Mostre que pelo menos 2 casas têm números consecutivos.

5. Quantas pessoas, no mínimo, devemos ter em um grupo para que possamos garantir a existência de pelo menos duas tendo nomes que começam com a mesma letra? (Considere um alfabeto com 26 letras.)

6. Supondo que os números de RG sejam constituídos de 7 dígitos, quantas pessoas, no mínimo, devemos ter em uma cidade para que se tenha certeza da existência de pelo menos duas com os primeiros dois dígitos (da direita) iguais? (Admita que um RG possa ter "0" como dígito inicial.)

7. Uma escola possui 46 classes com uma média de 38 alunos por classe. O que se pode dizer a respeito do número de alunos na maior classe?

8. Um restaurante possui 62 mesas com um total de 314 cadeiras. É possível garantir a existência de pelo menos uma mesa com pelo menos 6 cadeiras?

9. Dados 12 livros de português, 14 de história, 9 de química e 7 de física, quantos livros devemos retirar (sem olhar) para que estejamos certos de termos retirado 6 de uma mesma disciplina?

10. Mostrar que em um grupo de apenas 5 pessoas o resultado do Exemplo 7.11 não é necessariamente verdadeiro.

    (Sugestão: construir uma figura com os 5 pontos ligados por $C_5^2 = 10$ segmentos de reta, onde não exista nenhum triângulo tendo todos os lados de mesma cor.)

11. Encontrar a maior subseqüência crescente e a maior subseqüência decrescente para cada uma das seqüências abaixo:

    (a) 6, 4, 9, 3, 2;

    (b) 8, 7, 9, 2, 3, 6, 10, 12, 15, 5;

    (c) 5, 10, 2, 8, 3, 12, 14, 17, 9, 7;

    verificando se elas estão em concordância com o Teorema 7.4. (As respostas não são únicas.)

12. Mostrar que 11 divide infinitos números da forma $363636\ldots36$.

Capítulo 8

Noções sobre grafos

1 Introdução

A teoria de grafos tem uma origem relativamente recente (século XVIII) na história da matemática. Dentre os primeiros cientistas a trabalhar nesta área se destacam L. Euler, G. Kirchhoff e A. Cayley. A teoria de grafos tem extensiva utilização em matemática aplicada, pois demonstra ser uma poderosa ferramenta para a modelagem de diversas situações reais em, entre outros, física, química, biologia, engenharia elétrica e pesquisa operacional. Descrevemos mais adiante alguns destes modelos. Precisamos antes, no entanto, introduzir um conjunto de definições básicas.

Um *grafo* $G = (N, A)$ é constituído por um conjunto (finito e não-vazio) N de *nós* e um conjunto A de *arcos*. Cada *arco* é um *par não-ordenado de nós distintos* (conjunto de cardinalidade 2). Se um arco corresponde ao par de nós $\{i, j\}$, dizemos que i e j são as *extremidades* do arco. Convencionamos desenhar um grafo representando cada nó por um círculo e os arcos por linhas ligando estes círculos, como exemplificado na Figura 8.1 a seguir. Nas Figuras 8.1 (b) e (c) chamamos atenção para dois detalhes na definição. Estas figuras exemplificam os chamados *multigrafos*, que são grafos nos quais são permitidos dois ou mais arcos associados a um mesmo par de nós (como entre os nós 1 e 3 na Figura 8.1(b)) e arcos associados a um único nó — ou seja, os dois nós do par não-ordenado não são necessariamente distintos — (como no nó 1 na Figura 8.1(c)), também chamados de *laços*.

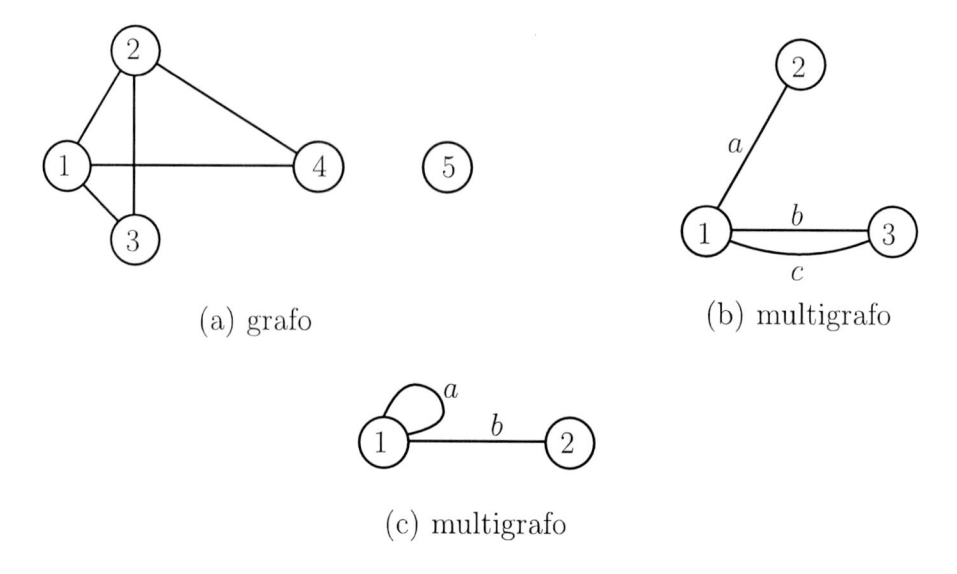

(a) grafo

(b) multigrafo

(c) multigrafo

Figura 8.1 Grafos e multigrafos.

Portanto, no caso de grafos podemos denotar os arcos pelos pares de nós correspondentes, ou atribuir-lhes símbolos próprios, indicando em separado o par de nós associado a cada símbolo. No caso de multigrafos contendo mais de um arco associado ao mesmo par de nós, é imprescindível utilizar a segunda opção. Na Figura 8.1(b) denotamos os dois arcos associados aos nós 1 e 3 por b e c e o arco associado ao par $\{1, 2\}$ por a, conforme ilustrado. Dizemos que um arco é *incidente* nos nós ao qual está associado e vice-versa. Então, os arcos b e c recém-definidos são incidentes nos nós 1 e 3 e o nó 3 do grafo na Figura 8.1(a) é incidente nos arcos $\{1, 3\}$ e $\{2, 3\}$. Observe que, de acordo com a convenção, a interseção entre as linhas que representam os arcos $\{1, 4\}$ e $\{2, 3\}$ na Figura 8.1(a) não está associada a um nó. O nó 5 nesta mesma figura é chamado de um *nó isolado*, pois não está ligado a nenhum outro, ou seja, não existe nenhum arco no grafo incidente no nó 5.

Dois arcos incidentes num mesmo nó são chamados de *adjacentes*. Analogamente, dois nós incidentes num mesmo arco são também adjacentes. Os nós 1 e 4 da Figura 8.1(a) são adjacentes, assim como os arcos $\{1, 2\}$ e $\{1, 3\}$ da mesma figura. O *grau de um nó* é o número de arcos incidentes no nó, sendo que cada laço conta como dois arcos. O grau do nó 1 da Figura 8.1(c) é 3 e o grau do nó 2 da mesma figura é 1. Um *passeio* entre os nós i e j de um (multi)grafo é uma seqüência alternante de nós e arcos começando em um dos nós i, j, e terminando no outro, tal que cada arco é incidente aos nós que o cercam na seqüência. Entre os nós 1 e 4 da Figura 8.1(a) temos o passeio $(1, \{1, 3\}, 3, \{2, 3\}, 2, \{1, 2\}, 1, \{1, 4\}, 4)$. Note que a subseqüência de arcos (mas não a subseqüência de nós) seria suficiente para caracterizar o passeio. A subseqüência de nós pode dar origem a ambigüidade no caso de multigrafos que contêm mais de um arco entre o mesmo par de nós. Observe, por exemplo, que os passeios $(2, a, 1, b, 3)$ e $(2, a, 1, c, 3)$ da Figura 8.1(b) apresentam a mesma subseqüência de nós. Eventualmente usamos apenas uma das subseqüências (usando a de nós somente se não admitir ambigüidades) para definir um passeio, de modo a simplificar a notação. Um *caminho* é um passeio que não contém nós repetidos. Entre os nós 1 e 4 da Figura 8.1(a) temos os caminhos (especificando apenas os nós) $(1, 4)$, $(1, 2, 4)$ e $(1, 3, 2, 4)$. Um *circuito* é um passeio fechado, isto é, entre dois nós idênticos. Um *ciclo* é um caminho fechado, isto é, um passeio que contém exatamente dois nós iguais: o primeiro e o último. Dois nós estão *conectados* se existe caminho entre eles no (multi)grafo. Um (multi)grafo é *conexo* se qualquer par de nós no (multi)grafo estão conectados. O grafo da Figura 8.1 (a) é *desconexo*, isto é, não é conexo, e os multigrafos da Figura 8.1 (b) e (c) são conexos.

O grafo $H = (N_H, A_H)$ é um *subgrafo* de um grafo $G = (N, A)$ se $N_H \subseteq N$ e $A_H \subseteq A$. Os *componentes conexos* de um grafo são os *subgrafos conexos maximais* deste grafo, ou seja, são os subgrafos conexos deste grafo que não estão estritamente contidos em outros subgrafos conexos. O subgrafo composto pelos nós 1 e 2 e o arco (1, 2) da Figura 8.1 (a) é um subgrafo conexo, mas não é um componente conexo, pois está contido no subgrafo que contém os nós 1, 2 e 3 e os arcos entre estes nós. De fato, é trivial verificar que o grafo da Figura 8.1(a) contém dois componentes conexos: um constituído pelos nós 1, 2, 3 e 4, e os arcos $\{1, 2\}$, $\{1, 3\}$, $\{1, 4\}$, $\{2, 3\}$ e $\{2, 4\}$; e outro constituído pelo nó 5.

Apenas com as definições já apresentadas podemos demonstrar o resultado a seguir (devido a Euler), que, não obstante sua simplicidade, permite tirar conclusões interessantes.

Teorema 8.1 *A soma dos graus dos nós de um grafo é igual ao dobro do número de arcos.*

Demonstração. Basta observar que ao somarmos os graus contamos cada arco duas vezes, uma vez em cada extremidade. ∎

Corolário 8.2 *O número de nós de grau ímpar de um grafo é par.*

Demonstração. Considere o grafo $G = (N, A)$. Denotando por d_i o grau do nó i, temos, do Teorema 8.1:

$$2|A| = \sum_{i \in N} d_i = \sum_{i \in N | d_i \text{ par}} d_i + \sum_{i \in N | d_i \text{ ímpar}} d_i.$$

Separamos o somatório em duas parcelas, a primeira contendo os graus pares e a segunda os ímpares. Então, a primeira parcela é par, mas como a soma das duas parcelas também é par (o dobro da cardinalidade de A), a segunda parcela também é par. Observe agora que, para ter uma soma de parcelas ímpares resultando em um número par, devemos ter um número par de parcelas, o que conclui a demonstração. ∎

A partir do Corolário 8.2 podemos mostrar, por exemplo, que se um grafo contém apenas dois nós de grau ímpar, então existe um caminho entre estes dois nós no grafo (ver o exercício 13).

Em diversas oportunidades, o desenho do grafo é extremamente útil, mas para lidar com grafos maiores e mais complexos precisamos de outro tipo de descrição para o grafo. Um tipo de descrição consiste na listagem dos elementos de N e A. Os (multi)grafos da Figura 8.1 teriam então a seguinte descrição:

(Multi)grafo	Descrição
Figura 8.1(a)	$N = \{1, 2, 3, 4, 5\}$ e $A = \{\{1,2\}, \{1,3\}, \{1,4\}, \{2,3\}, \{2,4\}\}$.
Figura 8.1(b)	$N = \{1, 2, 3\}$ e $A = \{a, b, c\}$, onde a está associado aos nós 1 e 2, e b e c aos nós 1 e 3.
Figura 8.1(c)	$N = \{1, 2\}$ e $A = \{a, b\}$, onde a está associado ao nó 1 e b aos nós 1 e 2.

Podemos também representar (multi)grafos por meio de matrizes, estabelecendo um elo útil com a álgebra. Temos a *matriz de incidência* *nó* $\times$ *arco*, ou, simplesmente, matriz de incidência, cujas linhas estão associadas aos nós e as colunas aos arcos. Um elemento na linha i e coluna j é 1 se o nó i é incidente no arco j e 0 caso contrário. A *matriz de adjacência* tem linhas e colunas associadas aos nós. O elemento na linha i e coluna j é o número de arcos que têm i e j como extremidades. Abaixo temos as matrizes de incidência e adjacência para o multigrafo da Figura 8.1 (b).

$$\begin{array}{c}\quad a \quad b \quad c \\ \begin{array}{c} 1 \\ 2 \\ 3 \end{array} \left[\begin{array}{ccc} 1 & 1 & 1 \\ 1 & 0 & 0 \\ 0 & 1 & 1 \end{array}\right]\end{array} \qquad \begin{array}{c}\quad 1 \quad 2 \quad 3 \\ \begin{array}{c} 1 \\ 2 \\ 3 \end{array} \left[\begin{array}{ccc} 0 & 1 & 2 \\ 1 & 0 & 0 \\ 2 & 0 & 0 \end{array}\right]\end{array}$$

matriz de incidência   matriz de adjacência

Exemplo 8.1 (As pontes de Königsberg.) *O primeiro e mais famoso problema em teoria de grafos, resolvido por Euler em 1736. Na cidade de Königsberg sete pontes cruzam o rio Pregel estabelecendo ligações entre duas ilhas e entre as ilhas e as margens opostas do rio, conforme ilustrado na Figura 8.2 a seguir. Será possível fazer um passeio pela cidade, começando e terminando no mesmo lugar, cruzando cada ponte exatamente uma vez?*

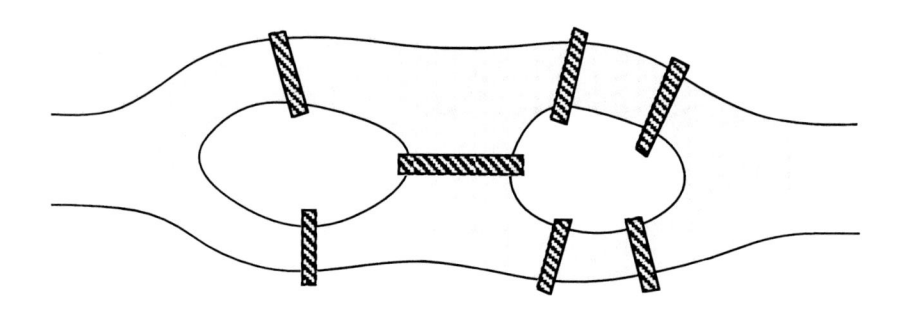

Figura 8.2 Ilhas no rio Pregel em Königsberg.

Euler transformou o problema em um problema em (multi)grafos. A cada margem e ilha associou um nó e a cada ponte um arco, obtendo o grafo da Figura 8.3. Em termos de grafos, o problema consiste em achar um circuito que percorra cada arco exatamente uma vez. (Multi)grafos para os quais isto é possível são chamados *eulerianos*. Na próxima seção demonstramos um resultado estabelecido por Euler que diz que um multigrafo conexo é euleriano se, e somente se, cada nó tem grau par. Portanto, o multigrafo da Figura 8.3 não é euleriano e a resposta à pergunta original é negativa.

Um problema similar a este é o *Problema do carteiro chinês*, discutido pelo matemático chinês Mei-ko Kwan. Neste problema, os arcos do grafo representam trechos de ruas que o carteiro deve percorrer para entregar cartas. Admitindo que o carteiro procure realizar seu trabalho dispendendo o menor esforço possível, e que seu esforço seja proporcional à distância percorrida, temos um problema de otimização: encontrar um circuito que contenha todos os arcos do grafo e cuja distância total (a soma das distâncias dos arcos no circuito) seja mínima. Se o grafo for euleriano, a resposta é trivial, pois qualquer circuito euleriano constitui uma solução ótima e a demonstração do resultado de Euler fornece um procedimento simples para a construção de tal circuito. Se o grafo não for euleriano, o problema torna-se bem mais complexo, embora existam métodos eficientes para se achar uma solução ótima. Como cada solução (a escolha de um circuito que inclua todos os arcos) tem um caráter combinatorial, este problema pode ser classificado como um problema da área de *otimização combinatorial*. Esta classe é bastante rica em aplicações, algumas das quais serão mencionadas nesta seção. ∎

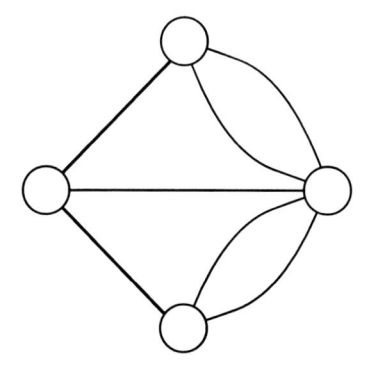

Figura 8.3 Multigrafo associado ao mapa da Figura 8.2.

Exemplo 8.2 (Rede de comunicações.) *Deseja-se configurar uma rede de comunicações entre as cidades A, B, C, D e E, de tal maneira que possa haver comunicação entre cada par de cidades. As ligações devem ser efetuadas por cabos telefônicos. Admitimos que mensagens possam ser retransmitidas, isto é, qualquer cidade pode mandar mensagem para outra por uma terceira. Modelar por meio de grafos.*

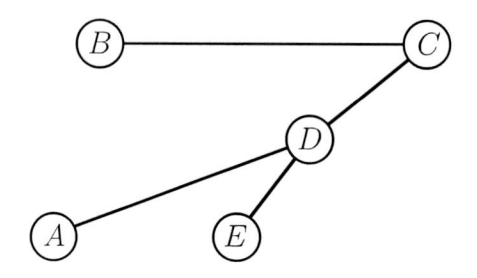

Figura 8.4 Rede de comunicações.

O conjunto de cidades corresponde ao conjunto de nós e cada arco corresponde a um cabo telefônico. A Figura 8.4 mostra uma possível configuração de cabos entre as cidades que satisfaz à exigência do enunciado, ou seja, cada cidade pode se comunicar com qualquer outra. O grafo da Figura 8.4 é um exemplo de *árvore*, um grafo com exatamente um caminho entre cada par de nós. Ou seja, este tipo de grafo fornece o esquema de conexão o mais "enxuto" possível, pois, se retirarmos um arco que seja, eliminamos pelo menos um caminho e desconectamos o grafo (note que cada arco constitui o único caminho entre as suas extremidades). Esta classe de grafos foi descoberta por A. Cayley em 1857, como conseqüência de considerações sobre a mudança de variáveis em cálculo diferencial.

Este problema vem, em geral, formulado como um problema de otimização: a "construção" de cada arco implica num custo e queremos determinar quais arcos construir de modo a assegurar a comunicação a um custo o menor possível. Este é mais um problema na área de otimização combinatorial. Para este problema em particular existem algoritmos eficientes para a obtenção de solução ótima, que fogem, no entanto, ao escopo do livro. ∎

Exemplo 8.3 (Ciclo hamiltoniano.) *Um problema semelhante ao do Exemplo 8.1 consiste em verificar se, dado um (multi)grafo, é possível construir um ciclo que inclua todos os nós. Tal ciclo é chamado de* hamiltoniano, *devido ao matemático irlandês do século XIX, Sir W.R. Hamilton, que definiu o conceito. Um grafo que contenha tal ciclo é chamado de* grafo hamiltoniano. *O grafo da Figura 8.5 é hamiltoniano (os arcos em negrito constituem um ciclo hamiltoniano). Este grafo foi a base de um jogo, "O Dodecaedro do Viajante", concebido por Hamilton e comercializado sem muito sucesso. O nome dodecaedro decorre do fato de que o grafo provém do poliedro sólido com doze faces, cada uma delas com cinco lados. Para formar o grafo imagine que o sólido é elástico e uma das faces é esticada pelos seus vértices até que o resto do sólido possa ser projetado dentro dela.*

Por outro lado, os grafos da Figura 8.6 não são hamiltonianos. É relativamente fácil se convencer de que o grafo de Herschel na Figura 8.6(a) não é hamiltoniano, uma vez que se trata de um grafo bipartido (veja definição no Exemplo 8.4 a seguir) com um número ímpar de nós. Já para o grafo na Figura 8.6(b) não temos uma explicação simples para o fato de não ser hamiltoniano, o leitor interessado deve consultar o artigo de Tutte [40].

Embora semelhante ao problema de achar um ciclo euleriano, o problema de achar um ciclo hamiltoniano é muito mais complexo. Não são conhecidas condições necessárias e suficientes para que um grafo genérico[1] contenha um ciclo hamiltoniano, nem tampouco métodos

---

[1]Algumas condições já foram estabelecidas para classes particulares de grafos. Conforme relato de A.J. Hoffman e P. Wolfe em [21](p. 3), aproximadamente na mesma época em que Hamilton desenvolvia seus estudos, o reverendo T.P. Kirkman

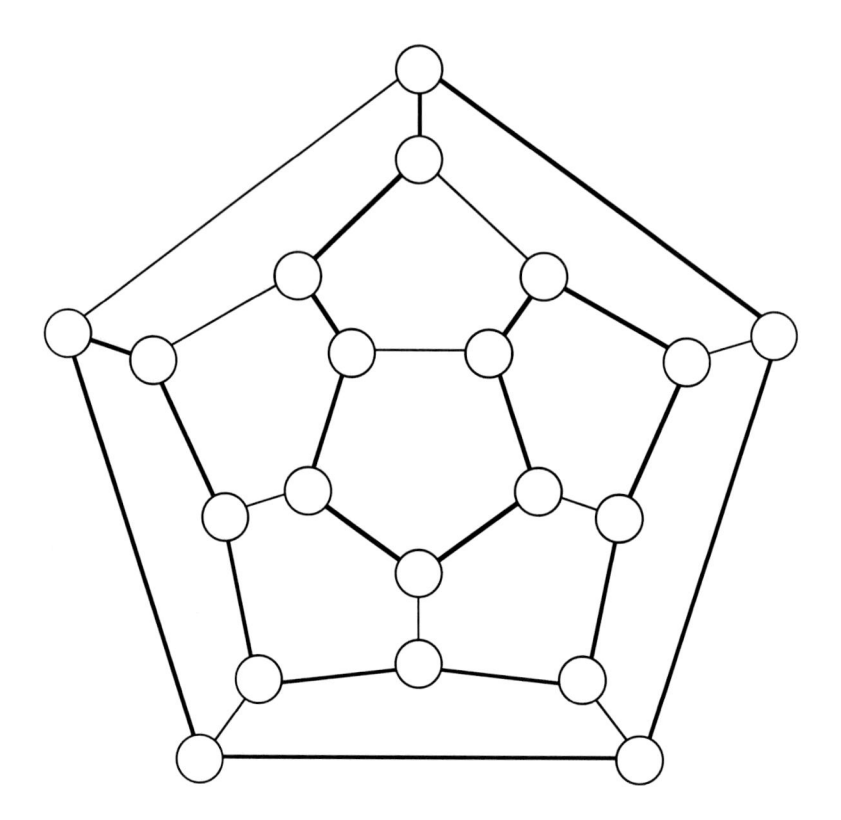

Figura 8.5 Grafo dodecaedro.

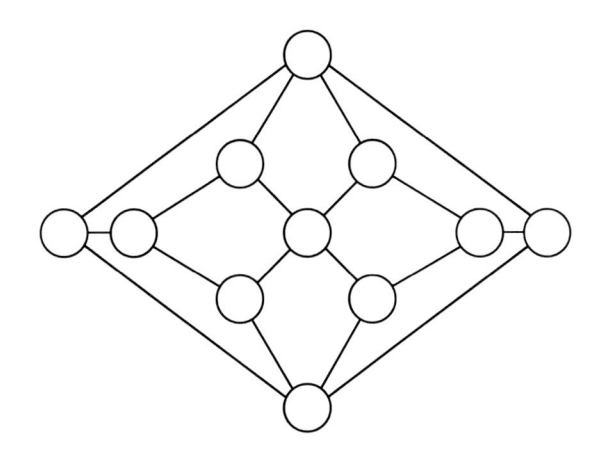

(a) Grafo de Herschel.

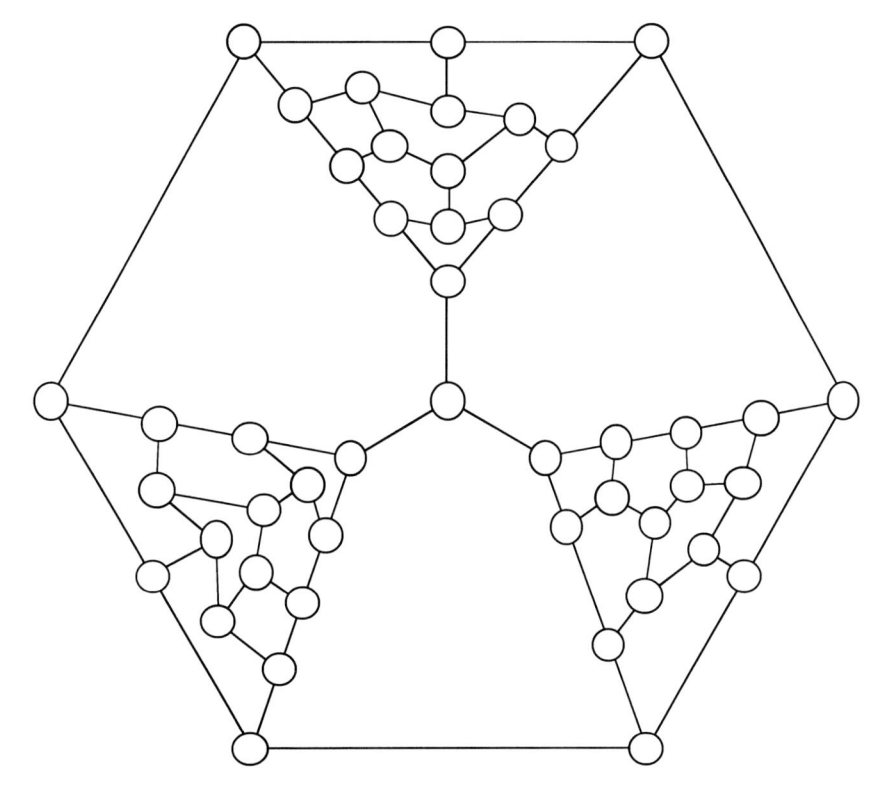

(b) Grafo de Tutte.

Figura 8.6 Grafos não-hamiltonianos.

para construir tal ciclo, caso exista. O problema de otimização cor-respondente, conhecido como o Problema do caixeiro viajante, *é o de achar um ciclo hamiltoniano de custo mínimo, onde o custo de um ci-clo é a soma dos custos dos arcos pertencentes ao ciclo. É interessante observar que este é possivelmente o problema mais famoso da área de otimização combinatorial. Ainda não são conhecidos algoritmos efici-entes para resolver este problema e conjectura-se que tais algoritmos de fato não existam.* ∎

Exemplo 8.4 (Emparelhamento.) *Temos um conjunto de m tare-fas e m operários. O operário O_i tem habilidade para realizar um con-junto $\{T_j\}_{j \in J_i}$ de tarefas. É possível atribuir exatamente uma tarefa a cada operário de modo que todas as tarefas sejam realizadas?*

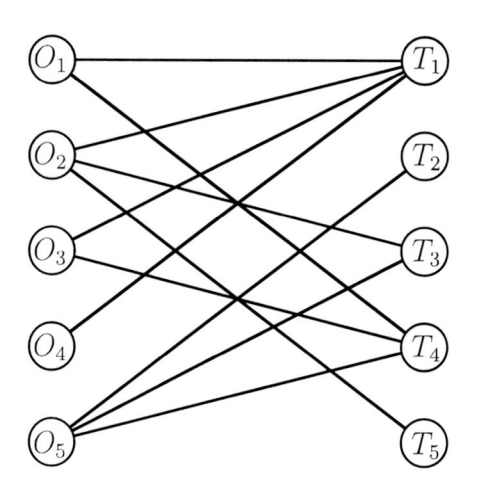

Figura 8.7 Grafo bipartido.

O modelo natural para este tipo de problema consiste em associar cada operário e cada tarefa a um nó. No caso de $m = 5$ teríamos um grafo como o exemplificado na Figura 8.7. Este grafo pertence à

---

estabeleceu uma condição suficiente para que um grafo poliédrico contenha um ciclo hamiltoniano.

classe dos *grafos bipartidos*, que são aqueles nos quais o conjunto de nós N pode ser particionado em dois subconjuntos de tal maneira que nós pertencentes a um mesmo subconjunto não sejam adjacentes. Este problema é conhecido como um *problema de emparelhamento*, ou seja, verifica-se a possibilidade de formação de m pares (operário, tarefa) com cada operário e tarefa pertencendo a apenas um par.

Pode-se mostrar que para o grafo exemplificado na Figura 8.7 não é possível atribuir todas as tarefas aos operários.

Acrescentando-se outras informações ao modelo, como por exemplo o "benefício" associado a cada emparelhamento, surgem outros tipos de questões, como a do *Emparelhamento Ótimo:* Seja $\{O_i\}$ o conjunto de m operários e $\{T_j\}$ o conjunto de m tarefas. Considere agora que associado ao par (O_i, T_j) temos um custo c_{ij}. Qual é o emparelhamento que minimiza o custo total, isto é, a soma dos custos dos pares no emparelhamento?

Os dados do problema acima podem ser fornecidos sob a forma de uma matriz $m \times m$, onde o elemento na linha i e na coluna j é o custo c_{ij} se o operário O_i é capaz de realizar a tarefa T_j e é $+\infty$ caso contrário. Abaixo temos um exemplo para $m = 4$:

	T_1	T_2	T_3	T_4
O_1	1	7	$+\infty$	5
O_2	-3	-2	1	$+\infty$
O_3	$+\infty$	3	9	-1
O_4	$+\infty$	5	8	1

Existem métodos eficientes para resolver o problema do emparelhamento ótimo, que fogem, no entanto, ao escopo do presente texto. Pode-se mostrar que o problema descrito pela matriz acima admite dois emparelhamentos ótimos, ambos com custo total 6: $\{(O_1, T_1), (O_2, T_2), (O_3, T_4), (O_4, T_3)\}$ e $\{(O_1, T_1), (O_2, T_3), (O_3, T_4), (O_4, T_2)\}$. Este é um outro problema da área de otimização combinatorial. Este problema é encontrado na literatura também sob os nomes de *problema de designação*, *problema de assinalamento* e *problema de atribuição*. ∎

O termo *grafo* é oriundo da contração da frase *notação gráfica*, criada pelo químico E. Frankland e adotada, em 1884, por outro químico, A. Crum Brown. A teoria de grafos tem sido aplicada com êxito na modelagem e resolução de diversos problemas provenientes da química, dentre os quais o exemplo abaixo é talvez o mais famoso.

Exemplo 8.5 (Isômeros químicos.) *Se associarmos os átomos de uma molécula a nós e as ligações entre os átomos a arcos, obtemos um grafo que representa a molécula. É possível que dois ou mais grafos correspondam à mesma fórmula química, como por exemplo os gráficos da Figura 8.8 a seguir. Embora correspondam à mesma fórmula, as moléculas associadas aos diferentes grafos são diferentes e apresentam propriedades distintas. Moléculas deste tipo são chamadas de isômeros. Depois de se dedicar ao estudo de árvores no contexto de cálculo diferencial, Cayley se voltou à investigação do número de isômeros dos hidrocarbonetos saturados C_nH_{2n+2}, para um dado número n de átomos de carbono. Para alcançar seu objetivo, Cayley resolveu sucessivamente os seguintes problemas de enumeração: árvores enraizadas (nas quais um determinado nó — o nó raiz — é diferenciado dos demais), árvores,[2] árvores cujos nós têm grau no máximo 4 e, finalmente, árvores cujos nós têm grau ou 1 (os átomos de Hidrogênio) ou 4 (os átomos de Carbono). A Figura 8.9 apresenta os grafos correspondentes aos isômeros C_nH_{2n+2}, para n de 1 a 4.* ∎

Exemplo 8.6 (Fornecimento de serviços.) *Três companhias públicas devem fornecer três tipos de serviços, água, luz e gás, a três*

---

[2]Wilson [45](p. 50) e Bondy e Murty [10](p. 35) trazem a demonstração de Prüfer do teorema de Cayley sobre o número de árvores com n nós, n^{n-2}.

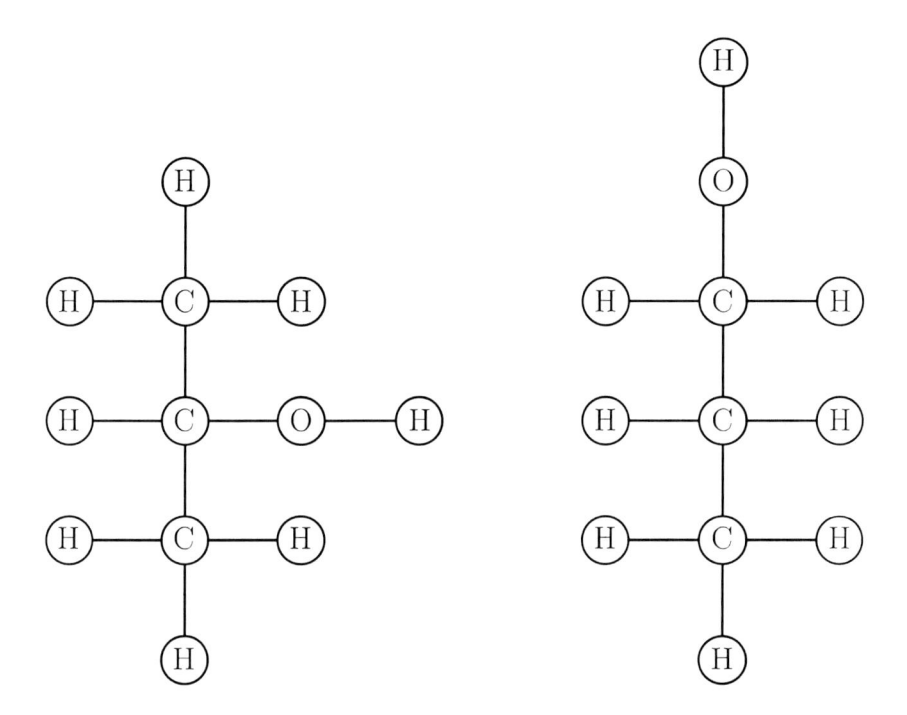

Figura 8.8 Isômeros de C_3H_7OH.

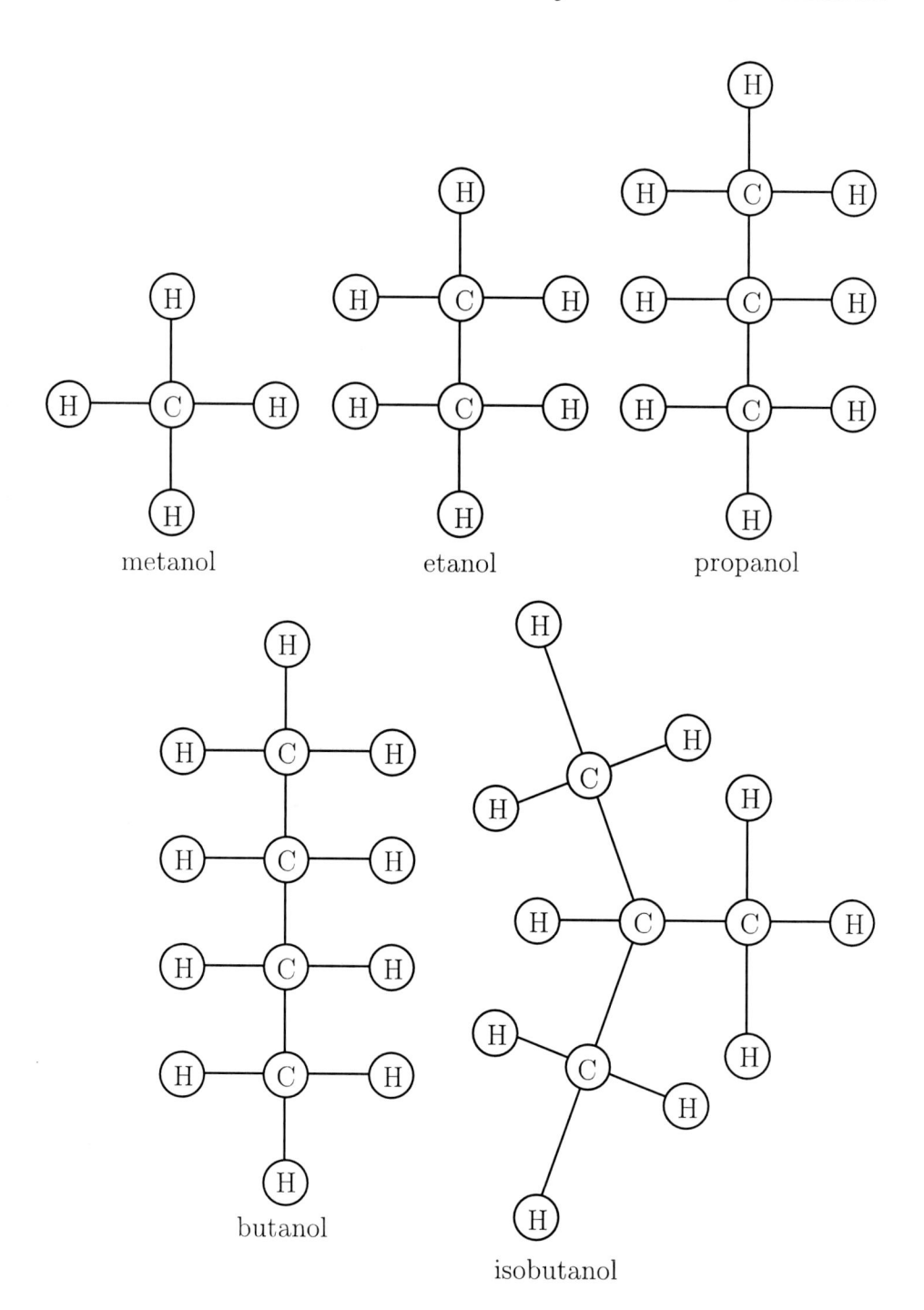

Figura 8.9 Isômeros de C_nH_{2n+2}, para n de 1 a 4.

prédios públicos. Decidiu-se usar tubulações subterrâneas, todas à mesma profundidade, por motivos de segurança. Como realizar esta tarefa?

Este é um famoso exemplo em teoria de grafos, usado para introduzir e motivar o conceito de planaridade. Associando um nó a cada prédio (P_1, P_2 e P_3) e cada fonte de serviço (A, L e G), temos o grafo da Figura 8.10.

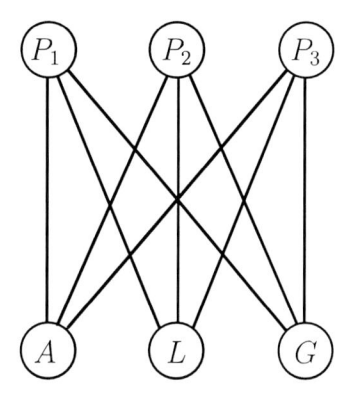

Figura 8.10 Grafo do tipo $K_{3,3}$.

Obviamente, o grafo não pode ser tomado como um plano físico adequado para a construção das tubulações (supondo que os nós estejam na posição relativa correta), pois os arcos se cruzam no desenho, o que seria vedado pelas condições do problema (todas as tubulações ficam na mesma profundidade).

O grafo da Figura 8.10 é um tipo especial de grafo bipartido (ilustrado na Figura 8.7 e definido no Exemplo 8.4). Trata-se de um *grafo bipartido completo*. Este tipo de grafo bipartido contém todos os arcos possíveis, ou seja, se N_1 e N_2 constituem a partição do conjunto de nós N mencionada na definição, então cada nó de N_1 é adjacente a todos os nós de N_2. A notação para este tipo de grafo é $K_{n,\ell}$, onde n é a cardinalidade de N_1 e ℓ a cardinalidade de N_2.

Uma planta para a construção das tubulações pode ser interpretada como um desenho, uma representação do grafo acima. Para que esta planta satisfaça às condições do enunciado os arcos não devem se interceptar. Como conseqüência de um resultado a ser apresentado na seção 4, mostra-se que não é possível fazer uma planta com estas características. ∎

A função dos arcos nos modelos é indicar as ligações entre os elementos representados pelos nós. Em muitas situações esta ligação não é uma relação simétrica. Dado um mapa de uma cidade, podemos associar a cada cruzamento de ruas um nó, e a cada trecho de rua entre duas interseções um arco. No entanto, se o objetivo do modelo é estudar possíveis rotas de ônibus nesta cidade, torna-se claro que a simples indicação da existência de um trecho de rua entre dois pontos geográficos não é suficiente, visto que nem todas as ruas são de mão dupla. A solução é incluir também esta informação na definição do arco. Surge assim o conceito de arco direcionado e de digrafo. Um *digrafo* $G = (N, A)$ é constituído por um conjunto (finito) de nós N e um conjunto A de arcos (direcionados), tal que existe uma correspondência 1–1 entre os elementos de A e um subconjunto do produto cartesiano $N \times N$ que não contém os pares (i, i). Ou seja, cada arco corresponde a um par ordenado de nós. Como agora cada um destes nós tem um cárater distinto, o conceito de incidência precisa ser modificado. Dizemos que o arco correspondente ao par (i, j) é *incidente do nó i* e *incidente para o nó j*. O número de arcos que *entram* em um nó é denominado *grau de entrada* do nó e o *grau de saída* é definido de maneira análoga. A definição de digrafo igualmente não prevê a existência de laços nem de arcos repetidos, isto é, dois arcos associados ao mesmo par ordenado de nós. Devemos também adaptar a convenção para o desenho de um digrafo. A informação adicional associada ao arco, sua direção, é indicada por meio de uma seta no nó para o qual o arco é incidente (a *ponta* do arco).

Os conceitos definidos para grafos também se aplicam a digrafos. Por exemplo, o conceito de caminho continua válido, para verificar se uma determinada seqüência de nós e arcos constitui um caminho basta "esquecer" a orientação dos arcos e verificar se a mesma seqüência constitui um caminho no (multi)grafo resultante. Temos, no entanto, novos conceitos, oriundos das novas características dos arcos. Em particular, temos o conceito de *passeio orientado* e *caminho orientado de um nó i para um nó j*. A diferença destes para as versões anteriores é que agora há uma orientação para o passeio ou caminho (não se trata de um passeio *entre nós*, mas sim *de um nó para outro*) e que cada arco na seqüência é incidente *do* nó que o precede *para* o nó que o sucede na seqüência. Por exemplo, a seqüência $(1, (3, 1), 3, (3, 4), 4)$ constitui um caminho (não-orientado) de 1 a 4 no digrafo da Figura 8.11, enquanto que a seqüência $(1, (1, 2), 2, (2, 3), 3, (3, 4), 4)$ constitui um caminho orientado de 1 a 4.

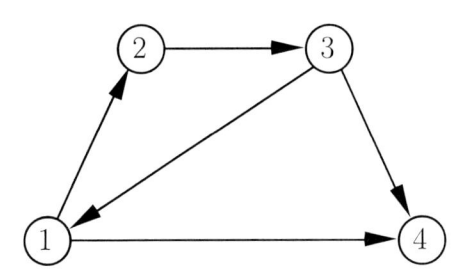

Figura 8.11 Digrafo.

Exemplo 8.7 (Planejamento de tarefas.) *Modelar, utilizando um digrafo, o planejamento da execução de um projeto constituído por um conjunto de tarefas sujeitas a restrições de precedência.*

Duas técnicas semelhantes foram desenvolvidas no final da década de 1950 para facilitar o gerenciamento de projetos: PERT (Project Evaluation and Review Technique) e CPM (Critical Path Method). A primeira foi desenvolvida por uma firma fornecendo consultoria para a Marinha americana, no contexto do programa de mísseis Polaris, e a segunda pela firma E.I. du Pont de Nemours Company, para gerenciamento de projetos de construção. A aplicação destas técnicas na prática teve tanto sucesso (o programa de mísseis Polaris, que envolvia o gerenciamento de milhares de firmas especialmente contratadas e agências governamentais, foi completado dois anos antes do prazo!) que passou a ser uma exigência do governo americano sua utilização por firmas que ganhassem contratos para prestação de serviços, construção de obras públicas etc.

Em ambas as técnicas, o passo inicial consiste em construir um *diagrama de tarefas* que representa todas as tarefas e as relações de precedência entre elas. Estas relações decorrem de motivos de ordem técnica. Se o projeto envolve a construção de uma casa, a pintura das paredes só pode ser iniciada após a colocação do telhado, por exemplo. O diagrama de tarefas é um digrafo no qual todas as tarefas do projeto correspondem a arcos e as tarefas incidentes para um nó, i, por exemplo, devem preceder as tarefas incidentes do nó i.

Para ilustrar o procedimento, consideremos um projeto de pesquisa de mercado. Uma firma foi contratada para fazer uma pesquisa de mercado para outra empresa e para tal definiu as tarefas e relações de precedência listadas na Tabela 8.1. A Figura 8.12 contém o digrafo correspondente à lista de tarefas e precedências da Tabela 8.1. Note que foi necessário incluir um arco que não corresponde a nenhuma das tarefas originais (representado na figura por uma linha tracejada) para representar corretamente as relações de precedência.

Para o gerenciamento do projeto são necessárias outras informações como, por exemplo, o tempo de duração de cada tarefa. Eventualmente são fornecidas três estimativas para o tempo de duração, quando há incerteza sobre o tempo exato. Em algumas aplicações é fornecido o custo de execução de cada tarefa como função do tempo de duração

Tarefa	Descrição	Predecessoras
A	Elaborar questionários, planejar amostra.	–
B	Fazer programas de computador para interpretar dados colhidos em campo.	A
C	Contratar equipe para colher dados.	A
D	Colher dados.	C
E	Acertar contas com equipe.	D
F	Analisar dados colhidos com auxílio de programas e elaborar relatório para o cliente.	B e D

Tabela 8.1 Tarefas necessárias para a realização de pesquisa de mercado e respectivas relações de precedência.

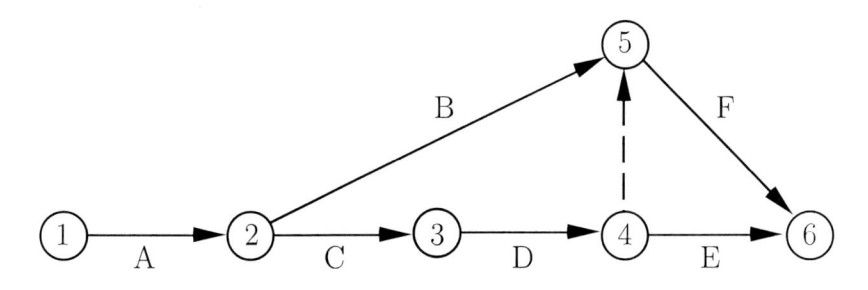

Figura 8.12 Digrafo para planejamento de tarefas para pesquisa de mercado.

(em geral, o custo é uma função decrescente do tempo). As técnicas mencionadas podem ser utilizadas, dentre outros, para:

- planejar o projeto antecipadamente, identificando, por exemplo, tarefas que merecem maior atenção, pois o atraso na sua finalização implica no atraso do projeto como um todo;

- se uma verba extra se torna disponível, verificar em qual(is) tarefa(s) ela seria mais bem empregada, no sentido de proporcionar maior diminuição no tempo total do projeto;

- criar uma tabela de datas (ou horários) para o início de cada tarefa para controle do andamento do projeto. Pode ser necessário atualizar esta tabela no decorrer do projeto. ∎

O próximo exemplo vem da biologia, corroborando para demonstrar a versatilidade de aplicações da teoria de grafos.

Exemplo 8.8 (Alinhamento de seqüências biológicas.[3]) *Deseja-se estabelecer uma medida para similaridade entre duas seqüências biológicas. Modelar utilizando um digrafo.*

Considere, por exemplo, as seqüências CATT e GAT, trechos de cadeias de DNA compostas pelas bases A (adenina), C (citosina), G (guanina) e T (timina). Abaixo, temos um alinhamento possível destas seqüências:

$$
\begin{array}{ccccc}
C & A & - & T & T \\
- & G & A & - & T
\end{array}
$$

onde "−" representa uma falha. Ou seja, cada membro de uma seqüência é emparelhado com um membro da outra seqüência ou com uma

---

[3]O artigo de Pearson e Miller [31] descreve em maior detalhe o problema.

falha, respeitando-se as ordens dos membros nas seqüências respectivas. A "qualidade" do alinhamento é medida atribuindo-se um valor para cada tipo de emparelhamento e somando-se os valores de todos os emparelhamentos do alinhamento. Assim, por exemplo, se atribuirmos ao emparelhamento de dois membros iguais o valor 1, de dois membros diferentes o valor -1 e de um membro e uma falha o valor -2, o valor do alinhamento acima será $-2-1-2-2+1 = -6$. Já o alinhamento

$$
\begin{array}{cccc}
C & A & T & T \\
G & A & T & -
\end{array}
$$

tem valor $-1 + 1 + 1 - 2 = -1$ e é, portanto, considerado melhor segundo este critério. O desenvolvimento das técnicas de clonagem de moléculas, a maior disponibilidade de computadores e estações de trabalho e a compilação de bancos de dados aumentaram a demanda por métodos para comparação de seqüências biológicas. Este problema pode ser modelado como um problema de caminho mais curto num digrafo e resolvido de maneira extremamente eficiente. A Figura 8.13 contém o digrafo correspondente ao problema de alinhamento das seqüências acima.

O digrafo apresenta uma estrutura de reticulado. Note que o digrafo contém quatro colunas de arcos na horizontal. Estas colunas estão associadas aos membros da primeira seqüência, indicados acima das respectivas colunas. O digrafo contém também três linhas de arcos na vertical. Estes estão associados aos membros da segunda seqüência, indicados à esquerda das linhas correspondentes. Os nós foram numerados com dois números, o primeiro refere-se à linha e o segundo à coluna que o nó ocupa no reticulado. Cada alinhamento das seqüências corresponde a um caminho orientado de 00 a 34 e vice-versa. Se um membro da primeira seqüência é emparelhado a uma falha, então um arco horizontal da coluna correspondente pertence ao caminho; se um membro da segunda seqüência é emparelhado a uma falha, então um

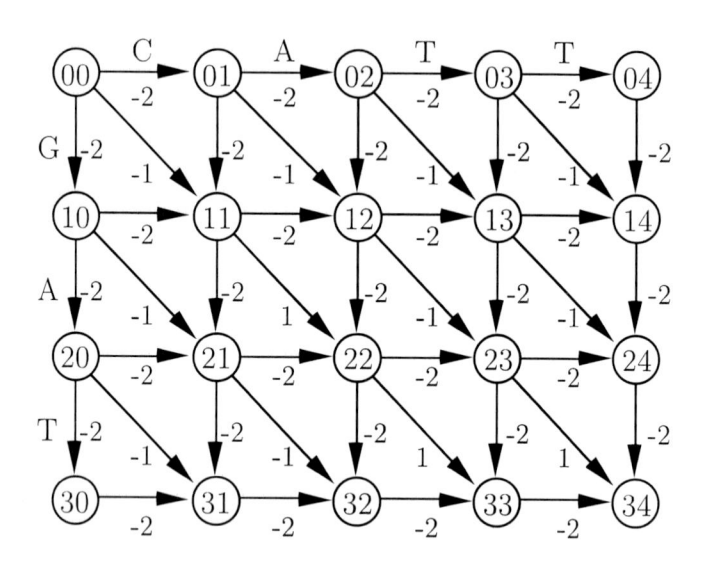

Figura 8.13 Digrafo para o problema de alinhamento das seqüências CATT e GAT.

arco vertical da linha correspondente pertence ao caminho e se dois membros são emparelhados, então o arco na diagonal na linha e coluna correspondentes pertence ao caminho. Atribuímos comprimento -2 aos arcos verticais e horizontais, -1 a arcos diagonais que correspondem a emparelhamento de membros diferentes, e $+1$ a arcos diagonais que correspondem a emparelhamento de membros iguais, como ilustrado na Figura 8.13. O caminho orientado correspondente ao alinhamento de valor -6, apresentado inicialmente, é (00, 01, 12, 22, 23, 34) e o correspondente ao alinhamento de valor -1 é (00, 11, 22, 33, 34). Assim, o problema de calcular o melhor alinhamento (o de valor mais alto) se reduz a achar o caminho mais longo de 00 a 34, onde o comprimento de um caminho é simplesmente a soma dos comprimentos dos arcos no caminho. Existem métodos muito eficientes para a obtenção deste caminho. Este é também um problema de otimização combinatorial. ∎

2 (Multi)grafos Eulerianos

O teorema de Euler é interessante sob dois pontos de vista: caracteriza uma classe de (multi)grafos e ao mesmo tempo (sua demonstração) mostra como construir um passeio euleriano.

Teorema 8.3 ((Multi)grafos Eulerianos.) *O (multi)grafo conexo* $G = (N, A)$ *é euleriano se, e somente se, os graus de todos os nós de G são pares.*

Demonstração. Suponha que o (multi)grafo seja euleriano. Então G possui um circuito euleriano. Observe que os graus dos nós podem ser calculados enquanto percorremos o circuito euleriano, pois este contém todos os arcos. Para tanto, começamos em um nó qualquer e percorremos o circuito, incrementando de uma unidade o contador associado a cada nó (inicializado com valor zero) cada vez que saímos ou entramos no nó. No final do percurso, os contadores conterão os graus dos nós respectivos. Como se trata de um circuito, a cada entrada corresponde uma saída, portanto os graus dos nós serão pares.

Suponha agora que todos os nós de G tenham grau par. Tome um nó qualquer de G, digamos o nó i, e comece a percorrer o (multi)grafo a partir dele, sem repetir arcos, até não conseguir mais prosseguir, isto é, até alcançar um nó tal que todos os arcos incidentes no nó já tenham sido percorridos. Como todos os nós têm grau par, este nó tem que ser o nó i. Se o circuito $\mathcal{C}$ assim construído contiver todos os arcos, a demonstração estará concluída. Suponha, no entanto, que G contém um arco, por exemplo o arco e, que não pertence ao circuito. Como G é conexo, existe um caminho entre algum nó do circuito e alguma das extremidades do arco e, por exemplo entre j, nó do circuito, e k, extremidade de e. Sem perda de generalidade, este caminho não contém arcos de $\mathcal{C}$. Comece a percorrer o (multi)grafo a partir de j utilizando primeiro o caminho até k, em seguida o arco e, e depois continuando livremente, sem, no entanto, repetir arcos ou utilizar arcos de $\mathcal{C}$. Como $\mathcal{C}$ é um circuito, mesmo "retirando" os arcos de $\mathcal{C}$ do (multi)grafo, os nós continuam a ter grau par, portanto esta nova incursão pelo (multi)grafo só pode parar em j, completando um novo circuito, $\tilde{\mathcal{C}}$. Note agora que podemos combinar os dois circuitos de modo a formar um só que contenha todos os arcos de $\mathcal{C}$ e $\tilde{\mathcal{C}}$. Basta percorrer $\mathcal{C}$ começando em j (e não em i) e quando voltar a j percorrer $\tilde{\mathcal{C}}$ em seguida. Em resumo, temos um procedimento que nos permite: (i) construir um circuito $\mathcal{C}$, sem repetição de arcos, (ii) se algum arco e de G não pertence a $\mathcal{C}$, obtemos um novo circuito, também sem repetição de arcos, que contém os arcos de $\mathcal{C}$ e o arco e. Como o número de arcos de G é finito, a repetição sucessiva de (ii) termina por produzir um circuito que contém todos os arcos de G, sem repetição, ou seja, um circuito euleriano. Portanto, G é um (multi)grafo euleriano. ∎

Apliquemos o procedimento descrito na demonstração para construir o circuito euleriano do grafo na Figura 8.14(a). A Figura 8.14(b) mostra o primeiro circuito obtido (especificado na figura pela seqüência de nós), começando a percorrer o grafo a partir do nó 1, e mostra (em tracejado) o arco $\{8, 9\}$ que não pertence ao circuito. Podemos escolher ligar este arco ao circuito pelo arco $\{9, 10\}$ ou pelo arco $\{7, 8\}$. Escolhendo o primeiro e começando a partir do nó 10, obtemos o circuito na Figura 8.14(c). Podemos então combinar os dois circuitos encontrados em um só como indicado acima, obtendo o circuito $(10, 1, 2, 7, 6, 3, 2, 10, 9, 8, 7, 10)$. Ainda na Figura 8.14(c) temos indicado (em tracejado) um arco não pertencente ao circuito, $\{3, 4\}$. Como uma das extremidades, o nó 3, já pertence ao circuito, o caminho que liga o arco ao circuito é o próprio nó 3. Começando no nó 3, obtemos o circuito na Figura 8.14(d). Combinando este com o anterior, temos o circuito euleriano $(3, 2, 10, 9, 8, 7, 10, 1, 2, 7, 6, 3, 4, 5, 3)$.

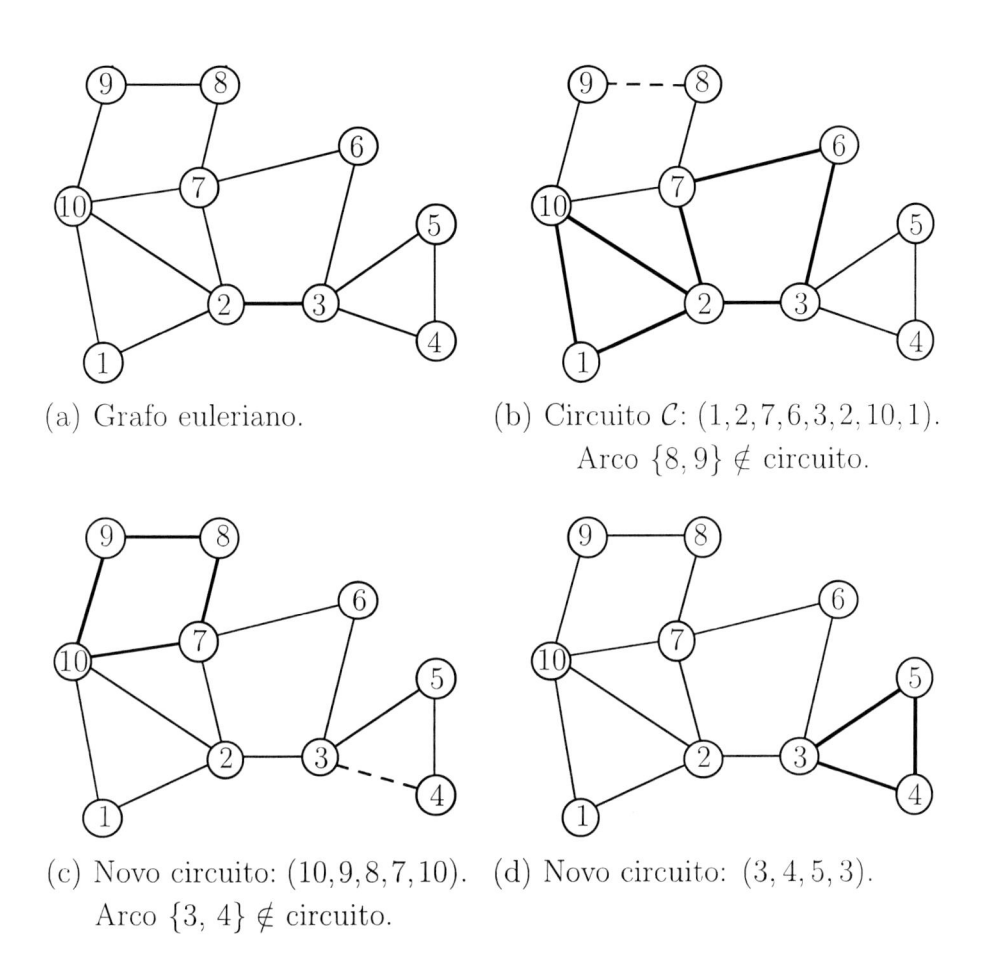

(a) Grafo euleriano.

(b) Circuito $\mathcal{C}$: $(1,2,7,6,3,2,10,1)$. Arco $\{8,9\} \notin$ circuito.

(c) Novo circuito: $(10,9,8,7,10)$. Arco $\{3, 4\} \notin$ circuito.

(d) Novo circuito: $(3,4,5,3)$.

Figura 8.14 Construção de circuito euleriano.

3   Isomorfismo

O leitor que se depara com os desenhos dos grafos das Figuras 8.15(a) e (b) tem a tentação de dizer que os grafos são iguais. Uma análise mais cuidadosa revela que não se trata, no entanto, de grafos iguais, visto que no primeiro os nós 1 e 2 são adjacentes, enquanto que no segundo não o são. Embora os grafos não sejam iguais, apresentam as mesmas propriedades estruturais: mesmo número de nós, mesmo número de arcos, mesmo conjunto de graus de nós, ambos os grafos são árvores com três nós.

(a) (b)

Figura 8.15 Grafos isomorfos.

O conceito de isomorfismo vem formalizar exatamente esta idéia de grafos que, apesar de não serem iguais, apresentam as mesmas propriedades estruturais. Dois grafos $G = (N, A)$ e $H = (M, L)$ são *isomorfos* se existe uma relação 1–1 entre os nós de N e de M que preserva adjacência, isto é, se i e j em N são adjacentes em G, então os nós correspondentes em M pela relação também são adjacentes em H e vice-versa. É claro que esta relação induz também uma relação 1–1 entre os conjuntos de arcos dos grafos respectivos. Como estamos considerando grafos (e não multigrafos), torna-se desnecessário explicitar esta relação entre os conjuntos de arcos.

Como conseqüência do exposto acima, é interessante observar que, a rigor, quando desenhamos um grafo sem especificar símbolos para os nós ou quando nos referimos ao grafo "$K_{3,3}$" estamos na verdade nos referindo a toda uma classe de grafos isomorfos.

É imediata a verificação de que os grafos da Figura 8.15 são isomorfos. Para os da Figura 8.16(a) e (b), que também são isomorfos,

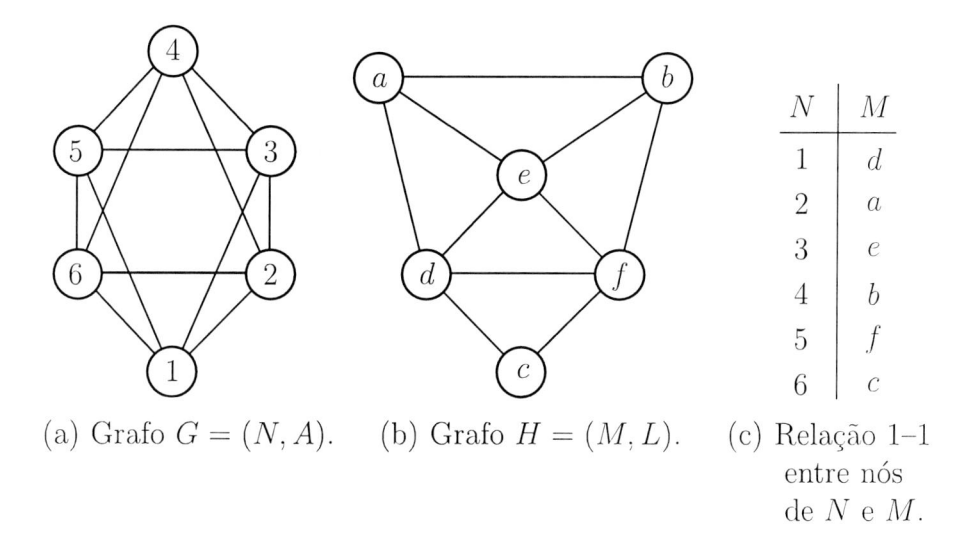

(a) Grafo $G = (N, A)$.   (b) Grafo $H = (M, L)$.   (c) Relação 1–1
entre nós
de N e M.

Figura 8.16 Grafos isomorfos e relação 1–1 entre conjuntos de nós.

não é tão simples perceber a relação entre os nós que comprove o isomorfismo (a tabela na Figura 8.16(c) dá a relação 1–1 desejada). Esta
é, por sinal, a dificuldade existente na tarefa de verificação se dois grafos são ou não isomorfos. Se tivermos sorte de detectar por inspeção
uma relação 1–1 que comprove o isomorfismo, ótimo. Caso contrário,
temos que tentar verificar alguma diferença estrutural entre os grafos
que evidencie não serem eles isomorfos. Os itens mais óbvios para verificar são os mencionados acima (número de nós e arcos, e graus de
nós). Outros que podem ser úteis são: outras características estruturais (como conectividade e planaridade, ver próxima seção) dos grafos
em questão, ou de subgrafos destes. Os grafos G_1 e G_2 nas Figuras
8.17(b) e (c) são subgrafos do grafo G na Figura 8.17(a).

Considere agora dois grafos isomorfos $G = (N, A)$ e $\tilde{G} = (\tilde{N}, \tilde{A})$.
Seja I um subconjunto de N e $\tilde{I}$ o subconjunto correspondente de $\tilde{N}$,
com respeito à relação 1–1 que evidencia o isomorfismo entre G e $\tilde{G}$.
Então, os subgrafos de G e $\tilde{G}$ obtidos pela remoção dos nós em I e
$\tilde{I}$ e os arcos a eles incidentes são também isomorfos. Nos exemplos a
seguir ilustramos como utilizar este fato para mostrar que dois grafos

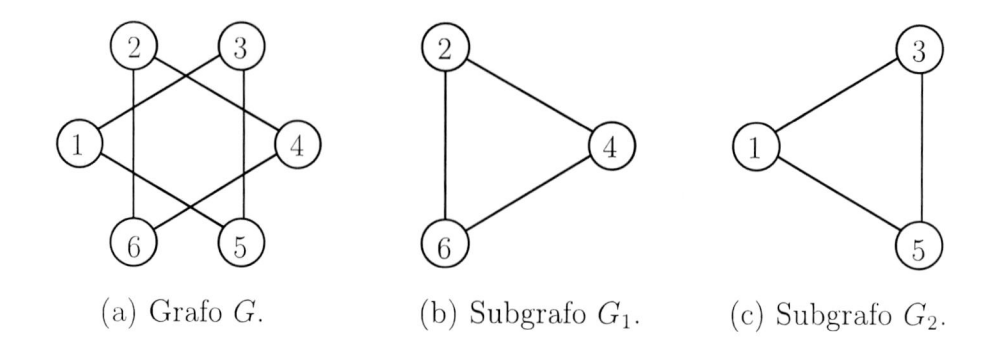

(a) Grafo G.   (b) Subgrafo G_1.   (c) Subgrafo G_2.

Figura 8.17 Grafo e subgrafos.

não são isomorfos. Infelizmente não se conhece um método eficiente para determinar se dois grafos são ou não isomorfos.

Exemplo 8.9 *Mostrar que o grafo H na Figura 8.18 não é isomorfo ao grafo G da Figura 8.17.*

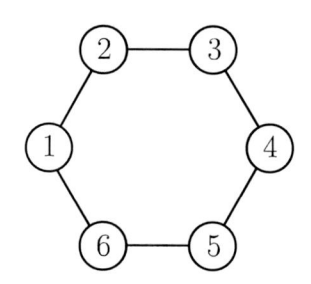

Figura 8.18 Grafo H.

Note que os grafos em questão contêm o mesmo número de nós e arcos, e o grau de todos os nós é 2. No entanto, o grafo da Figura 8.17(a) é desconexo (seus componentes conexos são os grafos G_1 e G_2 nas Figuras 8.17(b) e (c)), enquanto que o grafo na Figura 8.18 é conexo (trata-se de um ciclo com seis nós). Portanto, não se trata de grafos isomorfos. ∎

Exemplo 8.10 *Mostrar que os grafos G e $\tilde{G}$ na Figura 8.19 não são isomorfos.*

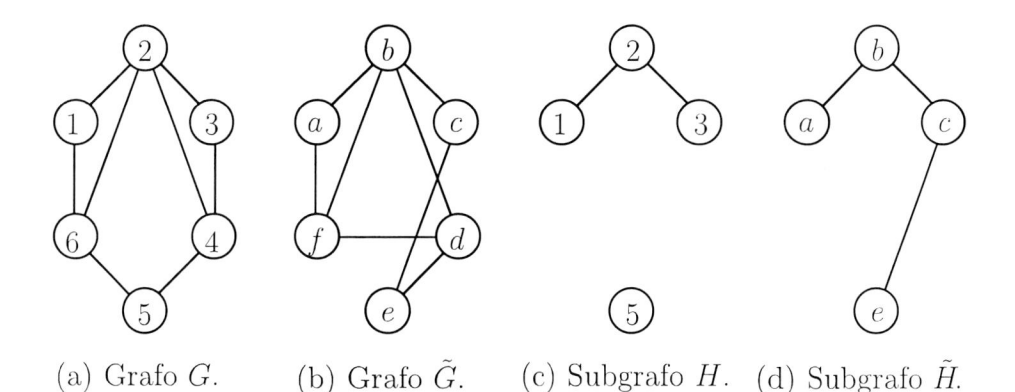

(a) Grafo G.   (b) Grafo $\tilde{G}$.   (c) Subgrafo H.   (d) Subgrafo $\tilde{H}$.

Figura 8.19

Os dois grafos em questão contêm o mesmo número de nós (6) e arcos (8) e o mesmo conjunto de graus de nós (2, 2, 2, 3, 3 e 4). No entanto, se removermos os nós de grau 3 de G e $\tilde{G}$ obtemos os subgrafos H e $\tilde{H}$ nas Figuras 8.19(c) e (d), respectivamente. Portanto, G e $\tilde{G}$ não são isomorfos, pois, se o fossem, o conjunto de nós correspondente a $I = \{4,\ 6\}$ seria $\tilde{I} = \{d,\ f\}$ e os subgrafos H e $\tilde{H}$ seriam isomorfos, o que claramente não é o caso ($\tilde{H}$ é conexo enquanto H não é). ∎

Exemplo 8.11 *Os grafos G e $\tilde{G}$ nas Figuras 8.20(a) e (b) a seguir são isomorfos, conforme relação na Figura 8.20(c).* ∎

Exemplo 8.12 *Mostrar que o grafo H na Figura 8.21 a seguir não é isomorfo ao grafo G na Figura 8.20(a).*

Observe que o grafo H contém ciclos com três arcos, como por exemplo o ciclo dado pela seqüência de nós (1, 2, 3). O grafo G é do tipo $K_{3,3}$ e, portanto, bipartido. Particionando seu conjunto de nós

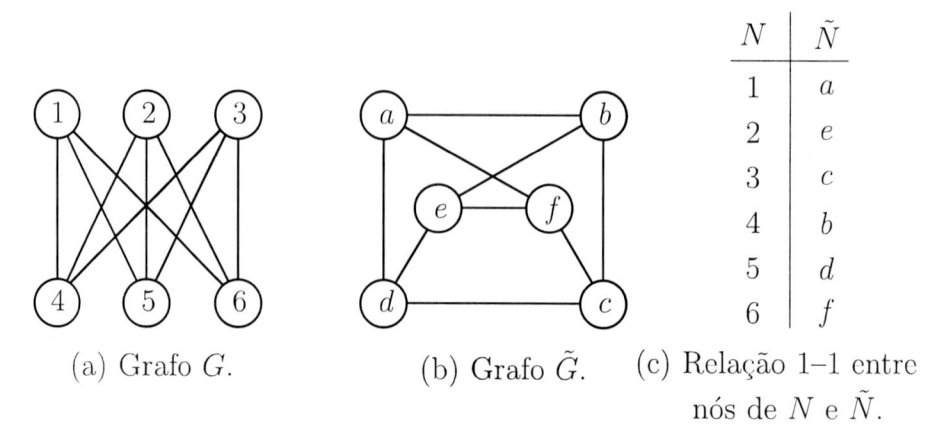

N	$\tilde{N}$
1	a
2	e
3	c
4	b
5	d
6	f

(a) Grafo G.   (b) Grafo $\tilde{G}$.   (c) Relação 1–1 entre nós de N e $\tilde{N}$.

Figura 8.20 Grafos isomorfos e relação 1–1 entre conjuntos de nós.

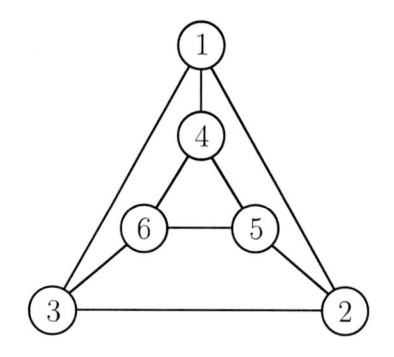

Figura 8.21 Grafo H.

nos subconjuntos $N_1 = \{1, 2, 3\}$ e $N_2 = \{4, 5, 6\}$, temos que não existe arco ligando nós de um mesmo subconjunto. Em conseqüência, a seqüência de nós de qualquer ciclo em G é uma seqüência alternante de nós em N_1 e N_2, e não poderemos ter dois nós consecutivos de um mesmo subconjunto. Além disso, como o primeiro nó da seqüência é igual ao último, concluímos que a seqüência de nós contém um número ímpar de nós, o que implica que o ciclo contém um número par de nós e, portanto, um número par de arcos (em particular, pelo menos quatro arcos). Logo, G não pode conter um ciclo com três arcos e não é isomorfo a H. ∎

4 Planaridade

Um grafo é *planar* se é possível desenhá-lo no plano de modo que as linhas correspondentes aos arcos não se cruzem. Tal desenho é uma *realização gráfica planar* do grafo ou, simplesmente, realização planar. Os grafos das Figuras 8.4, 8.8, 8.9, 8.15, 8.16(b), 8.18, 8.19(a) e 8.21 são obviamente planares, pois os desenhos destes grafos satisfazem a condição acima. Mas se tal não ocorresse, isto é, se um desenho de um determinado grafo não satisfizesse a condição, não poderíamos afirmar de imediato que o grafo não é planar. Assim, o desenho do grafo na Figura 8.17(a), por exemplo, não satisfaz a condição; no entanto, é fácil concluir que se trata de um grafo planar, pois é composto por dois componentes conexos planares (os grafos nas Figuras 8.17(b) e (c)) que podem ser desenhados lado-a-lado (sem sobreposição) para produzir um desenho que satisfaz a condição.

Determinar se um grafo é planar e encontrar sua realização planar pode ser importante em várias aplicações, como, por exemplo, no desenvolvimento de circuitos impressos. Pode também facilitar a investigação de um possível isomorfismo entre dois grafos: se um dos grafos é sabidamente planar e descobre-se que o segundo não é, então os dois não podem ser isomorfos (este argumento poderia ter sido utilizado no Exemplo 8.12, pois veremos, a seguir, que $K_{3,3}$ não é planar). Certos problemas, em otimização combinatorial, por exemplo, admitem métodos de resolução mais eficientes se o grafo associado é planar. Além disso, o problema talvez mais famoso e conhecido de teoria de grafos, que desafiou matemáticos famosos por muito tempo (e alguns diriam que não foi ainda resolvido "satisfatoriamente"), é um problema sobre grafos planares, o *Problema das Quatro Cores*, descrito no exemplo abaixo. O leitor interessado deve consultar o livro de Saaty e Kainen [36], totalmente dedicado a este problema.

Exemplo 8.13 (O problema das quatro cores.) *O teorema das quatro cores diz que é possível colorir as regiões de qualquer mapa desenhado no plano usando no máximo quatro cores, de maneira que nenhum par de regiões que tenham uma fronteira em comum (não apenas um ponto) seja da mesma cor. Modelar por meio de grafos.*

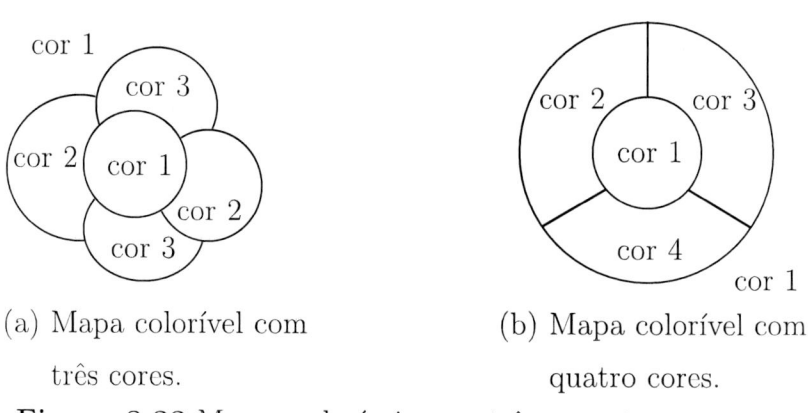

(a) Mapa colorível com três cores.

(b) Mapa colorível com quatro cores.

Figura 8.22 Mapas coloríveis com três e quatro cores.

Os mapas acima mostram que, embora existam mapas em que um número menor de cores seja suficiente (como é o caso na Figura 8.22(a)), pode ser necessário usar quatro cores. Note que a região central do mapa na Figura 8.22(b) tem fronteiras comuns com as três regiões que a circundam. Então, as cores usadas nestas regiões têm que ser diferentes da cor usada na região central. Além disso, precisamos pelo menos três cores para colorir estas três regiões, pois cada duas dentre elas têm fronteira comum.

Para transformar este problema em um problema em grafos, associamos a cada região um nó e dizemos que dois nós são adjacentes se as regiões correspondentes têm fronteira comum. A Figura 8.23 contém os grafos correspondentes aos mapas da Figura 8.22. Note que, por construção, o grafo associado a um mapa qualquer é um grafo planar. Por conseqüência, o problema equivalente a este, em termos de grafos, pode ser enunciado como: "é possível colorir os nós de um grafo planar usando no máximo quatro cores de modo que nós adjacentes tenham cores diferentes".

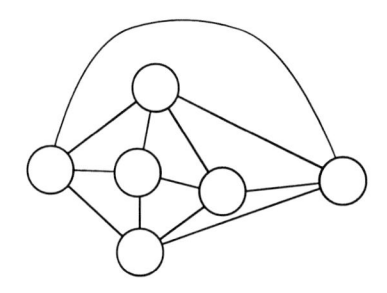

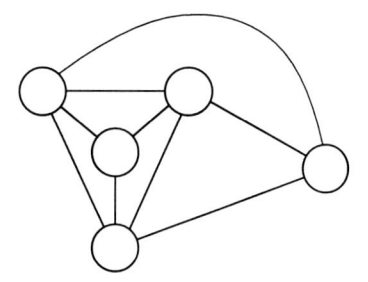

(a) Grafo correspondente ao mapa da Figura 8.22(a).

(b) Grafo correspondente ao mapa da Figura 8.22(b).

Figura 8.23 Grafos correspondentes aos mapas das Figuras 8.22(a) e 8.22(b).

Este teorema foi por mais de um século uma conjectura em aberto. Ela ocorreu a Francis Guthrie enquanto coloria um mapa da Inglaterra. Seu irmão a comunicou a De Morgan em outubro de 1852, que por sua vez a relatou a seus alunos e outros matemáticos, começando por difundi-la. A simplicidade de seu enunciado parece induzir maldosamente à suposição de que sua demonstração seria também simples, a ponto de o famoso matemático H. Minkowski ter afirmado aos seus alunos que a razão pela qual ela não havia ainda sido verificada se devia ao fato de que apenas matemáticos de terceira categoria tinham se preocupado com ela (após longa tentativa, ele admitiu que também não conseguia demonstrá-la nem prová-la incorreta). As várias tentativas de demonstrá-la produziram grandes avanços em teoria de grafos e assuntos correlatos. Finalmente, em 1976, K. Appel e W. Haken [4] apresentaram uma prova de que a conjectura é correta. Esta prova envolve, além de argumentos elaborados e sofisticados, 1.200 horas de cálculo em computador (foi usado predominantemente um IBM 370). Este artigo despertou grande interesse e controvérsia e alguns matemáticos não estão ainda plenamente satisfeitos com a demonstração. ∎

Esta é uma faceta de teoria de grafos ligada à topologia[4] e muitos resultados fundamentais foram obtidos nesta área. De fato, problemas fascinantes surgem da consideração do duplo papel de um grafo, como um objeto combinatorial e como uma figura geométrica. O teorema de Euler a seguir é o primeiro resultado famoso neste sentido. Para provar este resultado, e alguns dos que seguem, precisamos utilizar resultados e conceitos de topologia bastante intuitivos, porém, cuja prova rigorosa foge ao escopo do livro. Preferimos apelar para a intuição nesta seção de modo que os resultados não fiquem obscurecidos por um excesso de rigor. O principal conceito/resultado a ser utilizado diz respeito ao teorema da curva de Jordan. Uma *curva de Jordan* é uma curva contínua sem auto-interseções cuja origem e fim coincidem, veja Figura 8.24. Note que a união dos arcos em um ciclo de uma realização planar de um grafo (imagine — e sempre que mencionamos a realização gráfica temos esta abstração em mente — que os círculos que repre-

---

[4]De modo informal, um topologista estuda as propriedades das formas que "sobrevivem" a deformações feitas de modo suave. Então, por exemplo, a forma de um círculo feito de barbante não se mantém se puxamos o barbante por um ponto. Mas o fato que o círculo não tem início nem fim não muda. Observe que cortar o barbante não seria considerada uma deformação suave!

sentam os nós "encolhem" até ficarem reduzidos a um ponto) constitui uma curva de Jordan. Seja J uma curva de Jordan no plano. Esta curva divide o plano em duas regiões abertas, o interior e o exterior de J, denotados por int J e ext J, respectivamente, conforme indicado na Figura 8.24. Estas regiões estão delimitadas por J, que também é chamada de *fronteira* das duas regiões, mas não contêm J. O *teorema da curva de Jordan* estabelece que qualquer curva que ligue um ponto em int J a um ponto em ext J intercepta J em algum ponto.

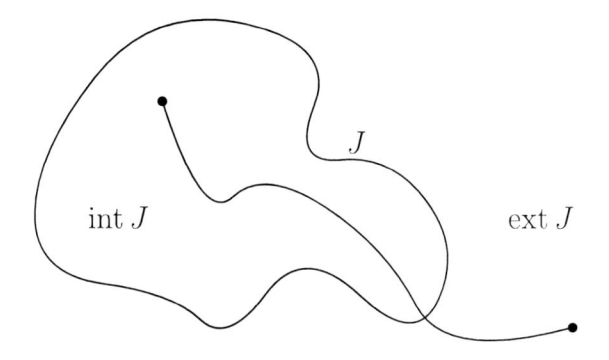

Figura 8.24 Uma curva de Jordan.

A realização planar de um grafo divide, portanto, o plano em um número finito de regiões, chamadas *faces*. O teorema de Euler dá uma condição necessária a ser satisfeita por um grafo planar.

Teorema 8.4 (Teorema de Euler.) *Seja $G = (N, A)$ um grafo planar, n e m a cardinalidade de N e A, respectivamente, p o número de componentes conexos de G e f o número de faces de uma realização planar de G. Então*

$$n - m + f = p + 1.$$

Demonstração. Vamos provar o teorema inicialmente para $p = 1$ e depois usaremos este resultado para obter a fórmula para qualquer p.

A demonstração para o caso de G conexo utiliza indução no número de arcos. É trivialmente verdadeira para $m = 0$, pois neste caso G é constituído por apenas um nó e qualquer realização gráfica de G por um ponto, portanto $f = 1$ e, substituindo estes valores na fórmula acima, comprovamos a validade da equação no enunciado do teorema (lembre-se que $p = 1$). Suponha agora que a fórmula é válida para grafos com $m - 1$ arcos, onde $m \geq 1$. Considere uma realização planar de G e suponha que passemos a construí-la a partir de um nó fixo qualquer, acrescentando sempre arcos incidentes ao subgrafo já construído (isto é possível, pois estamos supondo que G é conexo). Sejam n_i, m_i e f_i os números de nós, arcos e faces da realização após acrescentarmos o $i^{\text{ésimo}}$ arco, respectivamente. Então $n_0 = 1$, $m_0 = 0$ e $f_0 = 1$. Em particular, $m_i = i$. Pela hipótese de indução, temos que o subgrafo de G obtido após colocarmos $m - 1$ arcos satisfaz o teorema, portanto

$$n_{m-1} - m_{m-1} + f_{m-1} = 2.$$

Acrescentamos agora o $m^{\text{ésimo}}$ arco. Por construção, uma das extremidades deste arco pertence ao subgrafo com $m - 1$ arcos já construído. Quanto à outra extremidade, temos duas possibilidades. Uma delas é que a outra extremidade não pertença ao subgrafo. Neste caso acrescentamos um nó e um arco ao subgrafo. Note que este novo nó pertence a uma das faces do subgrafo com $m - 1$ arcos, na fronteira da qual se situa a outra extremidade (veja Figura 8.25(a) — o $m^{\text{ésimo}}$ arco é o tracejado), caso contrário o $m^{\text{ésimo}}$ arco interceptaria algum outro arco na realização já construída, contradizendo sua planaridade. Assim sendo, o novo arco não cria uma nova região (não faz parte de um ciclo) e, portanto, o número de faces não se altera. Temos então

$$n_m - m_m + f_m = n_{m-1} + 1 - (m_{m-1} + 1) + f_{m-1} = 2,$$

onde a primeira igualdade decorre das observações feitas e a segunda da hipótese de indução.

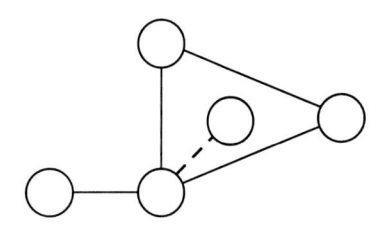 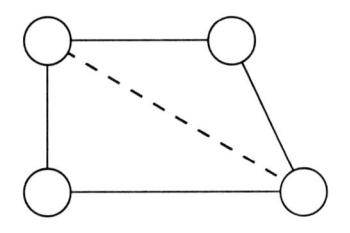

(a) Uma das extremidades não
pertence ao subgrafo.

(b) As duas extremidades
pertencem ao subgrafo.

Figura 8.25 Casos possíveis quanto às extremidades do último arco.

A outra possibilidade é que o $m^{\text{ésimo}}$ arco ligue dois nós já pertencentes ao subgrafo construído, com $m - 1$ arcos, conforme indicado na Figura 8.25(b). Neste caso, estas duas extremidades devem estar na fronteira de uma face comum, caso contrário teríamos uma interseção. Esta face é então subdividida em duas pelo $m^{\text{ésimo}}$ arco, enquanto que o número de nós não se altera. Substituindo, obtemos

$$n_m - m_m + f_m = n_{m-1} - (m_{m-1} + 1) + (f_{m-1} + 1) = 2,$$

onde a última igualdade decorre, como antes, da hipótese de indução.

Passamos agora ao caso $p > 1$. Denotemos por G_1, G_2, ..., G_p, os componentes de G, e por n_i, m_i e f_i o número de nós, arcos e faces, respectivamente, do $i^{\text{ésimo}}$ componente. Logo, para cada i,

$$n_i - m_i + f_i = 2. \tag{8.1}$$

Observe que a realização gráfica planar de cada componente de G é obtida da realização gráfica de G, considerando-se cada componente por vez. Para cada f_i, uma das faces que contribui para o total é a face exterior. No entanto, esta face exterior é contabilizada novamente como a face interior de outro componente ou como a face exterior da realização gráfica planar de G. Estas possibilidades estão ilustradas nas Figuras 8.26(a) e (b) abaixo. A figura fornece duas representações gráficas planares para o grafo G, composto pelos componentes conexos

G_1 e G_2. Os nós do componente G_1 têm sombreado mais escuro que os do componente G_2. Na Figura 8.26(a) a face exterior de G_1 coincide com a (única) face interna de G_2. Na Figura 8.26(b) a face exterior de G contém as faces exteriores de G_1 e G_2. Portanto, da soma dos f_i's devemos descontar p (faces exteriores, uma para cada componente) e somar 1 (a face exterior de G, que após o desconto não foi contabilizada nenhuma vez) para obtermos f, o número de faces de G, ou seja, $f = \sum_{i=1}^{p} f_i - p + 1$.

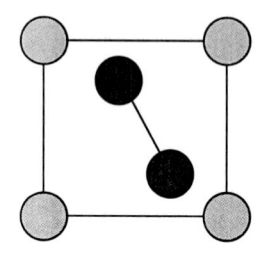 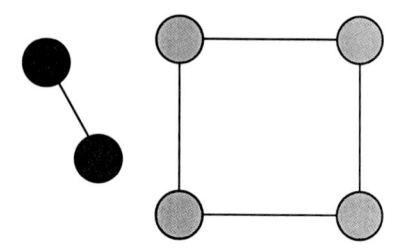

(a) G_1 na face interior de G_2.   (b) Face exterior de G contém

faces exteriores de G_1 e G_2.

Figura 8.26 Duas representações gráficas planares de G.

Portanto, somando (8.1) para todos os componentes obtemos

$$\sum_{i=1}^{p}(n_i - m_i + f_i) = n - m + f + p - 1 = 2p,$$

que, mediante simples manipulação, fornece a equação do enunciado. ∎

Uma conseqüência trivial e imediata do teorema de Euler 8.4 é que o número de faces de qualquer realização planar de um mesmo grafo planar é constante, visto que o número de nós e arcos não muda. Logo, podemos nos referir ao "número de faces do grafo planar G" ao invés de usar a frase mais longa (e, num sentido estrito, mais correta): "o número de faces de uma realização planar do grafo G".[5]

---

[5]O número de faces de um grafo planar é chamado de um *invariante topológico* do grafo.

Lema 8.5 *Sejam f o número de faces de um grafo conexo planar $G = (N, A)$ e m a cardinalidade de A, onde $m \geq 2$. Então*

$$3f \leq 2m.$$

Demonstração. Note que cada arco ou faz fronteira entre duas faces ou pertence à fronteira de uma única face. Por exemplo, a fronteira da face exterior do grafo na Figura 8.27 contém quatro arcos e a fronteira da face interior contém três arcos. O arco $\{3, 4\}$ pertence apenas à fronteira da face exterior.

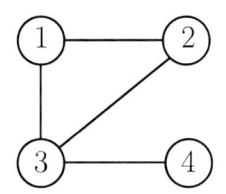

Figura 8.27 Grafo planar.

Portanto, se denotarmos por f_i o número de faces com exatamente i arcos na fronteira, temos

$$f_1 + 2f_2 + 3f_3 + \cdots \leq 2m,$$

pois cada arco é contabilizado no máximo duas vezes. Se $m = 2$, a única possibilidade para G é ser isomorfo aos grafos da Figura 8.15, logo com $f = 1$, $m = 2$ e, portanto, satisfazendo a desigualdade do enunciado. Se $m > 2$, a realização planar de G não pode conter faces delimitadas por apenas um arco (o grafo conteria um laço) ou dois arcos (o grafo conteria dois arcos com o mesmo par de extremidades). Portanto, considerando que se trata de um grafo (e não de um multigrafo), temos que

$$
\begin{aligned}
3f &= 3f_3 + 3f_4 + 3f_5 + \cdots & (8.2) \\
&\leq 3f_3 + 4f_4 + 5f_5 + \cdots \\
&\leq 2m. \quad \blacksquare
\end{aligned}
$$

Usando o resultado acima em conjunto com o teorema de Euler 8.4, podemos obter outras desigualdades.

Corolário 8.6 *Seja $G = (N, A)$ um grafo conexo planar, n a cardinalidade de N e m a cardinalidade de A, onde $m \geq 2$. Então*

$$m \leq 3n - 6.$$

Demonstração. Do lema 8.5 temos que

$$f \leq \frac{2}{3}m.$$

Substituindo na fórmula do teorema de Euler 8.4, obtemos

$$n - m + \frac{2}{3}m \geq 2,$$

que se reduz a

$$m \leq 3n - 6. \quad \blacksquare$$

Um grafo $G = (N, A)$ é dito *completo* se cada par de nós em G é adjacente. É fácil concluir que qualquer grafo completo com n nós é isomorfo a outro também completo com o mesmo número de nós. A notação usual para (a classe de isomorfismo de) um grafo completo com n nós é K_n, em homenagem ao matemático polonês Kasemir Kuratowski, que foi o primeiro a obter, em 1930, uma caracterização completa de planaridade, por meio deste tipo de grafo (conforme Teorema 8.9 a seguir).

Corolário 8.7 *K_5 não é planar.*

Demonstração. Apresentamos duas demonstrações, a primeira usando as desigualdades obtidas acima e a segunda direta, usando o Teorema da curva de Jordan. O exercício 16 pede ainda uma terceira demonstração, usando a desigualdade obtida no corolário 8.6.

1ª Demonstração. A fórmula do Teorema de Euler 8.4 nos diz que, se K_5 fosse planar, então teria $f = 2 - n + m = 2 - 5 + \frac{5(5-1)}{2} = 7$ faces.[6] Mas então $3f$ seria 21 enquanto que $2m = 2\frac{5(5-1)}{2} = 20$, o que contradiz a desigualdade do lema 8.5. Portanto, K_5 não pode ser planar. ■

2ª Demonstração. Para simplificar a demonstração, suponhamos que os nós de K_5 sejam a, b, c, d e e. Então, o ciclo especificado pela seqüência de nós (a, b, c, d, a) constituiria uma curva de Jordan em qualquer realização planar (se existisse) de K_5. Conseqüentemente, um dentre os arcos $\{a, c\}$ e $\{b, d\}$ deve pertencer ao interior da região delimitada pelo ciclo e outro ao exterior; caso contrário, haveria interseção. A situação está ilustrada a seguir.

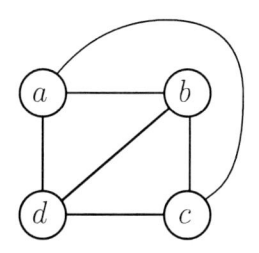

Figura 8.28

Temos, então, quatro regiões na Figura 8.28. O nó restante, e, tem que pertencer a uma destas regiões. Mas, qualquer que seja a região escolhida para e, será necessário ligá-lo por meio de um arco a um dos nós que está no exterior desta região, o que, pelo Teorema da curva de Jordan, implica numa interseção com um dos arcos já existentes. Portanto, K_5 não é planar. ■

Corolário 8.8 $K_{3,3}$ *não é planar.*

---

[6]No exercício 9 pede-se a obtenção de uma fórmula para o número de arcos de um grafo completo com n nós.

Demonstração. A demonstração análoga à segunda demonstração do corolário 8.7 é deixada como exercício. Aqui, usaremos desigualdade semelhante à obtida no lema 8.5. A desigualdade do lema não é suficiente para os nossos propósitos, pois se $K_{3,3}$ fosse planar teria $f = 2 - 6 + 9 = 5$ faces, logo $3f = 15$ e, portanto, satisfaria $3f \leq 2m = 18$. Podemos, entretanto, voltar à demonstração do lema 8.5 e obter uma desigualdade mais forte, específica para o tipo de grafo em pauta.

Note que no Exemplo 8.12 da seção 3 mostramos que qualquer ciclo de $K_{3,3}$ contém um número par (≥ 4) de arcos. Como a fronteira de uma face numa realização planar de um grafo é constituída pelos arcos em um ciclo, temos que as faces de uma realização planar de $K_{3,3}$ (se existisse) teriam pelo menos quatro arcos na fronteira. Logo, podemos mudar a desigualdade em 8.2 para

$$
\begin{aligned}
4f &= 4f_4 + 4f_6 + \cdots \\
&\leq 4f_4 + 6f_6 + \cdots \\
&\leq 2m.
\end{aligned}
$$

Mas, então, lembrando que o número de faces de $K_{3,3}$ seria 5 caso fosse planar, chegamos à contradição

$$20 = 4f \leq 2m = 18. \qquad \blacksquare$$

É interessante observar que o Teorema de Kuratowski a seguir fornece uma caracterização combinatorial (e não topológica) de planaridade (um atributo topológico). Para enunciá-lo precisamos de mais algumas definições. Dois arcos adjacente são *arcos em série* se o nó que é a extremidade comum dos dois tem grau dois. Uma *redução em série* em um grafo consiste em substituir dois arcos em série por apenas um (eliminando o nó de grau dois), conforme ilustrado adiante.

Se o grafo H pode ser obtido do grafo G por meio de reduções em série, então G é chamado de um *grafo generalizado de H*. Então, o

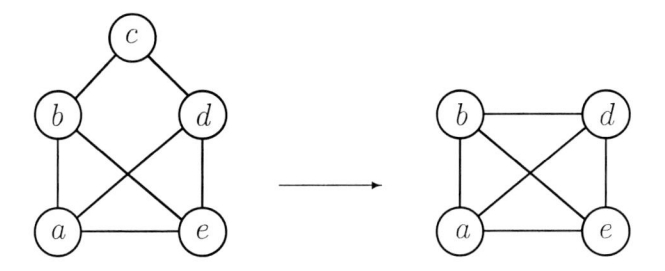

Figura 8.29 Redução em série.

grafo da esquerda na Figura 8.29 é um grafo generalizado do grafo da direita (em particular, note que este último é do tipo K_4).

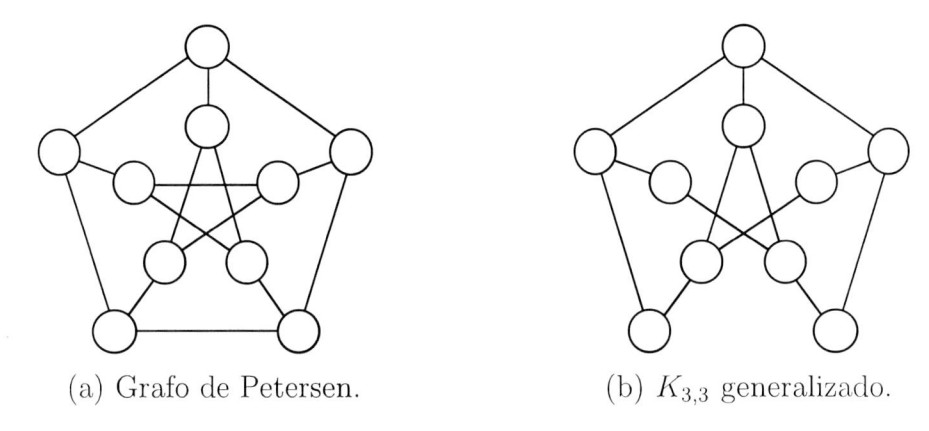

(a) Grafo de Petersen. (b) $K_{3,3}$ generalizado.

Figura 8.30 Aplicação do Teorema de Kuratowski.

Teorema 8.9 (Teorema de Kuratowski.) *Um grafo $G = (N, A)$ é planar se, e somente se, não contém um subgrafo que é um grafo generalizado de K_5 ou $K_{3,3}$.*

A demonstração do Teorema de Kuratowski 8.9 está acima do nível do presente texto. O leitor interessado poderá encontrá-la em [10], [20] ou [24], por exemplo. Este teorema pode ser usado para demonstrar que o grafo de Petersen na Figura 8.30(a) abaixo é não-planar, como evidenciado pelo subgrafo na Figura 8.30(b), um $K_{3,3}$ generalizado (os nós a serem eliminados nas reduções em série estão sombreados).

Embora o Teorema de Kuratowski seja útil para uso de humanos trabalhando com grafos (não muito grandes) fornecidos por desenhos, existem métodos eficientes (para computadores) para não só detectar planaridade como também produzir uma realização planar de um grafo, se existir. Este método é descrito em [10].

Exercícios

1. Construa as matrizes de incidência e adjacência para os grafos das Figuras 8.4, 8.16(a), 8.18, 8.20(b) e 8.21.

2. Dada a matriz de incidência de um grafo, dê uma interpretação para a soma dos elementos da $i^{ésima}$ linha e a soma dos elementos na $j^{ésima}$ coluna. Baseado nestas interpretacões, dê uma nova demonstração para o teorema 8.1.

   (Sugestão: expresse o somatório de todos os elementos da matriz de incidência de duas maneiras diferentes, somando primeiro por linha e depois por coluna e vice-versa.)

3. Mostre que uma árvore (definida à página 304) com pelo menos dois nós contém pelo menos um nó de grau 1.

   (Sugestão: observe que, se dois nós pertencessem a um ciclo comum, então a partir deste ciclo poderíamos construir dois caminhos diferentes entre este par de nós.)

4. Dos grafos ilustrados abaixo determine quais são isomorfos aos grafos da Figura 8.20 e quais são isomorfos ao da Figura 8.21.

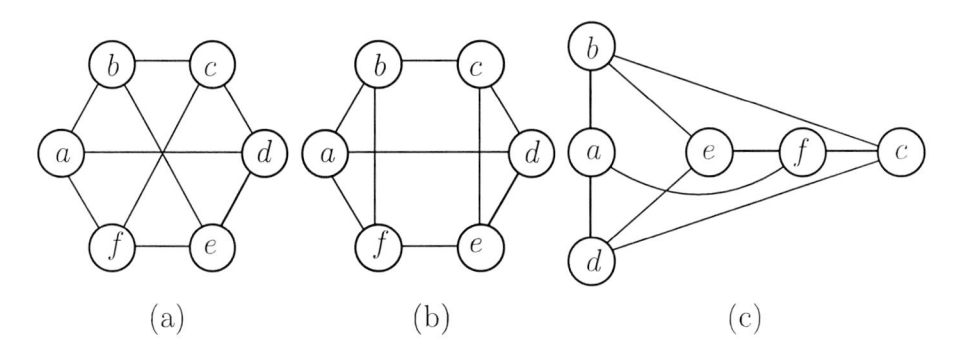

(a)   (b)   (c)

5. Dos grafos do exercício anterior, quais são planares?

6. Verifique se os grafos a seguir são isomorfos e, em caso positivo, exiba a relação 1–1 entre seus nós.

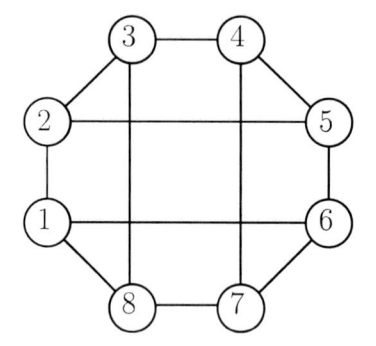 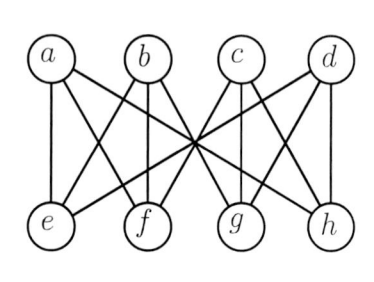

7. Para os grafos a seguir apresente uma realização planar para os que são planares e exiba um K_5 ou $K_{3,3}$ generalizado para os que não são.

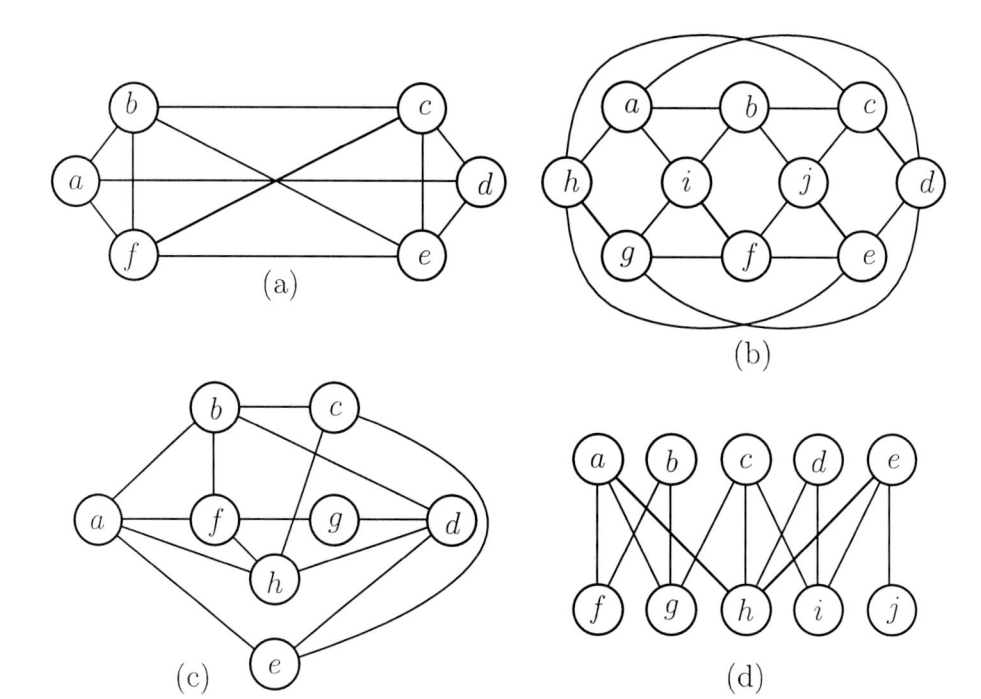

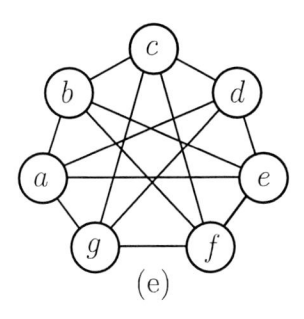

(e)

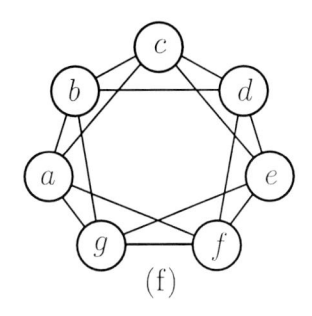

(f)

8. Dos grafos do exercício anterior, quais são isomorfos?

9. Obtenha uma fórmula para o número de arcos de K_n, o grafo completo com n nós.

10. Obtenha uma fórmula para o número de arcos de $K_{n,\ell}$.

11. Quantas cores são necessárias para colorir K_n?

12. Mostre que o Teorema 8.1 também é válido para multigrafos.

13. Mostre que, se um grafo contém apenas dois nós de grau ímpar, então existe caminho entre estes dois nós no grafo.

14. Um *passeio euleriano* é um passeio entre dois nós distintos de um (multi)grafo que percorre cada arco exatamente uma vez. Mostre que um (multi)grafo conexo contém um passeio euleriano se, e somente se, possui exatamente dois nós com grau ímpar.

15. Construa um passeio euleriano no grafo da figura abaixo.

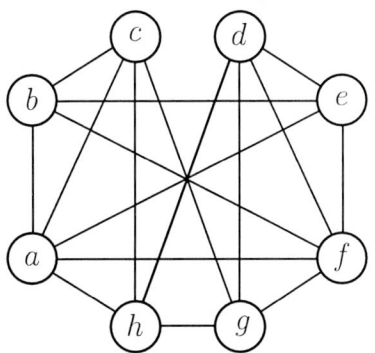

16. Mostre que K_5 não é planar usando a desigualdade obtida no corolário 8.6.

17. Mostre que $K_{3,3}$ não é planar usando método análogo ao da segunda demonstração do corolário 8.7.

    (Sugestão: Considere o ciclo formado pelos seis nós.)

18. Mostre que tanto K_5 quanto $K_{3,3}$ se tornam planares após remoção de um arco qualquer.

19. Mostre que todo grafo conexo planar possui um nó com grau menor do que ou igual a cinco.

20. Utilize o princípio da casa dos pombos para mostrar que pelo menos dois nós têm o mesmo grau num grafo que contenha pelo menos dois nós.

    (Sugestão: considere separadamente nó(s) de grau zero.)

21. Mostre que a desigualdade do Corolário 8.6 é satisfeita por grafos planares com mais de um componente conexo.

22. Mostre que um grafo planar com no máximo 11 nós possui ao menos um nó de grau menor do que ou igual a 4.

    (Sugestão: utilize o Corolário 8.6 e o exercício anterior.)

23. Mostre que um grafo planar com 4 ou mais nós tem pelo menos 4 nós de grau menor do que ou igual a 5.

    (Sugestão: utilize indução.)

24. O *grafo complementar* $\bar{G} = (N, \tilde{A})$ do grafo $G = (N, A)$ é um grafo que tem o mesmo conjunto de nós que G e no qual dois nós são adjacentes se não são adjacentes em G. Se G tem n nós e m arcos, quantos arcos tem $\bar{G}$?

25. Mostre que se um grafo G tem pelo menos 11 nós, então pelo menos um dentre G e seu complementar (definido acima) $\bar{G}$ é não-planar.

26. Mostre que qualquer grafo planar pode ser desenhado na superfície de uma esfera de modo que as linhas que representam os arcos não se cruzem.

27. Mostre que se todos os ciclos do grafo conexo planar $G = (N, A)$ contêm pelo menos k arcos, então $m \leq \frac{k}{k-2}(n-2)$, onde n e m são as cardinalidades de N e A, respectivamente.

Apêndice A

Coeficientes trinomiais, uma interpretação combinatorial

Descrevemos algumas propriedades dos *coeficientes trinomiais*, isto é, dos coeficientes de x^k na expansão de $(1 + x + x^2)^n$.

Como estamos interessados em fornecer uma interpretação combinatorial para estes números, na mesma linha dos bastante conhecidos coeficientes binomiais, vamos, primeiramente, fazer uma rápida revisão destes últimos.

Chamamos de *combinação de m, p a p,* denotado por $\binom{n}{p}$, o número total de diferentes subconjuntos contendo p elementos cada, tomados de um conjunto contendo m elementos ($p \leq m$). Pelo princípio multiplicativo é fácil ver que este número é dado por

$$\binom{n}{p} = \frac{m!}{p!(m-p)!}. \tag{A.1}$$

Vale enfatizar que como estamos contando o número de subconjuntos de determinado "tamanho", a ordem desses elementos é, aqui, irrelevante. Vamos tomar um exemplo concreto para esclarecer melhor este ponto.

Sejam $A = \{a, b, c, d, e\}$ e $p = 3$. Na Tabela A.1 temos a listagem completa de todos os $\binom{5}{3}$ subconjuntos de A contendo exatamente 3 elementos.

a b c	a d e
a b d	b c d
a b e	b c e
a c d	c d e
a c e	b d e

Tabela A.1

Estes números $\binom{m}{p}$ são chamados de coeficientes binomiais pelo fato de serem os coeficientes de x^p na expansão de $(1+x)^n$.

A identidade

$$(1+x)^n = \sum_{j=1}^{n} \binom{n}{j} x^j \tag{A.2}$$

segue imediatamente do fato de que, para obtermos x^j no produto de n fatores iguais a $(1+x)$, precisamos apenas decidir de quantos modos diferentes podemos escolher j dos n fatores para neles "tomarmos" x quando da expansão do produto

$$\underbrace{(1+x)(1+x)\ldots(1+x)}_{n \text{ fatores}}.$$

As seguintes propriedades são satisfeitas por estes coeficientes binomiais:

(i) $\binom{m}{p} = \binom{m}{m-p}$;

(ii) $\binom{m}{p} = \binom{m-1}{p} + \binom{m-1}{p-1}$.
$$\tag{A.3}$$

Daremos, a seguir, uma demonstração combinatorial de (ii). Seja a um dos m elementos do conjunto A (a é arbitrário). Quando tomamos um subconjunto arbitrário na tabela que contém todos os $\binom{m}{p}$ subconjuntos contendo exatamente p elementos existem apenas duas possibilidades com relação à presença de a: ou a está presente ou não está presente. Portanto, se somarmos o número de subconjuntos que contêm a — que são em número $\binom{m-1}{p-1}$, com os que não contêm a — que são $\binom{m-1}{p}$, teremos demonstrado (ii).

Esta fórmula, que acabamos de demonstrar, é que nos permite uma fácil construção do conhecido triângulo de Pascal,

$$
\begin{array}{ccccccccccccc}
 & & & & & & 1 & & & & & & \\
 & & & & & 1 & & 1 & & & & & \\
 & & & & 1 & & 2 & & 1 & & & & \\
 & & & 1 & & 3 & & 3 & & 1 & & & \\
 & & 1 & & 4 & & 6 & & 4 & & 1 & & \\
 & 1 & & 5 & & 10 & & 10 & & 5 & & 1 & \\
1 & & 6 & & 15 & & 20 & & 15 & & 6 & & 1 \\
\end{array}
$$

$$\cdot \quad \cdot \quad \cdot \quad \cdot \quad \cdot \quad \cdot \quad \cdot \quad \cdot \quad \cdot \quad \cdot \quad \cdot \quad \cdot \quad \cdot \quad \cdot$$

Tabela A.2

onde na linha n (iniciamos com 0) estão os coeficientes de x^k na expansão de $(1+x)^n$. Observe que, por (ii), cada elemento é a soma dos dois elementos imediatamente acima.

Vamos, a seguir, fornecer uma fórmula semelhante à (A.1) e uma relação similar à (A.3) (ii) para os coeficientes trinomiais, o que irá nos propiciar a construção de um outro tipo de triângulo semelhante ao de Pascal.

Estamos interessados em fornecer uma fórmula para os números $\binom{n}{h}_2$ na expansão

$$(1 + x + x^2)^n = \sum_{h=-n}^{n} \binom{n}{h}_2 x^{h+n}. \tag{A.4}$$

Observe o índice 2 em $\binom{n}{h}_2$ para diferenciá-lo dos números $\binom{n}{h}$.

Como os expoentes de x variam de 0 até $2n$, o índice h deve variar de $-n$ até n. A fim de verificarmos isto, vamos escrever o lado esquerdo de (A.4) da seguinte forma:

$$(1 + x + x^2)^n = (x(x^{-1} + 1 + x))^n = x^n(x^{-1} + 1 + x)^n. \tag{A.5}$$

Portanto, $\binom{n}{h}_2$ é o coeficiente de x^h em $(x^{-1} + 1 + x)^n$. Que

$$\binom{n}{j}_2 = \binom{n}{-j}_2 \tag{A.6}$$

segue imediatamente de (A.5).

A relação (A.6) é que vai nos dar uma simetria no novo triângulo similar à fornecida por (A.3) (i) para o triângulo de Pascal.

Como

$$(1 + x + x^2)^n = [(1+x)^2 - x]^n, \tag{A.7}$$

podemos expandir esta última expressão pela dupla aplicação de (A.2) no lado direito de (A.7):

$$
\begin{aligned}
[(1+x)^2 - x]^n &= \sum_{j=0}^{n} \binom{n}{j} [(1+x)^2]^{n-j}(-x)^j \\
&= \sum_{j=0}^{n} \binom{n}{j} (1+x)^{2n-2j}(-1)^j x^j. \tag{A.8}
\end{aligned}
$$

Aplicando novamente (A.2), agora em $(1+x)^{2n-2j}$, temos:

$$(1+x)^{2n-2j} = \sum_{k=0}^{2n-2j} \binom{2n-2j}{k} x^{2n-2j-k}(1)^k. \tag{A.9}$$

Usando (A.9) em (A.8), obtemos:

$$
\begin{aligned}
[(1+x)^2 - x]^n &= \sum_{j=0}^{n}\sum_{k=0}^{2n-2j} (-1)^j \binom{n}{j}\binom{2n-2j}{k} x^{2n-j-k} \\
&= x^n \sum_{j=0}^{n}\sum_{k=0}^{2n-2j} (-1)^j \binom{n}{j}\binom{2n-2j}{k} x^{n-j-k}.
\end{aligned}
$$

Fazendo $n - j - k = h$ e observando que j varia de 0 a n e k de 0 a $2n - 2j$, podemos concluir que h irá variar de $-n$ até n.

Logo,

$$
\begin{aligned}
[(1+x)^2 - x]^n &= x^n \sum_{j=0}^{n}\sum_{h=-n}^{n} (-1)^j \binom{n}{j}\binom{2n-2j}{n-j-h} x^h \\
&= x^n \sum_{h=-n}^{n}\sum_{j\geq 0} (-1)^j \binom{n}{j}\binom{2n-2j}{n-h-j} x^h.
\end{aligned}
$$

A última igualdade é válida por termos somas finitas em j e h e pelo fato de $\binom{n}{j}$ ser zero para j maior do que n.

Comparando esta última igualdade com (A.4), concluímos que:

$$\binom{n}{h}_2 = \sum_{j \geq 0} (-1)^j \binom{n}{j} \binom{2n - 2j}{n - h - j}. \qquad (A.10)$$

Como este número dado em (A.10), embora sendo expresso por meio das conhecidas combinações simples $\binom{n}{j}$, seja algo bem distinto delas, vamos chamá-lo de *combinação de duplas*. A interpretação combinatorial que fornecemos a seguir irá justificar este nome.

Antes de fornecermos a prometida interpretação para estes números precisamos observar que em (A.4) h varia de $-n$ até n por termos usado (A.5). Se não colocarmos x^n em evidência na expansão de $(1+x+x^2)^n$, obviamente o índice da soma irá variar de 0 até $2n$. Portanto, podemos escrever

$$(1 + x + x^2)^n = \sum_{j=0}^{2n} \begin{bmatrix} 2n \\ j \end{bmatrix} x^j, \qquad (A.11)$$

onde

$$\begin{bmatrix} 2n \\ n + h \end{bmatrix} = \binom{n}{h}_2. \qquad (A.12)$$

Esta última igualdade irá nos ajudar na interpretação combinatorial prometida, pois agora não precisamos explicar algo como $\binom{4}{-1}_2$, pois este número será visto como $\begin{bmatrix} 8 \\ 3 \end{bmatrix}$. Usando (A.10) podemos calcular, por exemplo, $\binom{4}{-1}_2$, que é igual a 16. Por (A.12), vemos que $\binom{4}{-1}_2 = \begin{bmatrix} 8 \\ 3 \end{bmatrix}$.

Afim de interpretarmos $\begin{bmatrix} 8 \\ 3 \end{bmatrix}$, consideramos 4 objetos distintos tomados em duplas, isto é, *aa*, *bb*, *cc*, *dd*, e vamos retirar três desses 8 objetos sem levar em consideração a ordem.

a a b	b b a	c c a	d d a
a a c	<u>b b c</u>	<u>c c b</u>	<u>d d b</u>
a a d	<u>b b d</u>	<u>c c d</u>	<u>d d c</u>
a b c	**a b d**	**a c d**	<u>**b c d**</u>

Tabela A.3

Para a obtenção de algo semelhante a (A.3) (ii), é suficiente escrevermos

$$(x^{-1} + 1 + x)^n = (x^{-1} + 1 + x)(x^{-1} + 1 + x)^{n-1}, \qquad (A.13)$$

e isto nos diz que o coeficiente de x^h na expansão de (A.5) é igual à soma dos coeficientes de x^{h-1}, x^h e x^{h+1} na expansão de $(x^{-1}+1+x)^{n-1}$. Isto, na nossa notação, é equivalente a

$$\binom{n}{h}_2 = \binom{n-1}{h-1}_2 + \binom{n-1}{h}_2 + \binom{n-1}{h+1}_2. \qquad (A.14)$$

Esta é a relação similar à (A.3) (ii), que nos permite uma fácil construção do novo triângulo, cuja $n^{\text{ésima}}$ linha contém os coeficientes da expansão de $(1 + x + x^2)^n$. Na tabela abaixo temos o triângulo associado ao trinômio.

$$
\begin{array}{ccccccccccc}
 & & & & & 1 & & & & & \\
 & & & & 1 & 1 & 1 & & & & \\
 & & & 1 & 2 & 3 & 2 & 1 & & & \\
 & & 1 & 3 & 6 & 7 & 6 & 3 & 1 & & \\
 & 1 & 4 & 10 & 16 & 19 & 16 & 10 & 4 & 1 & \\
1 & 5 & 15 & 30 & 45 & 51 & 45 & 30 & 15 & 5 & 1 \\
\end{array}
$$

. . . .

Tabela A.4

O que (A.14) nos diz é que cada elemento neste triângulo é a soma dos 3 imediatamente acima.

A demonstração combinatorial de (A.14), nos moldes da apresentada para (A.3) (ii), segue agora naturalmente. Na tabela das *combinações de duplas* de $2n$, $n + h$ a $n + h$ (veja equação (A.12)), temos três possibilidades para a presença de um elemento a num dos *conjuntos* que compõem esta tabela: a aparece exatamente duas vezes, a aparece exatamente uma vez ou a não aparece. Estes números são, respectivamente, $\binom{n-1}{h-1}_2$, $\binom{n-1}{h}_2$ e $\binom{n-1}{h+1}_2$.

Na notação sugerida em (A.12), (A.14) toma a seguinte forma:

$$\begin{bmatrix} 2n \\ n + h \end{bmatrix} = \begin{bmatrix} 2n - 2 \\ n + h - 2 \end{bmatrix} + \begin{bmatrix} 2n - 2 \\ n + h - 1 \end{bmatrix} + \begin{bmatrix} 2n - 2 \\ n + h \end{bmatrix}.$$

Portanto, $\binom{n}{h}_2$ é o número total de maneiras de tirarmos $n + h$ elementos de um total de $2n$ onde estes $2n$ elementos são formados por 2 exemplares de cada um dos n distintos elementos.

Na Tabela A.3 temos, em itálico, os *conjuntos* contendo exatamente duas cópias de a, que são em número de três. Em negrito estão os seis *conjuntos* contendo somente uma cópia, e sublinhados estão os sete *conjuntos* sem a presença do elemento a.

Apêndice B

Triângulos não-semelhantes de perímetro n e lados inteiros

Apresentamos, inicialmente, um resultado que será usado na obtenção de uma fórmula explícita para a contagem do número de triângulos não-semelhantes de lados inteiros e perímetro n.

No Capítulo 5 vimos que o número de partições de n em no máximo k partes é igual ao número de partições de n em que nenhuma parte supera k. Logo, para encontrarmos o número de partições de n, em no máximo 3 partes, precisamos encontrar o coeficiente de x^n em

$$\frac{1}{(1-x)(1-x^2)(1-x^3)},\tag{B.1}$$

que é a função geradora para partições em que nenhuma parte supera 3. Como

$$\frac{1}{(1-x)(1-x^2)(1-x^3)} = \frac{1}{6(1-x)^3} + \frac{1}{4(1-x)^2} + \frac{1}{4(1-x^2)} + \frac{1}{3(1-x^3)}$$

e

$$
\begin{aligned}
\frac{1}{6(1-x)^3} &= \frac{1}{6}(1-x)^{-3} = \frac{1}{6}\sum_{n=0}^{\infty}\binom{-3}{n}(-1)^n x^n \\
&= \sum_{n=0}^{\infty}\frac{1}{6}\frac{(n+2)(n+1)}{2}x^n, \tag{B.2}\\
\frac{1}{4}\frac{1}{(1-x)^2} &= \frac{1}{4}(1-x)^{-2} = \frac{1}{4}\sum_{n=0}^{\infty}\binom{-2}{n}(-1)^n x^n
\end{aligned}
$$

$$= \sum_{n=0}^{\infty} \frac{(n+1)}{4} x^n, \tag{B.3}$$

$$\frac{1}{4(1-x^2)} = \frac{1}{4}(1 + x^2 + x^4 + x^6 + \cdots), \tag{B.4}$$

$$\frac{1}{3(1-x^3)} = \frac{1}{3}(1 + x^3 + x^6 + x^9 + \cdots), \tag{B.5}$$

concluímos que o coeficiente de x^n em (B.1) é igual a:

$$\frac{1}{12} \; (n^2 + 6n + 5 + 7), \quad \text{para } n \text{ par e divisível por } 3;$$

$$\frac{1}{12} \; (n^2 + 6n + 5 + 3), \quad \text{para } n \text{ par e não divisível por } 3;$$

$$\frac{1}{12} \; (n^2 + 6n + 5 + 4), \quad \text{para } n \text{ ímpar e divisível por } 3; \tag{B.6}$$

$$\frac{1}{12} \;\;\; (n^2 + 6n + 5), \qquad \text{para } n \text{ ímpar e não divisível por } 3.$$

Pode-se observar que a diferença entre cada um destes quatro números acima (todos são inteiros) e o número $\frac{(n+3)^2}{12}$ é menor do que $1/2$ e, portanto, o coeficiente de x^n em (B.1) é o inteiro mais próximo de $\frac{(n+3)^2}{12}$ que denotamos por $\left\{ \frac{(n+3)^2}{12} \right\}$. Logo, $\left\{ \frac{(n+3)^2}{12} \right\}$ é o número de partições de n em no máximo 3 partes.

A demonstração que apresentamos abaixo segue Andrews [2]. Ele observou que cada partição de n em exatamente 3 partes nos fornece um único triângulo do tipo que queremos e reciprocamente, exceto quando as duas menores partes não superam a maior parte. Sendo a, b e c as três partes, $1 \le a \le b \le c$, isto ocorrerá para cada partição de j em duas partes a e b com $1 \le j \le \frac{n}{2}$, pois neste caso $a + b + (n - j)$ será uma partição de n em 3 partes com $a + b \le n - j$, e não nos permite a construção de nenhum triângulo.

Devemos, pois, subtrair do número total de partições de n em exatamente 3 partes o número de partições de j em duas partes, para $j = 2, 3, \ldots, [n/2]$. Logo, devemos calcular a soma $q_2(2) + q_2(3) + \cdots + q_2(\lfloor n/2 \rfloor)$ e subtrair do número total de partições de n em exatamente 3 partes. Lembre-se que $q_2(j)$ denota o número de partições de j em exatamente 2 partes.

Vimos, acima, que o número de partições de n em no máximo 3 partes é $\left\{\frac{(n+3)^2}{12}\right\}$. Sabemos, pelo Exemplo 5.30, que o número de partições de n em no máximo 2 partes é $\left\lfloor\frac{n}{2}\right\rfloor + 1$. Logo, a diferença

$$\left\{\frac{(n+3)^2}{12}\right\} - \left(\left\lfloor\frac{n}{2}\right\rfloor + 1\right)$$

nos fornece o número total de partições de n em extamente 3 partes.

Pode-se ver, basta considerar os casos n par e n ímpar e as equações (B.6), que a diferença acima é igual a

$$\left\{\frac{n^2}{12}\right\}. \tag{B.7}$$

Precisamos, pois, subtrair deste número a soma $q_2(2) + q_2(3) + \cdots + q_2(\lfloor n/2\rfloor)$.

Provamos, por indução, que esta soma é igual a $\left\lfloor\frac{n}{4}\right\rfloor\left\lfloor\frac{n+2}{4}\right\rfloor$, isto é,

$$\left\lfloor\frac{2}{2}\right\rfloor + \left\lfloor\frac{3}{2}\right\rfloor + \cdots + \left\lfloor\frac{\lfloor n/2\rfloor}{2}\right\rfloor = \left\lfloor\frac{n}{4}\right\rfloor\left\lfloor\frac{n+2}{4}\right\rfloor \tag{B.8}$$

uma vez que $q_2(j) = \lfloor j/2\rfloor$, como foi mostrado no Exemplo 5.30.

Para n par é fácil observar que

$$\left\lfloor\frac{n}{2}\right\rfloor = \left\lfloor\frac{n+1}{2}\right\rfloor, \left\lfloor\frac{n}{4}\right\rfloor = \left\lfloor\frac{n+1}{4}\right\rfloor \text{ e } \left\lfloor\frac{n+2}{4}\right\rfloor = \left\lfloor\frac{n+3}{4}\right\rfloor$$

e, portanto, a demonstração por indução segue imediatamente.

Para n ímpar consideramos os casos $n \equiv 1(\mathrm{mod}\ 4)$ e $n \equiv 3(\mathrm{mod}\ 4)$. Se $n \equiv 1(\mathrm{mod}\ 4)$, temos

$$\left\lfloor\frac{2}{2}\right\rfloor + \left\lfloor\frac{3}{2}\right\rfloor + \cdots + \left\lfloor\frac{\lfloor n/2\rfloor}{2}\right\rfloor + \left\lfloor\frac{\lfloor(n+1)/2\rfloor}{2}\right\rfloor =$$

$$= \left\lfloor\frac{n}{4}\right\rfloor\left\lfloor\frac{n+2}{4}\right\rfloor + \left\lfloor\frac{\lfloor(n+1)/2\rfloor}{2}\right\rfloor = \left\lfloor\frac{n}{4}\right\rfloor\left\lfloor\frac{n+2}{4}\right\rfloor + \left\lfloor\frac{n}{4}\right\rfloor$$

$$= \left\lfloor\frac{n}{4}\right\rfloor\left(\left\lfloor\frac{n+2}{4}\right\rfloor + 1\right) = \left\lfloor\frac{n+1}{4}\right\rfloor\left\lfloor\frac{n+3}{4}\right\rfloor,$$

uma vez que para $n \equiv 1 \pmod 4$

$$\left\lfloor \frac{\lfloor (n+1)/2 \rfloor}{2} \right\rfloor = \left\lfloor \frac{n}{4} \right\rfloor = \left\lfloor \frac{n+1}{4} \right\rfloor \quad \text{e} \quad \left\lfloor \frac{n+2}{4} \right\rfloor + 1 = \left\lfloor \frac{n+3}{4} \right\rfloor.$$

Para $n \equiv 3 \pmod 4$, temos

$$\left\lfloor \frac{2}{2} \right\rfloor + \left\lfloor \frac{3}{2} \right\rfloor + \cdots + \left\lfloor \frac{\lfloor n/2 \rfloor}{2} \right\rfloor + \left\lfloor \frac{\lfloor (n+1)/2 \rfloor}{2} \right\rfloor =$$

$$= \left\lfloor \frac{n}{4} \right\rfloor \left\lfloor \frac{n+2}{4} \right\rfloor + \left\lfloor \frac{\lfloor n/2 \rfloor}{2} \right\rfloor + 1$$

$$= \left\lfloor \frac{n}{4} \right\rfloor \left\lfloor \frac{n+2}{4} \right\rfloor + \left\lfloor \frac{n+3}{4} \right\rfloor$$

$$= \left\lfloor \frac{n}{4} \right\rfloor \left\lfloor \frac{n+3}{4} \right\rfloor + \left\lfloor \frac{n+3}{4} \right\rfloor$$

$$= \left(\left\lfloor \frac{n}{4} \right\rfloor + 1 \right) \left\lfloor \frac{n+3}{4} \right\rfloor = \left\lfloor \frac{n+1}{4} \right\rfloor \left\lfloor \frac{n+3}{4} \right\rfloor,$$

uma vez que

$$\left\lfloor \frac{\lfloor (n+1)/2 \rfloor}{2} \right\rfloor = \left\lfloor \frac{\lfloor n/2 \rfloor}{2} \right\rfloor + 1 = \left\lfloor \frac{n+3}{4} \right\rfloor,$$

$$\left\lfloor \frac{n+2}{4} \right\rfloor = \left\lfloor \frac{n+3}{4} \right\rfloor \quad \text{e} \quad \left\lfloor \frac{n}{4} \right\rfloor + 1 = \left\lfloor \frac{n+1}{4} \right\rfloor.$$

Subtraindo do número total de partições de n em exatamente 3 partes, dado em (B.7), o número de partições de n em 3 partes que não nos permite a construção de triângulos, dado em (B.8), obtemos, finalmente, que o total de triângulos não-semelhantes de perímetro n e lados inteiros é igual a

$$\left\{ \frac{n^2}{12} \right\} - \left\lfloor \frac{n}{4} \right\rfloor \left\lfloor \frac{n+2}{4} \right\rfloor.$$

Apêndice C

Respostas aos exercícios

Capítulo 1

1. (a) $\subset$; (b) $\supset$; (c) $\in$; (d) $\subset$; (e) $\subset$; (f) $=$; (g) $\subset$; (h) $\in$; (i) $=$; (j) $=$.

2. $A \subset B$.

3. (a) $\{-2, 2\}$; (b) $\{5\}$; (c) $\{1, 2, 3\}$; (d) $\emptyset$.

4. (a) $\emptyset$, $\{-2\}$, $\{2\}$, $\{-2, 2\}$; (b) $\emptyset$, $\{5\}$; (c) $\emptyset$, $\{1\}$, $\{2\}$, $\{3\}$, $\{1, 2\}$, $\{1, 3\}$, $\{2, 3\}$, $\{1, 2, 3\}$; (d) $\emptyset$.

5. (a) 1; (b) 2; (c) 4; (d) 8; (e) 2^n.

6. (a) $\{1, 5, 7, 11, 13, 15\}$; (b) $\{2, 4, 8, 10\}$; (c) $\{1, 2, 4, 7, 8, 11, 13\}$; (d) $\{2, 4, 8, 10, 13, 15\}$.

7. (a) $\{1, 2, 3, 4, 5, 6, 7, 9\}$; (b) $\{1, 3, 5, 6, 7, 8, 9, 10\}$; (c) $\{1, 2, 3, 4, 5, 6, 7, 8, 9, 10\}$; (d) $\{7, 9\}$; (e) $\{2, 4, 6\}$; (f) $\{1, 3\}$; (g) $\{6, 8, 10\}$; (h) $\{1, 2, 3, 4\}$; (i) $\{7, 8, 9, 10\}$.

8. (a) A; (b) A; (c) B; (c) $\mathbf{U}$; (e) $\{1\}$; (f) $\{0, 1, 2, 3, 4, 5, 6, 7, 8\}$; (g) $\{0, 1, 2, 3, 4, 5, 6, 7, 8\}$; (h) $\{1\}$.

9. (a) $\{1, 3\}$;
   (b) $\{(4,1), (4\ 3), (2,1), (2,3), (8,1), (8,3)\}$;

(c) $\{(1,1), (1,3), (2,1), (2,3), (3,1), (3,3)\}$;

(d) $\{4, 8\}$;

(e) $\{(4,4), (4,8), (2,4), (2,8), (8,4), (8,8)\}$;

(f) $\{(1,4), (1,8), (2,4), (2,8), (3,4), (3,8)\}$;

(g) $\{(1,1), (1,3), (1,5), (1,6), (1,7), (2,1), (2,3), (2,5), (2,6), (2,7),$
$(3,1), (3,3), (3,5), (3,6), (3,7)\}$;

(h) $\{(4,1), (4,3), (4,5), (4,6), (4,7), (5,1), (5,3), (5,5), (5,6), (5,7),$
$(6,1), (6,3), (6,5), (6,6) ,(6,7), (7,1), (7,3), (7,5), (7,6), (7,7),$
$(8,1), (8,3), (8,5), (8,6), (8,7)\}$;

(i) $\{(1,4), (1,5), (1,6), (1,7), (1,8), (3,4), (3,5), (3,6), (3,7), (3,8),$
$(5,4), (5,5), (5,6), (5,7), (5,8), (6,4), (6,5), (6,6), (6,7), (6,8),$
$(7,4), (7,5) (7,6), (7,7), (7,8)\}$.

13. (a) $\{ x \in \mathbf{U} \mid x$ é mulher, reside no Brasil e tem menos de 25 anos$\}$;

   (b) $\{x \in \mathbf{U} \mid x$ reside no Brasil, tem menos de 25 anos e tem mais de 1,70m de altura$\}$;

   (c) $\{x \in \mathbf{U} \mid x$ é mulher, tem menos de 25 anos e tem mais de 1,70m de altura$\}$;

   (d) $\{x \in \mathbf{U} \mid x$ é mulher, reside no Brasil, tem menos de 25 anos e tem mais de 1,70m de altura$\}$;

   (e) $\{x \in \mathbf{U} \mid x$ reside no Brasil, tem menos de 25 anos com altura menor do que ou igual a 1,70m de altura$\}$;

   (f) $\{x \in \mathbf{U} \mid x$ é mulher residente no Brasil ou é jovem com menos de 25 anos residente no Brasil$\}$;

   (g) $\{x \in \mathbf{U} \mid x$ reside no Brasil e é mulher ou reside no Brasil e tem menos de 25 anos$\}$;

   (h) $\{x \in \mathbf{U} \mid x$ reside no Brasil ou é mulher com menos de 25 anos$\}$.

14. (a) $2 \cdot 1 + 2 \cdot 2 + 2 \cdot 3 + 2 \cdot 4 + 2 \cdot 5 + 2 \cdot 6$;

   (b) $1 + x + x^2 + x^3 + x^4 + x^5 + x^6$;

(c) $5 \cdot 5$;

(d) $\dfrac{2 \cdot 1 \cdot 0}{6} + \dfrac{3 \cdot 2 \cdot 1}{6} + \dfrac{4 \cdot 3 \cdot 2}{6} + \dfrac{5 \cdot 4 \cdot 3}{6} + \dfrac{6 \cdot 5 \cdot 4}{6}$;

(e) $17 + 20 + 23 + 26 + 29 + 32$;

(f) $\dfrac{27}{4}$.

15. (a) $\displaystyle\sum_{k=1}^{5}(2k - 1)$; (b) $\displaystyle\sum_{i=1}^{6}(-1)^{i}i^{2}$; (c) $\displaystyle\sum_{n=1}^{6} 7n$; (d) $\displaystyle\sum_{n=1}^{5} \dfrac{1}{n(n+2)}$.

16. $\displaystyle\sum_{i=1}^{n}(a_i - a_{i-1}) = a_n$.

17. (a) Sugestão: Faça $a_i = \dfrac{i(i+1)}{2}$ (donde $a_0 = 0$). Mostre que $a_i - a_{i-1} = i$;

(b) Sugestão: Faça $a_i = \dfrac{i(i+1)(i+2)}{3}$ (donde $a_0 = 0$). Mostre que $a_i - a_{i-1} = i(i+1)$.

18. Sugestão: use o fato que $i^2 = i(i+1) - i$ e, portanto, $\displaystyle\sum_{i=1}^{n} i^2 = \sum_{i=1}^{n} i(i+1) - \sum_{i=1}^{n} i = \dfrac{n(n+1)(2n+1)}{6}$.

19. $\dfrac{n(4n^2 - 1)}{3}$.

20. $\dfrac{n(n+1)(n^2 + 5n + 6)}{4}$.

21. (a) $13 \cdot 16 \cdot 19 \cdot 22 \cdots (3n + 7)$; (b) $(-3) \cdot (-3) \cdot (9) \cdot (39)$; (c) $(1 + 1) \cdot \left(1 + \dfrac{1}{4}\right) \cdot \left(1 + \dfrac{1}{8}\right) \cdots \left(1 + \dfrac{1}{n^2}\right)$; (d) $6^3 \cdot 4 \cdot 9$.

22. (a) $2 \cdot (n - 1)!$; (b) n.

23. (a) $\displaystyle\prod_{j=1}^{5}(2j - 1)$; (b) $\displaystyle\prod_{j=1}^{n}(p + j)$; (c) $\displaystyle\prod_{j=1}^{6} \dfrac{j}{j+1}$; (d) $\displaystyle\prod_{j=1}^{5} x^{2j}$.

24. (a) verdadeira; (b) verdadeira; (c) verdadeira; (d) verdadeira.

25. (a) $x^{\frac{n(n+1)}{2}}$;   (b) $x^{\frac{n(n+1)(n+2)}{3}}$;   (c) $\dfrac{(n+2)}{2(n+1)}$.   (d) $\dfrac{1}{n+1}$;   (e) x_n;

(f) $x^{\frac{n^2(n+1)^2}{4}}$.

26. (a) $(4\cdot5)^3$; (b) $\dfrac{n!}{(j-1)!(n-j+1)!} + \dfrac{n!}{j!(n-j)!}$; (c) $\dfrac{(n+1)!}{j!(n-j+1)!}$;

(d) para ambos o resultado é 20.

27. $\dfrac{6!5!}{2^5} = 2.700.$

32. (d) $P_n = \dfrac{n+1}{2n}$.

34. $S_n = 2(n+1)$, onde n é o número de bolhas. $S_{10} = 22$.

Capítulo 2

1. (a) 6;   (b) 36.   **2.** (a) 12.600;   (b) 5.400;   (c) 1.080;   (d) 1.680;
(e) 720.   **3.** (a) $n+1$;   (b) $[(n+2)(n+1)]^{-1}$;   (c) $n(n+1)$;
(d) $(n-r)(n-r-1)$.   **4.** (a) $9 \cdot 260^3$;   (b) $A_{26}^3 A_{10}^4$;   (c) $10 \cdot 260^3$.
5. 460.800.   **6.** 210.   **7.** 5.   **9.** 12.   **10.** (a) 364; (b) 1.001.   **11.** (a) 60;
(b) 36;   (c) 12;   (d) 24;   (e) 36.   **12.** (a) 125;   (b) 75;   (c) 25; (d) 50;
(e) 75.   **13.** (a) 5.852.925;   (b) 5.846.490;   (c) 3.755.115.   **14.** (a) 720;
(b) 144;   (c) 144;   (d) 216. **15.** 64.   **16.** 5.184.   **17.** (a) 8!;   (b) $(8!)^2$.
18. 42.   **19.** (a) 1.225;   (b) 525;   (c) 1.120;   (d) 420;   (e) 700.
20. (a) $(m+h)!$;   (b) $2m!h!$;   (c) 2.   **21.** (a) 9;   (b) 9;   (c) $\nexists n$;   (d) 5;
(e) 6.   **22.** (a) 24;   (b) 48;   (c) 36.   **23.** $2\binom{20}{10} + \binom{20}{11}$.   **24.** (a) 792;
(b) 350;   (c) 770.   **25.** (a) 190;   (b) 19;   (c) 1.140;   (d) 171.   **26.** (a) 30;
(b) 72;   (c)   24.   **27.**   (a)   2.418;   (b)   66.690;   (c)   4.032.
28. (a) $\dfrac{18!}{(6!)^3 3!} = 2.858.856$;   (b) $\dfrac{18!}{(9!)^2 2!} = 24.310$;   (c) $\dfrac{18!}{11!7!} = 31.824$;

(d) $\dfrac{18!}{(2!)^9 9!} = 34.459.425$;   (e) $\dfrac{18!}{(4!)^2(5!)^2 2!2!} = 192.972.780$.

29. $\dfrac{22!}{6!4!4!6!2!}$.   **30.** $A_{22}^6 A_{16}^4 A_{12}^4 C_8^6 A_2^2$.   **31.** $5!2^5$.   **32.** $\dfrac{10!}{5!} 2^5$.   **33.** 200.
34.   (a)   3!5!6!10!;   (b)   5!17!;   (c) $11!A_{12}^{10}$.   **35.**   512.

36. (a) $m(m-1)(m-2)[(m-3)(m-4)+2(m-3)+1]$;   (b) 3.
37. 3.841.   **38.** 540.   **39.** 1.084.   **40.** (a) 6!;   (b) 30.   **41.** 30.   **42.** 42.
43. (a) 268.800;   (b) 100.800.   **44.** 20.   **45.** pentágono.   **46.** (a) 56;
(b) 16.   **47.** (a) C_n^3;   (b) $C_n^3 - n(n-3)$.   **48.** (a) 93;   (b) 672.   **49.** 253.
51. $C_5^2 \dfrac{22!}{(5!)^2(4!)^3}$.   **52.** 1.013.   **53.** 2.056.320.   **54.** (a) C_{50}^6;   (b) $C_{30}^3 C_{20}^3$;
(c) $C_{30}^4 C_{20}^2 + C_{30}^2 C_{20}^4$.   **55.** $4 \cdot 13^3 \cdot C_{13}^3 + 6 \cdot 13^2 \cdot (C_{13}^2)^2$.   **56.** 6.350.400
e 181.440.   **57.** 120.   **58.** 64.800.   **59.** 56.   **60.** 246.   **61.** $23! - 2 \cdot 22!$;
$23! - 3!21!$; $23! - k!(23-k+1)!$ onde k é o número de letras que não
devem ficar juntas.   **62.** (a) 12;   (b) 14;   (c) 196;   (d) 192;   (e) 122.
63. (a) 188;   (b) 612.   **64.** 23.   **65.** (a) 40;   (b) 80;   (c) 20;   (d) 40.
66. 99.120.   **67.** $\dfrac{28!}{(7!)^4}$.   **68.** 41.472.   **69.** (a) 210;   (b) 301;   (c) 18;
(d) 329.   **70.** (a) 840;   (b) 120;   (c) 480;   (d) 180.   **71.** 60.   **72.** 24.
73. 432.   **74.** 43.200.   **75.** $\displaystyle\sum_{k=0}^{4} C_9^k C_{10}^{4-k} C_{21-k}^4$.   **76.** $3 \cdot 48$.   **77.** (a) 60;
(b) 65.   **78.** 135.   **79.** (a) $(n-1)!$;   (b) $n! - 2(n-1)! + (n-2)!$;
(c) $(n-2)!$.   **80.** 90.   **81.** (a) m^p;   (b) $\dfrac{m!}{(m-p)!}$.   **82.** 597ª posição.
83. 58ª posição.   **84.** (a) 120;   (b) 60;   (c) 20.   **85.** 6.666.600.   **86.** 32.
87. Desaparece o termo C_5^2, que corresponde à escolha dos 2 alunos
que recebem os 5 livros.   **88.** 7.350.   **89.** 240.   **90.** $\dfrac{(11!)^2}{10}$.   **91.** 100.
92. 2.030.   **93.** 240.   **94.** 5.   **95.** 3.

Capítulo 3

1. (a) $\dfrac{x^{15}}{32} + \dfrac{5x^{12}}{16} + \dfrac{5x^9}{4} + \dfrac{5x^6}{2} + \dfrac{5x^3}{2} + 1$;   (b) $16y^4 + 96xy^3 + 216x^2y^2 +$
$216x^3y + 81x^4$;   (c) $8a^3 - \dfrac{27}{b^3} + \dfrac{54a}{b^2} - \dfrac{32a^2}{b}$;   (d) $y^6 - 6y^4 + 15y^2 + \dfrac{15}{y^2} -$
$\dfrac{6}{y^4} + \dfrac{1}{y^6} - 20$.   **2.** (a) $\dfrac{6188b^7}{a^{19}}$;   (b) $\dfrac{21}{b^2}$;   (c) $378x^{10}y^5$;   (d) $-55427328x$.
3. $\dfrac{1}{2^{11}}$.   **4.** (a) 20;   (b) 84;   (c) 70.   **7.** $\dfrac{n(4n^2-1)}{3}$.   **8.** $3!C_{n+3}^4$.   **9.** 8.
10. (a) 35;   (b) 1;   (c) 171.   **11.** (a) 165;   (b) C_{21}^{10};   (c) 231.   **12.** C_{14}^4.
13. 190.   **14.** 6.   **15.** C_{25}^3.   **16.** C_{12}^5.   **17.** 190.   **18.** $C_{15}^3 - 40$.   **19.** 66.

20. $444 = (C_{19}^3 - 81)/2$.   **21.** $660 = (C_5^2 C_{12}^2)$.   **22.** 480.   **23.** 7!8!.
24. 8!8!.   **25.** $7!2^8$.   **26.** 12!/6.   **27.** $(5 \cdot 3!)/2$.   **28.** 7! − 3!4!.

Capítulo 4

1. $C_9^3 - 4 = 80$.   **2.** 3.150.   **3.** 504.   **4.** 1.686.   **5.** 0.   **6.** 204.   **7.** (a) 3;
(b) 6.   **8.** 336.   **9.** 21.   **10.** 283.560.   **11.** 1.230.   **12.** 10.   **13.** $C_{10}^2 D_8$.
14. $10^6 - 3 \cdot 9^6 + 3 \cdot 8^6 - 7^6$.   **15.** 582.   **16.** 4.571.   **17.** 10.   **18.** 69.   **19.** 30.
20. 2.   **21.** $15!D_{15}$.   **22.** $\displaystyle\sum_{i=0}^{n}(-1)^i 2^i \binom{n}{i}(2(n-i)+i)!$.   **23.** 229.080.
24. (a) 81;   (b) 576.

Capítulo 5

1. (a) $1+x+x^2$;   (b) $1+2x^3+3x^4$;   (c) $2x^3 + \dfrac{1}{1-x}$;   (d) $\dfrac{1}{1-x} - 1 - x$;
(e) $\dfrac{x}{1-x^2}$;   (f) $\dfrac{4x}{1-x^2}$;   (g) $\dfrac{1}{1+x}$;   (h) e^{-x};   (i) e^{2x}.   **2.** (a) $(1,4,6,4,1)$;
(b) $\left(1,\, 2,\, \dfrac{1}{2!},\, \dfrac{1}{3!},\, \dfrac{1}{4!},\, \ldots,\, \dfrac{1}{k!},\, \ldots\right)$;   (c) $(0,\, 0,\, 1,\, 3,\, 3^2,\, 3^3,\, 3^4,\, \ldots)$;
(d) $(2,\, 0,\, 1,\, 0,\, 1,\, 0,\, 1,\, 0,\, 1,\, \ldots)$;   (e) $\left(1,3,3,\dfrac{2^3}{3!},\dfrac{2^4}{4!},\dfrac{2^5}{5!},\ldots\right)$;
(f) $\left(0,\, 0,\, 1,\, 1,\, \dfrac{1}{2!},\, \dfrac{1}{3!},\, \dfrac{1}{4!},\ldots\right)$;   (g) $(1,\, 0,\, -1,\, 0,\, 1,\, 0,-1,\, \ldots)$;
(h) $\left(1,2,\dfrac{1}{2!},\dfrac{-1}{3!},\dfrac{1}{4!},\dfrac{-1}{5!},\dfrac{1}{6!},\dfrac{-1}{7!},\ldots\right)$;   (i) $(0,0,0,1,4,4^2,4^3,4^4,\ldots)$;
(j) $\left(1,\dfrac{-2}{1!},\dfrac{2^2}{2!},\dfrac{-2^3}{3!},\dfrac{2^4}{4!},\ldots\right)$;   (k) $\left(1,\, 0,\, \dfrac{1}{2!},\, 0,\, \dfrac{1}{4!},\, 0,\, \dfrac{1}{6!},\, 0,\, \dfrac{1}{8!},\, \ldots\right)$;
(l) $\left(\binom{q}{0},\, \binom{q}{1},\, \binom{q}{2},\, \ldots,\, \binom{q}{q}\right)$.   **3.** 1 para $n = 6$ e 462 para $n = -6$.
4. C_{14}^9.   **5.** 140.   **6.** 10.   **7.** $\dfrac{(1-x^3)(1-x^4)}{(1-x)^4}$.   **8.** $\dfrac{1}{1-x^2} \cdot \dfrac{1}{1-x^3} \cdot$
$\dfrac{1}{1-x^4} \cdot \dfrac{1}{1-x^5}$.   **9.** $C_{16}^{13} - 4C_{10}^7 + 6C_4^1 = 104$.   **10.** 15.   **11.** C_n^r se
$n \geq r$ e 0 se $n < r$.   **12.** 6.   **13.** 2^{n-1}, n par.   **14.** (a) 56;   (b) 186480.
15. $q_r(n) \cdot q_k(m)$.   **16.** 4.   **17.** (a) $1 + \dfrac{x}{1!} + \dfrac{x^2}{2!}$;   (b) e^{3x};   (c) $e^x - e^{-x}$.
18. $\dfrac{1}{(1-2x)} \cdot \dfrac{1}{(1-x)}$.   **19.** $\displaystyle\sum_{\substack{i \geq 0 \\ 2i \leq n}} (n-2i+1)$.   **20.** $(4^r + 2^{r+1})/4$.   **21.** 52.

22. $\prod_{i=1}^{4} \dfrac{1}{1 - x^{2i-1}}$. **23.** $(3^r + 1)/2$. **24.** (a) é o número de partições de 12 em partes pares; (b) é o número de partições de 15 em partes restritas ao conjunto $\{3, 6, 9\}$. **25.** (a) 11; (b) 5. **26.** (a) $(1 + x^6 + x^{12} + x^{18} + x^{24} + x^{30})(1 + x^8 + x^{16} + x^{24} + x^{32})(1 + x^{10} + x^{20} + x^{30})(1 + x^{20})$; (b) $(1 + x^3 + x^6 + x^9 + x^{12})(1 + x^4 + x^8 + x^{12})(1 + x^5 + x^{10})(1 + x^6 + x^{12})(1 + x^7)(1 + x^8)(1 + x^9)(1 + x^{10})(1 + x^{11})(1 + x^{12})(1 + x^{13})$; (c) $(1 + x)(1 + x^3)(1 + x^5)(1 + x^7)(1 + x^9)(1 + x^{11})$.

Capítulo 6

1. $Q_1 = 200$, $Q_n = Q_{n-1}(1 + t_{n-1} + 0{,}01)$. Assim, $Q_2 = 1{,}31 \cdot Q_1 = 262{,}00$; $Q_3 = 1{,}36 \cdot Q_2 = 356{,}32$; $Q_4 = 1{,}33 \cdot Q_3 = 473{,}90$ e $Q_5 = 1{,}41 \cdot Q_4 = 668{,}19$.

2.   (a) $a_n = 3^n + 7$, para $n \geq 0$;

    (b) $a_n = i^n + (-i)^n + 3^n$, para $n \geq 0$;

    (c) $a_n = A + nB + C(-2)^n$, para $n \geq 1$, onde $A = (14\alpha - \beta - 4\gamma)/9$, $B = (-2\alpha + \beta + \gamma)/3$ e $C = (-\alpha + 2\beta - \gamma)/18$;

    (d) $a_n = \frac{1}{2}[(\cos\alpha + i\,\mathrm{sen}\,\alpha)^n + (\cos\alpha - i\,\mathrm{sen}\,\alpha)^n]$, para $n \geq 1$.

3.   (a) $a_n = 7 \cdot 2^n - n^2 - 4n - 6$, para $n \geq 0$;

    (b) $a_n = -6 \cdot 2^n + 3 \cdot 3^n + n + 4$, para $n \geq 0$;

    (c) $a_n = -3 \cdot 2^n + 2(-4)^n + 5^n$, para $n \geq 0$;

    (d) $a_n = \frac{3}{4} - 2^{n-1} - \frac{1}{4}3^{n-1} + n^3 + 2n^2 + \frac{1}{2}n$, para $n \geq 1$.

4. As condições iniciais são $a_0 = 1$, $a_1 = 2$. Suponha que já temos $n - 1$ retas formando a_{n-1} regiões ilimitadas no plano. Ao acrescentar a $n^{\text{ésima}}$ reta, suponha que os $n - 1$ pontos de interseção com as retas já existentes são numerados como no texto (ver página 210). Note agora que as únicas regiões ilimitadas que são

divididas em outras duas ilimitadas são as regiões antes do ponto 1 e depois do ponto $n-1$. Portanto, a equação de recorrência é $a_n = a_{n-1} + 2$. A solução é $a_n = 2n$.

5. Se o primeiro dígito da seqüência for 1, 3 ou 4, então os $n-1$ elementos restantes constituem uma seqüência que satisfaz às condições do enunciado. Se o primeiro dígito for 2, a seqüência restante pode ser qualquer. Como o primeiro dígito não pode ser 0, temos que $a_n = 3a_{n-1} + 5^{n-1}$, para $n \geq 1$, e $a_1 = 1$. Resolvendo, obtemos $a_n = (-3^n + 5^n)/2$.

6. $c_1 = 9$ e $c_2 = -18$.

7. $C_0 = 1$, $C_1 = 2$, $C_n = C_{n-1} + 2(n-1)$, para $n \geq 2$. A solução é
$$C_n = \begin{cases} 1, & \text{para } n = 0, \\ 2 + n(n-1), & \text{para } n \geq 1. \end{cases}$$

8. Não é possível, pois o número máximo de regiões utilizando-se n círculos é C_n, e pelo resultado do exercício anterior temos que $C_4 = 4(4-1) + 2 = 14 < 16$.

9. Particionamos os experimentos em dois subconjuntos: os que têm uma cara na primeira posição e os que têm uma coroa. O primeiro subconjunto é particionado aplicando o mesmo critério para a segunda posição. Temos, então, três subconjuntos: (i) os que têm "cara, cara" nas duas primeiras posições, (ii) os que têm "cara, coroa" e (iii) os que tem "coroa" na primeira posição. Contando o número de experimentos em cada subconjunto, obtemos a seguinte relação de recorrência: $a_n = 1 + a_{n-2} + a_{n-1}$, para $n \geq 3$, $a_1 = 0$, $a_2 = 1$. Sua solução é

$$a_n = \left(\frac{5+\sqrt{5}}{10}\right)\left(\frac{1+\sqrt{5}}{2}\right)^n + \left(\frac{5-\sqrt{5}}{10}\right)\left(\frac{1-\sqrt{5}}{2}\right)^n - 1,$$

para $n \geq 1$.

10. Cada nova linha intercepta todas as anteriores exatamente num ponto, portanto o número de regiões r_n determinado por um conjunto de n linhas com esta característica satisfaz a relação $r_n = r_{n-1} + 2$, para $n \geq 2$, $r_1 = 2$, cuja solução é $r_n = 2n$, para $n \geq 1$.

11. O número de regiões criado pelo acréscimo de um plano é determinado pelo número de planos já existentes que o novo intercepta. Este número é igual ao número de regiões no novo plano determinado pelas linhas que constituem as interseções dos planos já existentes com este novo plano. Como todos os planos se encontram na origem, temos que $a_n = a_{n-1} + r_{n-1} = a_{n-1} + 2(n-1)$, para $n \geq 2$ (r_n foi calculada no exercício anterior) e $a_1 = 2$. Resolvendo, obtemos

$$a_n = \begin{cases} 1, & \text{para } n = 0, \\ 2 + n(n-1), & \text{para } n \geq 1, \end{cases}$$

que coincide com a expressão obtida para C_n no exercício 7 acima.

12. Analogamente ao exercício anterior, temos que $e_n = e_{n-1} +$ máximo número de regiões em que plano é dividido por $n-1$ linhas. O máximo da segunda parcela é atingido quando as linhas são não paralelas e cada subconjunto de três linhas tem interseção vazia. Este número foi calculado no texto (página 212). Substituindo, temos $e_n = e_{n-1} + \dfrac{n^2 - n + 2}{2}$, para $n \geq 2$, $e_1 = 2$. Resolvendo, obtemos $e_n = \dfrac{n^3 + 5n + 6}{6}$, para $n \geq 0$.

13. Para $n = 3$, por exemplo, temos as possibilidades: 123, 213, 231 e 321. Analisando a condição podemos concluir que o último elemento é 1 ou n. Se o último fosse i, então ou 1 ou n ocuparia uma posição j, para $j > 1$. Se 1 ocupa posição j, então 2 deve estar à esquerda do 1, 3 à esquerda do 2 (e, portanto, do 1) e assim

por diante, o que implica que i deve estar à esquerda do 1, o que contradiz a hipótese de que i ocupava a última posição. O caso n na posição j é análogo. Se n ocupa a última posição, então os primeiros $n-1$ elementos constituem uma permutação dos $n-1$ primeiros naturais que satisfaz à condição do problema. Se 1 ocupa a última, então subtraindo 1 de cada um dos elementos nas primeiras $n-1$ posições obtemos novamente uma permutação dos $n-1$ primeiros naturais satisfazendo à condição. Portanto, $a_n = a_{n-1} + a_{n-1} = 2a_{n-1}$, para $n \geq 2$, $a_1 = 1$. Então $a_n = 2^{n-1}$.

14. (a) Quando $n = 1$, o número de movimentos necessário é $\mathbf{T}_1 = 2$. Para valores maiores de n, é preciso inicialmente mover os $2(n-1)$ blocos menores (gastando $\mathbf{T}_{n-1}$ movimentos e trocando a ordem relativa dos blocos de mesmo tamanho) mover os dois maiores (2 movimentos) e depois transferir os $2(n-1)$ blocos menores para cima dos maiores (gastando $\mathbf{T}_{n-1}$ movimentos e trocando a ordem novamente). Portanto, $\mathbf{T}_1 = 2$ e $\mathbf{T}_n = 2\mathbf{T}_{n-1} + 2$, para $n \geq 2$. A solução é $\mathbf{T}_n = 2^{n+1} - 2$, para $n \geq 1$.

(b) Quando $n = 1$, o número de movimentos necessários é $\tilde{\mathbf{T}}_1 = 3$. Para $n > 1$ dividimos o procedimento em etapas. Representamos as duas peças de tamanho i por $i, 1$ e $i, 2$, onde o segundo índice representa sua ordem na torre. Assim, para mover $n, 1$ é necessário primeiro transferir a torre acima deste bloco para outro eixo, o que pode ser feito em $\mathbf{T}_{n-1}$ movimentos, e a ordem relativa dos primeiros $2(n-1)$ blocos será invertida. Feito isso podemos transferir o bloco $n, 1$ para outro eixo (1 movimento) e depois transferir a torre com os $2(n-1)$ blocos menores para cima de $n, 1$ (isto consome $\mathbf{T}_{n-1}$ movimentos e inverte novamente a ordem relativa, voltando, portanto, à ordem original). Neste ponto, gastamos $2\mathbf{T}_{n-1} + 1$ movimentos para transferir a torre formada pelos blocos $1, 1$ a $n, 1$ de um eixo para outro, preservando a ordem. Basta agora mover $n, 2$ para outro eixo (1 movimento) e transferir a torre formada pelos blocos $1, 1$ a $n, 1$ do eixo onde se encontra para cima de $n, 2$, preservando a ordem, o que já sabemos consome $2\mathbf{T}_{n-1} + 1$ movimentos. O total de movimentos é $\tilde{\mathbf{T}}_n = 2(2\mathbf{T}_{n-1} + 1) + 1 = 4\mathbf{T}_{n-1} + 3 = 4(2^n - 2) + 3 = 2^{n+2} - 5$, para $n \geq 1$.

15.
$$\left.\begin{aligned}
\text{②}_j &= \frac{3j^2 + 2j}{4} + \frac{1}{8}((-1)^j - 1), \\
\text{③}_j &= \frac{3j^2 + 6j}{4} + \frac{3}{4} + \frac{1}{8}(1 + (-1)^j), \\
\text{④}_j &= \frac{3j^2}{4} + j + \frac{1}{8}(1 - (-1)^j), \\
\text{⑤}_j &= \frac{3j^2 + 8j}{4} + 1 + \frac{1}{8}(1 - (-1)^j),
\end{aligned}\right\} \quad \text{para } j \geq 0.$$

16. Particionamos o conjunto de amostras em dois: aquelas que começam com 1 e aquelas que não começam. Se a amostra começa com 1 podemos subtrair 1 de cada dígito, eliminar o 0 que aparece na primeira posição e obter então uma amostra de $k - 1$ elementos dos dígitos 1, 2, ..., $n - 1$ que satisfaz as condições. Se a amostra começa com outro número podemos subtrair 2 de cada dígito e obter uma amostra de k elementos dos dígitos 1, 2, ..., $n - 2$ que satisfaz as condições. Portanto, $b_{k,n} = b_{k-1,n-1} + b_{k,n-2}$. Além disso, $b_{n,n} = 1$ e $b_{n,n+1} = 1$. Para verificar que $b_{k,n}$ fornecido no enunciado é solução, mostra-se que satisfaz à equação de recorrência:

$$\begin{aligned}
b_{k-1,n-1} + b_{k,n-2} &= \binom{\left\lfloor \frac{n-1+k-1}{2} \right\rfloor}{k-1} + \binom{\left\lfloor \frac{n+k-2}{2} \right\rfloor}{k} \\
&= \binom{\left\lfloor \frac{n+k}{2} \right\rfloor - 1}{k-1} + \binom{\left\lfloor \frac{n+k}{2} \right\rfloor - 1}{k}
\end{aligned}$$

$$= \left(\begin{matrix} \lfloor \frac{n+k}{2} \rfloor \\ k \end{matrix} \right) = b_{k,n}$$

e às condições iniciais:

$$b_{n,n} = \left(\begin{matrix} \lfloor (n+n)/2 \rfloor \\ n \end{matrix} \right) = \left(\begin{matrix} n \\ n \end{matrix} \right) = 1$$

e

$$b_{n,n+1} = \left(\begin{matrix} \lfloor (n+1+n)/2 \rfloor \\ n \end{matrix} \right) = \left(\begin{matrix} n \\ n \end{matrix} \right) = 1.$$

17. $a_n = \dfrac{2}{3} + \dfrac{1}{5}(-1)^n + \dfrac{2}{15}4^n$, $b_n = c_n = -\dfrac{1}{5}(-1)^n + \dfrac{1}{5}4^n$, para $n \geq 0$.

18. $a_n = \dfrac{2}{3}4^n - \dfrac{5}{3}$ e $b_n = \dfrac{1}{3}4^n + \dfrac{5}{3}$, para $n \geq 0$.

19. Estamos, é claro, interessados em decomposições de n em três parcelas. Como a primeira parcela pode assumir valores de 0 a 9 temos que

$$a_{3,n} = \sum_{i=0}^{9} a_{2,n-i}.$$

Analogamente,

$$a_{2,n} = \sum_{i=0}^{9} a_{1,n}.$$

Finalmente, é claro que $a_{1,n} = 1$ para $0 \leq n \leq 9$ e $a_{1,n} = 0$ caso contrário. Utilizando estas relações, calculam-se os valores de $a_{3,n}$ para $n \leq 27$ e, como as escolhas para os dígitos das posições pares são independentes das escolhas para os restantes, temos que o número de tickets "sortudos" é $\sum_{n=0}^{27} a_{3,n}^2 = 55.252$.

20. $a_n = (2n-1)a_{n-1}$, para $n \geq 2$, $a_1 = 1$ (o jogador $2n$ pode fazer par com o jogador 1, 2, ..., ou $2n-1$, após o que sobram $2(n-1)$ jogadores para arrumar em pares). Substituindo, temos: $a_2 = 3$, $a_3 = 3 \cdot 5$, $a_4 = 3 \cdot 5 \cdot 7$. Supomos $a_n = \prod_{k=1}^{n}(2k-1)$. É válido para $n = 1, 2, 3$ e 4. Substituindo na equação de recorrência e usando a hipótese de indução, temos $a_n = (2n-1)a_{n-1} = (2n-1)\prod_{k=1}^{n-1}(2k-1) = \prod_{k=1}^{n}(2k-1)$. Reescrevendo, podemos obter uma expressão mais compacta como segue:

$$
\begin{aligned}
a_n &= 1 \cdot 3 \cdot 5 \cdots (2n-1) \\
&= \frac{1 \cdot 2 \cdot 3 \cdots (2n-1) \cdot 2n}{2 \cdot 4 \cdot 6 \cdots (2n-2) \cdot 2n} \\
&= \frac{(2n)!}{n!2^n}, \qquad \text{para } n \geq 1.
\end{aligned}
$$

21. Se o padrão ocorre no $n^{\text{ésimo}}$ dígito, então os três últimos dígitos são 010. De todas as seqüências possíveis com $n-3$ dígitos, 2^{n-3}, precisamos descontar aquelas que, se acrescidas de um 0, terminariam com um padrão, a_{n-2}. Portanto, levando em conta os casos triviais, temos a relação $a_n = 2^{n-3} - a_{n-2}$, para $n \geq 4$, $a_1 = a_2 = 0$. Resolvendo, obtemos $a_n = \dfrac{(2+i)i^n + (2-i)(-i)^n + 2^n}{10}$.

22. $a_n = b_{n-3}$, onde b_n é o número de seqüências ternárias com n dígitos que não contêm o padrão 012. Particionando as seqüências de n dígitos sem 012 de acordo com o primeiro dígito, temos: (i) primeiro dígito $= 1$, temos b_{n-1} seqüências neste subconjunto (há uma relação 1–1 entre as seqüências de $n-1$ elementos sem 012 e o restante de cada seqüência neste subconjunto, isto é, as subseqüências compostas pelos $n-1$ termos após o primeiro); (ii) primeiro dígito $= 2$, caso análogo ao anterior, subconjunto contém b_{n-1} seqüências e (iii) primeiro dígito $= 0$, neste caso nem todas as seqüências de $n-1$ elementos sem 012 são aceitáveis, é preciso tirar as seqüências que começam com 12, portanto, temos $b_{n-1} - b_{n-3}$. Reunindo os termos: $b_n = 3b_{n-1} - b_{n-3}$, para $n \geq 4$, $b_1 = 3$, $b_2 = 9$ e $b_3 = 26$. A relação correspondente para a_n é $a_n = 3a_{n-1} - a_{n-3}$, para $n \geq 4$, $a_1 = a_2 = 0$, $a_3 = 1$.

23. Condicionando no número de objetos do $n^{\text{ésimo}}$ tipo que são selecionados, temos:

$$\begin{aligned}
a_{n,k} &= \sum_{j=0}^{n} a_{n-1,k-j} \\
&= a_{n-1,k} + \sum_{j=1}^{k} a_{n-1,k-j} \\
&= a_{n-1,k} + \sum_{i=0}^{k-1} a_{n-1,k-1-i} \\
&= a_{n-1,k} + a_{n,k-1},
\end{aligned}$$

ou seja, podemos selecionar 0 objetos do $n^{\underline{ésimo}}$ tipo (primeira parcela) ou selecionar pelo menos 1 do $n^{\underline{ésimo}}$ tipo e os restantes $k-1$ dentre todos os n tipos (segunda parcela.) As condições iniciais são $a_{n,0} = 1$, para $n \geq 0$ e $a_{0,k} = 0$, para $k > 0$. Multiplicando ambos os lados da equação de recorrência por x^k e somando em $k \geq 1$, obtemos para $f_n(x)$ a equação $f_n(x) = \dfrac{f_{n-1}(x)}{1-x}$. Substituindo para pequenos valores de n e usando o fato que $f_1(x) = \sum_{k=0}^{\infty} a_{1,k}x^k = \sum_{k=0}^{\infty} x^k = \dfrac{1}{1-x}$, temos: $f_2(x) = \dfrac{f_1(x)}{1-x} = \dfrac{1}{(1-x)^2}$ e, analogamente, $f_3(x) = \dfrac{1}{(1-x)^3}$. Prova-se por indução que $f_n(x) = \dfrac{1}{(1-x)^n}$ e, portanto, $a_{n,k} = \binom{n+k-1}{k}$.

24. $f(x) = \dfrac{2(2-x^2)}{(2-2x+x^2)(1-x)}$.

25. Utilizando a fórmula para a função geradora da seqüência de Fibonacci obtida à página 262, temos

$$\begin{aligned}
f(x) &= \frac{x}{1-x-x^2} \\
&= \frac{x}{1-(x+x^2)} \\
&= x\sum_{j=0}^{\infty}(x+x^2)^j
\end{aligned}$$

$$= x \sum_{j=0}^{\infty} \sum_{\ell=0}^{j} \binom{j}{\ell} x^{2\ell} x^{j-\ell}$$

$$= \sum_{j=0}^{\infty} \sum_{\ell=0}^{j} \binom{j}{\ell} x^{j+\ell+1}$$

$$= \sum_{n=1}^{\infty} \sum_{k=0}^{\lfloor \frac{n-1}{2} \rfloor} \binom{n-k-1}{k} x^n.$$

26. A última multiplicação efetuada envolve o produto de dois termos já calculados, por exemplo: $((a_1 a_2 \cdots a_i)(a_{i+1} a_{i+2} \cdots a_n))$. O número de maneiras de calcular cada um dos dois termos pode por sua vez ser expresso como p_j para valores apropriados de j. Temos, então, a relação de recorrência $p_n = p_1 p_{n-1} + p_2 p_{n-2} + \cdots + p_{n-1} p_1$, para $n \geq 2$ e $p_1 = 1$. Esta relação é similar à obtida para P_n, o número de maneiras de dividir um polígono, e a resolução também pode ser obtida via funções geradoras, obtendo-se $p_n = \dfrac{1}{n} \binom{2n-2}{n-1}$, para $n \geq 1$.

27. Sejam a_n = número de distribuições de n casais em torno de uma mesa, alternando-se homens e mulheres, com zero casais adjacentes, b_n = idem, com um casal adjacente e c_n = idem, com dois casais adjacentes. O raciocínio é semelhante ao empregado no problema dos cavalheiros. Na formulação da equação de recorrência para a_n, precisamos utilizar um pequeno artifício. Inicialmente, particionamos o conjunto de distribuições condicionando no homem que se encontra à direita da $n^{\underline{\text{ésima}}}$ mulher m_n ($n-1$ possibilidades). Consideramos então um caso específico, por exemplo as configurações que contêm o casal $m_n h_i$. Para contar o número de distribuições neste subconjunto da partição, examinamos as configurações possíveis após a retirada deste par. Ocorre que, para fazer o problema recair num outro do mesmo feitio com $n-1$ casais, é preciso também substituir h_n por h_i.

Particionamos então as distribuições de acordo com os seguintes casos: retirada produz ou não casal adjacente e substituição produz ou não casal adjacente. Contando o número de distribuições em cada um dos quatro subconjuntos e multiplicando por $n - 1$, obtemos a primeira das equações no sistema abaixo. As equações para b_n e c_n são mais simples de obter, bastando examinar o que acontece com a retirada do(s) casal(is) adjacente(s).

$$
\begin{cases}
a_n = (n-1)(n-3)a_{n-1} + \dfrac{3n-7}{2}b_{n-1} + c_{n-1}, & \text{para } n \geq 4, \\[2mm]
b_n = n[b_{n-1} + 2(n-1)a_{n-1}], & \text{para } n \geq 4, \\[2mm]
c_n = \dfrac{n(n-1)}{2}[(2n-4)(2n-3)a_{n-2} + 2(2n-4)b_{n-2} + 2c_{n-2}], & \\[2mm]
 & \text{para } n \geq 4.
\end{cases}
$$

A tabela abaixo fornece as condições iniciais $(1 \leq n \leq 3)$ e os valores de a_n, b_n e c_n para $4 \leq n \leq 8$. Observe que este problema também pode ser resolvido pelo princípio da inclusão e exclusão, que fornece uma fórmula para a_n. No entanto, o esforço de cálculo (número de operações aritméticas) empregado no cálculo desta fórmula é maior do que o dispendido utilizando a relação de recorrência.

n	a_n	b_n	c_n
1	0	1	0
2	0	0	2
3	2	0	6
4	12	48	24
5	312	720	960
6	9600	23.040	25.200
7	416.880	967.680	1.063.440
8	23.879.520	54.432.000	58.826.880

28. A solução pode ser obtida fazendo desenvolvimento análogo ao do texto para o Exemplo 6.7, onde o casal corresponde ao par de cavaleiros hostis. Definindo então N_n e O_n como no exemplo, temos o sistema:

$$M_1 = 0, \quad N_1 = 2, \quad O_1 = 0, \quad M_2 = 8, \quad N_2 = 8, \quad O_2 = 8,$$

$$\left.\begin{array}{l} M_n = (2n-2)[(2n-1)M_{n-1} + 2N_{n-1}] + 2O_{n-1} \\ N_n = 2n[(2n-1)M_{n-1} + N_{n-1}] \\ O_n = 2n[(n-1)M_{n-1} + N_{n-1}] \end{array}\right\} \text{ para } n \geq 3.$$

Capítulo 7

1. 102. **2.** 21. **3.** 4. **5.** 27. **6.** 101; **7.** É de pelo menos 38 alunos. **8.** Sim. **9.** 21. **11.** (a) $(6,9)$ e $(6, 4, 3, 2)$; (b) $(8, 9, 10, 12, 15)$ e $(8, 7, 6, 5)$; (c) $(5, 10, 12, 14, 17)$ e $(10, 8, 7)$. **12.** Seguir a idéia do Exemplo 7.15.

Capítulo 8

1. Grafo da Figura 8.4

$$\{A,D\}\{B,C\}\{C,D\}\{D,E\}$$

$$\begin{array}{c} A \\ B \\ C \\ D \\ E \end{array}\left[\begin{array}{cccc} 1 & 0 & 0 & 0 \\ 0 & 1 & 0 & 0 \\ 0 & 1 & 1 & 0 \\ 1 & 0 & 1 & 1 \\ 0 & 0 & 0 & 1 \end{array}\right]$$

matriz de incidência

$$\begin{array}{cccccc} & A & B & C & D & E \end{array}$$

$$\begin{array}{c} A \\ B \\ C \\ D \\ E \end{array}\left[\begin{array}{ccccc} 0 & 0 & 0 & 1 & 0 \\ 0 & 0 & 1 & 0 & 0 \\ 0 & 1 & 0 & 1 & 0 \\ 1 & 0 & 1 & 0 & 1 \\ 0 & 0 & 0 & 1 & 0 \end{array}\right]$$

matriz de adjacência

Grafo da Figura 8.16(a)

	{1,2}	{1,3}	{1,5}	{1,6}	{2,3}	{2,4}	{2,6}	{3,4}	{3,5}	{4,5}	{4,6}	{5,6}
1	1	1	1	1	0	0	0	0	0	0	0	0
2	1	0	0	0	1	1	1	0	0	0	0	0
3	0	1	0	0	1	0	0	1	1	0	0	0
4	0	0	0	0	0	1	0	1	0	1	1	0
5	0	0	1	0	0	0	0	0	1	1	0	1
6	0	0	0	1	0	0	1	0	0	0	1	1

matriz de incidência

	1	2	3	4	5	6
1	0	1	1	0	1	1
2	1	0	1	1	0	1
3	1	1	0	1	1	0
4	0	1	1	0	1	1
5	1	0	1	1	0	1
6	1	1	0	1	1	0

matriz de adjacência

Grafo da Figura 8.18

	{1,2}	{1,6}	{2,3}	{3,4}	{4,5}	{5,6}
1	1	1	0	0	0	0
2	1	0	1	0	0	0
3	0	0	1	1	0	0
4	0	0	0	1	1	0
5	0	0	0	0	1	1
6	0	1	0	0	0	1

matriz de incidência

	1	2	3	4	5	6
1	0	1	0	0	0	1
2	1	0	1	0	0	0
3	0	1	0	1	0	0
4	0	0	1	0	1	0
5	0	0	0	1	0	1
6	1	0	0	0	1	0

matriz de adjacência

Grafo da Figura 8.20(b)

	{a, b}	{a, d}	{a, f}	{b, c}	{b, e}	{c, d}	{c, f}	{d, e}	{e, f}
a	1	1	1	0	0	0	0	0	0
b	1	0	0	1	1	0	0	0	0
c	0	0	0	1	0	1	1	0	0
d	0	1	0	0	0	1	0	1	0
e	0	0	0	0	1	0	0	1	1
f	0	0	1	0	0	0	1	0	1

matriz de incidência

	a	b	c	d	e	f
a	0	1	0	1	0	1
b	1	0	1	0	1	0
c	0	1	0	1	0	1
d	1	0	1	0	1	0
e	0	1	0	1	0	1
f	1	0	1	0	1	0

matriz de adjacência

Grafo da Figura 8.21

	{1, 2}	{1, 3}	{1, 4}	{2, 3}	{2, 5}	{3, 6}	{4, 5}	{4, 6}	{5, 6}
1	1	1	1	0	0	0	0	0	0
2	1	0	0	1	1	0	0	0	0
3	0	1	0	1	0	1	0	0	0
4	0	0	1	0	0	0	1	1	0
5	0	0	0	0	1	0	1	0	1
6	0	0	0	0	0	1	0	1	1

matriz de incidência

$$
\begin{array}{c}
\begin{array}{cccccc} 1 & 2 & 3 & 4 & 5 & 6 \end{array} \\
\begin{array}{c} 1 \\ 2 \\ 3 \\ 4 \\ 5 \\ 6 \end{array}
\begin{bmatrix}
0 & 1 & 1 & 1 & 0 & 0 \\
1 & 0 & 1 & 0 & 1 & 0 \\
1 & 1 & 0 & 0 & 0 & 1 \\
1 & 0 & 0 & 0 & 1 & 1 \\
0 & 1 & 0 & 1 & 0 & 1 \\
0 & 0 & 1 & 1 & 1 & 0
\end{bmatrix}
\end{array}
$$

matriz de adjacência

2. A soma dos elementos da $i^{\underline{\text{ésima}}}$ linha é o grau do nó i e a soma dos elementos na $j^{\underline{\text{ésima}}}$ coluna é igual a 2, para qualquer j, uma vez que cada arco incide exatamente em dois nós (lembre-se que grafos não contêm laços).

4. Os grafos em (a) e (c) são isomorfos aos da Figura 8.20, conforme a relação 1–1 a seguir:

Nós do grafo na Figura 8.20(a)	1	2	3	4	5	6
Nós dos grafos (a) e (c) do exercício 4	a	c	e	b	d	f

Sejam N_1 e N_2 os subconjuntos de nós dois a dois não-adjacentes em que o conjunto de nós de um grafo do tipo $K_{3,3}$ pode ser particionado. Por exemplo, no grafo da Figura 8.20 $N_1 = \{1, 2, 3\}$. Note que, por motivos de simetria, se um grafo G é isomorfo a $K_{3,3}$ basta indicar os nós de G correspondentes a N_1, como na resposta ao exercício 7 abaixo.

O grafo em (b) é isomorfo ao grafo da Figura 8.21, segundo a relação 1–1 abaixo:

Nós do grafo na Figura 8.21	1	2	3	4	5	6
Nós do grafo (b) do exercício 4	a	b	f	d	c	e

5. Somente o grafo da figura (b).

6.

1	2	3	4	5	6	7	8
h	a	e	b	f	c	g	d

7. (a) Não é planar, pois o subgrafo obtido removendo-se os arcos $\{b, f\}$ e $\{c, e\}$ é do tipo $K_{3,3}$, com $N_1 = \{a, c, e\}$. (Veja observação na resposta do exercício 4.)

(b) Não é planar, pois contém subgrafo indicado na figura abaixo, que é do tipo $K_{3,3}$ generalizado, com $N_1 = \{b, d, h\}$ (os nós sombreados, i e j, são eliminados nas reduções série).

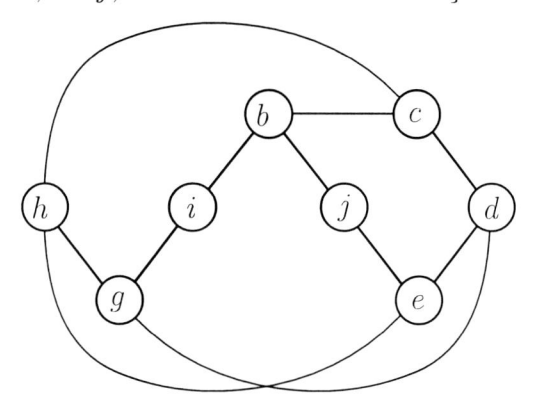

(c) Não é planar, pois contém subgrafo do tipo K_5 generalizado, conforme indicado na figura abaixo, onde os nós sombreados c, e e g, são eliminados em redução série.

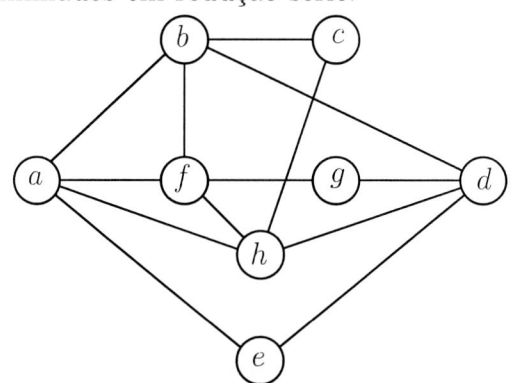

(d) Abaixo, indicamos uma realização planar do grafo na figura (d).

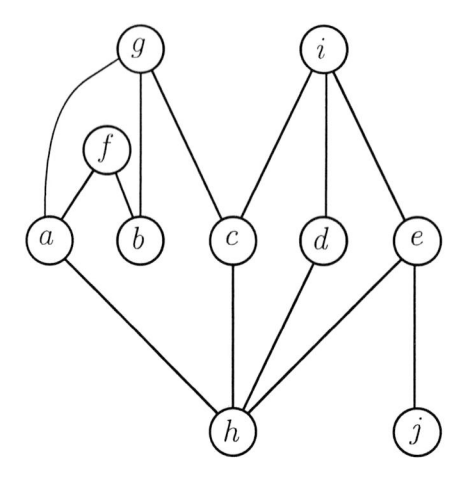

(e) Não é planar pois contém $K_{3,3}$ generalizado, conforme indicado na figura abaixo, com $N_1 = \{b, d, f\}$.

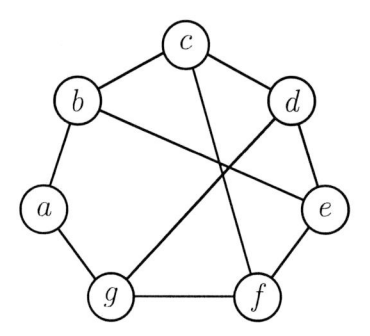

(f) Não é planar pois contém $K_{3,3}$ generalizado, conforme indicado na figura abaixo, com $N_1 = \{b, e, f\}$.

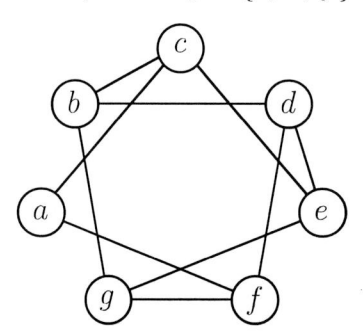

8. Os grafos da Figura (e) e (f) são isomorfos, e a relação 1–1 entre os conjuntos de nós respectivos é:

(e)	a	b	c	d	e	f	g
(f)	a	c	e	g	b	d	f

9. $\binom{n}{2}$.

10. $n\ell$.

11. n.

15. $(a,\ c,\ b,\ f,\ d,\ e,\ a,\ b,\ e,\ f,\ g,\ c,\ h,\ g,\ d,\ h,\ a,\ f)$.

24. $\binom{n}{2} - m$.

Bibliografia

[1] ANDREWS, G.E. **The theory of partitions**. Reading, Mass.: Addison-Wesley, 1976. 255 p. Encyclopedia of Mathematics and Its Applications 2.

[2] ANDREWS, G.E. "A note on partitions and triangles with integer sides". Amer. Math. Monthly 86, 1979, p. 477–478.

[3] APOSTOL, T.M. **Introduction to analytic number theory**. New York: Springer-Verlag, 1976. 338 p.

[4] APPEL, K.L., HAKEN, W. "Every planar map is four-colorable". Bull. Am. Math. Soc. 82, 1976, p. 711–712.

[5] BACHX, A.C., POPPE, L.M.B., TAVARES, R.N.O. **Prelúdio à análise combinatória**, Companhia Editora Nacional, 1975. 234 p.

[6] BARBOSA, R.M. **Combinatória e Grafos**. São Paulo: Nobel, 1974.

[7] BERGE, C. **Principles of combinatorics**. New York: Academic Press, 1971. 176 p.

[8] BERMAN, G., FRYER, K.D. **Introduction to combinatorics**, London: Academic Press, 1972. 300 p.

[9] BOAVENTURA NETTO, P.O. **Teoria e modelos de grafos**. São Paulo: E. Blücher, 1979.

[10] BONDY, J.A., MURTY, U.S.R. **Graph theory with applications**. New York: Elsevier North Holland Inc., 1979. 264 p.

[11] BOSE, R.C., MANVEL, B. **Introduction to combinatorial theory**. New York: John Wiley, 1984. 237 p.

[12] ERDÖS, P., SZEKERES, G. "A Combinatorial Problem in Geometry". Compositio Math. 2, 1935, p. 464–470.

[13] FOULDS, L.R. **Graph theory applications**. New York: Springer-Verlag, 1992. 385 p.

[14] FURTADO, A.L. **Teoria dos grafos: algoritmos**. Rio de Janeiro: Livros Técnicos e Científicos, 1973.

[15] GAVRÍLOV, G.P., SAPOZHENKO, A.A. **Problemas de matemática discreta**. Moscou: MIR, 1980. 316 p.

[16] GRAHAM, R.L., KNUTH, D.E., PATASHNIK, O. **Concrete mathematics: a foundation for computer science**. Reading, Mass.: Addison-Wesley, 1989. 625 p.

[17] GRIMALDI, R.P. **Discrete and combinatorial mathematics: an applied introduction**. Reading, Mass.: Addison-Wesley, 1989. 1 v.

[18] HALL, Jr., M. **Combinatorial theory**. Massachusetts: Blaisdell Publishing, 1967. 310 p.

[19] HALMOS, P.R. **Teoria ingênua dos conjuntos**. São Paulo: Editora da USP, 1960. 115 p.

[20] F. HARARY, **Graph theory**. Reading, Mass.: Addison-Wesley, 1969. 274 p.

[21] LAWLER, E.L., LENSTRA, J.K., RINNOOY KAN, A.H.G., SHMOYS, D.B. **The traveling salesman problem: a guided tour of combinatorial optimization**. Chichester: John Wiley, 1985. 465 p.

[22] LIPSCHUTZ, S., LIPSON, M.L. **2000 Solved problems in discrete mathematics**. Singapore: McGraw-Hill, 1992. 404 p.

[23] LIU, C.L. **Elements of discrete mathematics**. New York: McGraw Hill, 1985. 294 p.

[24] LIU, C.L. **Introduction to combinatorial mathematics**. New York: McGraw Hill, 1968. 393 p.

[25] LUCCHESI, C.L. **Introdução à teoria dos grafos**. Rio de Janeiro: Instituto de Matemática Pura e Aplicada, 1979.

[26] MACMAHON, P. **Combinatorial analysis**. New York: Chelsea Publishing, 1960. 2 v.

[27] MATTSON, H.F. **Discrete mathematics with applications**. Singapore: John Wiley, 1993. 637 p.

[28] MORGADO, A.C.O., CARVALHO, J.B.P., CARVALHO, P.C.P., FERNANDEZ, P. **Análise combinatória e probabilidade**. Rio de Janeiro: Instituto de Matemática Pura e Aplicada, 1991. 171 p.

[29] NIVEN, I.M. "Formal power series". Amer. Math. Monthly 76, 1969, p. 871–889.

[30] NIVEN, I.M. **Mathematics of choice: how to count without counting**. Washington: Mathematical Association of America, 1965. 216 p.

[31] PEARSON, W.R., MILLER, W. "Dynamic programming algorithms for biological sequence comparison". Methods in Enzymology 210, 1992, p. 575–601.

[32] POLYA, G., TARJAN, R.E., WOODS, D.R. **Introduction to combinatorics**. Boston: Birkhauser, 1983. 190 p.

[33] RIORDAN, J. **An introduction to combinatorial analysis**. New York: John Wiley, 1958. 244 p.

[34] ROBERTS, F.S. **Applied combinatorics**. London: Prentice-Hall, 1984. 606 p.

[35] RYSER, H.J. **Combinatorial mathematics**. New York: John Wiley, 1963. 154 p. Carus Monograph 14.

[36] SAATY, T.L., KAINEN, P.C. **The four-color problem, assaults and conquest**. New York: Dover, 1986. 217 p.

[37] SZWACFITER, J.L. **Grafos e algoritmos computacionais**. Rio de Janeiro: Campus, 1984.

[38] TOWNSEND, M. **Discrete mathematics: applied combinatorics and graph theory**. Menlo Park: The Benjamin/Cummings Publishing Company, 1987. 387 p.

[39] TUCKER, A. **Applied combinatorics**. New York: John Wiley, 1980. 447 p.

[40] TUTTE, W.T. "On Hamilton circuits". J. London Math. Soc. 21, 1946, p. 98–101.

[41] VILENKIN, N.Y. **Combinatorics**. New York: Academic Press, 1971. 296 p.

[42] VILENKIN, N.Y. **De cuantas formas? Combinatoria**. Moscou: MIR, 1972. 219 p.

[43] WEISS, N.A., YOSELOFF, M.L. **Finite mathematics**. New York: Worth Publishers, 1975. 628 p.

[44] WHITWORTH, W.A. **Choice and chance**. New York: Hafner, 1959. 342 p.

[45] WILSON, R.J. **Introduction to graph theory**. London: Longman, 1979. 163 p.

[46] YAGLOM, A.M., YAGLOM, I.M. **Challenging mathematical problems with elementary solutions, volume I: combinatorial analysis and probability theory**. New York: Dover, 1964. 231 p.

Índice

Impressão e Acabamento
Gráfica Editora Ciência Moderna
Tel(21) 2201 - 6662